KB235340

게스트하우스
1 2 3

이 책에는 저자들이 게스트하우스를 취재하면서 테마·편의시설·교통편·주변 환경·가격·친절도 등 6개 항목에 대한 평점을 매겼습니다. 검정색으로 평점이 표시될수록 좋다는 것을 뜻합니다. 다만, 평점은 저자들의 주관적인 판단에 따라 매긴 것이라 실제와 다를 수도 있습니다.

테마 게스트하우스의 분명하면서도 특별한 콘셉트와 호스트의 취향을 기준으로 한 평가.
편의시설 화장실·샤워실·욕실용품·휴게실·취사장 등 게스트를 위한 편의시설 구비와 수준에 대한 평가.
교통편 대중교통을 이용해 게스트하우스를 오고 가는 접근성에 대한 평가.
주변 환경 게스트하우스 주변 볼거리·마트·식당·주변 조망 등 주변 시설 이용 편리성 및 환경에 대한 평가.
가격 해당 지역 게스트하우스 도미토리 이용료와 게스트하우스 수준 대비 가격도 평가.
친절도 게스트에 대한 호스트와 스태프의 태도 및 게스트 편의 프로그램 준비 등을 평가.

본 책의 도미토리 이용료는 1인 기준 가격입니다. 이용료는 게스트하우스의 특성상 게스트룸의 형태와 조건, 시기, 요일에 따라 상시로 변경될 수 있습니다.

길 위 의 내 집

게스트 하우스 123

이동미 · 이송이 · 신영철 · 홍유진 지음

꿈의지도

{부 산}

여행자들의 쉼터, 게스트하우스. 젊은 여행자들에게 선풍적인 인기를 끌고 있는
게스트하우스의 궁금증을 Q&A로 시원하게 풀어봤다.

Q. 게스트하우스가 뭔가요?

A. 여행자를 위한 저렴한 숙소를 말합니다. 국내에는 아직 정착된 개념이 아니어서 '호스텔'과 혼용해 쓰기도 합니다. 우리말로 하면 민박집에 가깝습니다. 거실과 화장실, 주방은 물론 침실도 여러 명이 공용으로 사용하는 것이 특징입니다. 침실은 주로 도미토리라고 해서 2층 침대가 들어간 방을 여러 명이 함께 쓰는데, 규모에 따라 4인실, 6인실, 8인실 등으로 나뉩니다. 조식을 제공한다는 점에서 모텔이나 국내 민박과는 또 다릅니다. 국내 게스트하우스의 가격은 도미토리 기준 보통 2만~2만5천원 정도 입니다. 싼 곳은 1만5천원하는 곳도 있습니다.

Q. 게스트하우스는 어떤 사람들이 주로 이용하나요?

A. 호텔이나 모텔에 비해 가격이 저렴하기 때문에 아무래도 나이 든 사람보다는 젊은 여행자, 특히 배낭여행자들이 많이 이용합니다. 여행 경비를 아낄 수 있고, 같이 묵는 숙소의 여행자들과 어울리며 정보를 주고받을 수 있기 때문이죠. 한국의 경우, 20대 초반의 배낭족들이 해외여행을 할 때 대부분 게스트하우스를 이용하지만 외국인들의 경우는 약간 다릅니다. 외국인들은 나이 든 사람들도 게스트하우스를 이용하는 비중이 크고, '게스트하우스는 어린 애들이나 가는 데지' 라는 편견도 거의 없습니다. 그래서 한국의 게스트하우스를 이용하는 외국 여행자 중에는 나이 든 사람들도 쉽게 볼 수 있지요. 한국 여행자들도 요즘은 게스트하우스에 대한 인식이 많이 바뀌고 있습니다. 게스트하우스는 혼자 여행을 하는 사람이나 여행지에서 새로운 사람을 만나고 친구 사귀기를 좋아하는 여행자에게 적합한 숙소입니다. 다만, 잠자리에 민감하거나 새로운 사람 만나기를 꺼려하는 성향의 여행자들에게는 맞지 않을 수도 있습니다.

 한국에도 게스트하우스가 많나요?

A. 서울의 경우, 2002년 월드컵 때 게스트하우스 붐이 잠깐 불었다가 대부분 문을 닫았습니다. 그러다 3~4년 전부터 게스트하우스들이 다시 생기기 시작했고, 요즘은 최대 전성기를 맞고 있습니다. 종로 북촌 지역에는 한옥으로 지어진 게스트하우스가 많고, 명동, 남산 일대와 신촌 그리고 최근 1~2년 사이에는 홍대 주변에 많은 게스트하우스들이 생겨났습니다. 홍대 지역에만 150개가 넘을 정도라니 놀라울 따름이죠. 다만, 서울의 게스트하우스는 내국인보다는 외국인을 대상으로 하는 경우가 많습니다. 지방 도시 중에는 제주에 게스트하우스가 가장 많습니다. 올레길이 생긴 이후 홀로 여행하는 사람들을 위한 숙박지로 게스트하우스가 큰 인기를 끌고 있어, 현재 200여개를 헤아립니다. 그 외에도 대학생이나 젊은 여행자가 많이 찾는 부산, 경주, 여수, 순천, 전주 등 큰 도시에 게스트하우스가 많이 있습니다. 특히, 일주일간 무제한으로 기차를 탈 수 있는 '내일로 기차여행'이 인기를 끌면서 젊은 여행자들이 대거 게스트하우스를 찾고 있습니다. 이들은 이전까지 찜질방을 이용해 여행을 했습니다.

 게스트하우스는 주로 어떻게 생겼나요?

A. 주인이 상주하는 집을 게스트하우스로 쓰는 경우가 많아 매우 가족적이고 분위기도 가정집처럼 아늑한 곳이 많습니다. 서울의 북촌이나 전북 전주에 가면 오래된 한옥 고택을 개조해 게스트하우스로 쓰기도 합니다. 그런가 하면 객실마다 화장실과 침실이 다 갖추어져 있는 빌딩식 게스트하우스도 있습니다. 100명 이상을 수용하는 큰 규모의 곳들도 있지요. 또 부티크 호텔처럼 디자인이 독특하고, 가구도 특별하게 비치해둔 게스트하우스도 있습니다. 마치 고급펜션을 연상시키는 곳도 속속 생겨나고 있습니다,

Q. 게스트하우스에는 도미토리만 있나요?

A. 도미토리는 한 방을 여러 명이 함께 사용하는 방으로, 보통 여러 대의 2층 침대가 들어갑니다. 쉽게 이야기하면 다인실이 되겠지요. 게스트하우스에는 이런 도미토리가 많습니다. 또 도미토리에는 꼭 2층 침대가 아니어도, 여러 개의 일반 침대나 매트가 들어가기도 합니다. 인원수에 따라 3인실~10인실까지도 있지만 혼자 방을 쓸 수도 있습니다. 2인실이나 1인실을 갖춘 게스트하우스도 있습니다.

Q. 그럼 도미토리는 남녀가 따로 쓰나요?

A. 외국의 경우에는 남녀가 함께 사용하는 혼숙의 형태가 대부분이지만 국내에서는 남녀를 구분한 도미토리가 더 많습니다. 간혹 혼숙이 가능한 게스트하우스가 있긴 하지만, 서울의 몇 군데를 제외하고는 별로 없습니다. 지방은 대부분 남녀를 구분해 사용합니다.

Q. 여러 명이 함께 방을 쓴다면 불편하거나 위험하지 않을까요?

A. 당연히 혼자 쓰는 것보다는 불편할 것입니다. 내 침대가 있다고는 하나, 다른 침대를 쓰는 사람들의 움직임이 신경 쓰일 테고, 혹시 코라도 곤다면 잠을 깊이 못잘 수도 있겠죠. 아침 일찍 출발하는 여행자가 새벽에 깨어 부스럭거릴 수도 있고요. 그러나 게스트하우스는 여러 여행자들이 함께 먹고 자고 지내는 곳인 만큼 그런 불편함 쯤은 감수해야 합니다. 또 그런 불편함을 기꺼이 감수하고자 하는 여행자들이 모이는 숙소입니다. 도가 지나치게 매너를 지키지 않는다거나 남을 배려하지 않는다면 그때는 어떤 조치가 있어야겠지만요. 무엇보다 자신이 먼저 남을 배려하고 신경 쓴다면, 다른 여행자들도 그러할 것입니다. 게스트하우스는 다소 불편함은 있지만, 전혀 위험한 숙소는 아닙니다. 게스트의 편의와 안전을 위해 호스트나 매니저가 상주하므로 오히려 안전하고 가족적입니다. 그리고 무엇보다 여행을 좋아하는 사람치고 악한 사람은 없으니까요.^^

Q. 서울에 있는 게스트하우스 중에는 외국인만 받는 곳도 있다던데요?

A. 1년 전까지만 하더라도 대부분의 게스트하우스에서는 내외국인을 모두 받을 수 있었습니다. 그러나 2011년 12월 30일자로 '외국인관광 도시민박업'이 개정, 공포되면서 외국인관광 도시민박업으로 허가를 받은 게스트하우스에서는 내국인을 받을 수 없게 되었습니다. 이런 게스트하우스는 특히 서울에 많이 몰려 있습니다. 북촌의 경우는 한옥체험으로 허가를 받은 곳이 많아 내국인도 이용 가능합니다. 그러나 홍대나 명동, 대학로 지역은 대부분 외국인관광 도시민박업 형태이므로 외국인 전용 게스트하우스가 많습니다. 이와 달리 지방의 게스트하우스들은 한옥체험 또는 농어촌민박업으로 지정을 받기 때문에 국내 여행자들도 얼마든지 이용할 수 있습니다. 결국 게스트하우스의 주인이 어떤 형태로 허가를 받느냐에 따라 내국인의 이용가능 여부가 결정됩니다. 주인이 원해서 외국인만 받는 게스트하우스도 있고요.

※ 참고 외국인관광 도시민박업은 2011년 12월 30일자로 개정, 공포된 관광진흥법 시행령 및 시행규칙에 따라 우리에게 널리 알려진 홈스테이를 제도화한 것이다. 도시지역 연면적 230㎡ 미만의 단독주택, 아파트, 연립주택, 다세대주택 등에 거주하는 자가 외국인 관광객을 대상으로 한국 가정문화를 체험할 수 있도록 숙식을 제공하는 경우 시, 군, 구 또는 특별자치도지사사보부터 '외국인관광 도시민박업'으로 지정받을 수 있다.

Q. 예약은 어떻게 하나요?

A. 홈페이지나 전화로 직접 문의하고 예약할 수 있습니다. 외국 여행자들 경우에는 트립어드바이저(www.tripadvisor.com)와 같은 여행 정보 사이트에서 게스트하우스 리스트를 찾아 예약하기도 합니다. 예약은 호텔처럼 대부분 입금을 먼저 해야 완료됩니다. 간혹 도착 후 정산하는 곳도 있지만, 흔하지는 않습니다.

Q. 게스트하우스도 성수기요금과 비수기요금을 따로 받나요?

A. 그렇습니다. 대부분 성수기 때 객실료가 더 비쌉니다. 또 게스트하우스에 따라 성수기와 비수기가 아닌 주중과 주말로 구분해 요금을 받기도 합니다. 주중, 주말요금은 주로 서울에 있는 게스트하우스 중에서 찾아볼 수 있습니다. 반면, 1년 내내 요금이 동일한 게스트하우스들도 있습니다.

Q. 게스트하우스를 갔을 때 주의할 점은 무엇인가요?

A. 여러 명이 함께 쓰는 곳인 만큼 남에게 피해를 주거나 방해가 되는 행동을 하지 않는 것이 중요합니다. 자신이 먹은 식기를 씻지 않는다거나, 늦게까지 시끄럽게 떠들거나, 술을 먹고 주정을 하는 등의 행동은 절대 삼가 해야 합니다. 또 모두가 자는 시간에 샤워를 하거나 헤어드라이어를 써서 소음을 내는 일도 자제해야 합니다. 자신의 중요한 물품은 개인 사물함에 보관하거나 호스트에게 맡겨둬서 만일의 경우 서로 민망한 상황을 만들지 않는 것이 좋겠지요.

Q. 게스트하우스를 갈 때 챙겨야할 물품이 있나요?

A. 대부분의 게스트하우스에서는 수건, 샴푸, 비누, 치약 등을 제공하고 있습니다. 여행자들이 두고 가는 제품들도 많아 자유롭게 쓸 수 있는 편이지만, 간혹 아무것도 제공하지 않는 게스트하우스도 있으니 사전에 한번 확인을 하고 가는 것이 좋습니다.

Q. 게스트하우스에도 입실, 퇴실 시간이 있나요?

A. 물론입니다. 국내의 경우 대부분 입실 시간은 오후 2시, 퇴실 시간은 오전 11시입니다.

Q. 게스트하우스에서는 조식이 나온다는데 메뉴는 뭐가 나오나요?

A. 조식을 제공하는 곳도 있고, 제공하지 않는 곳도 있습니다. 조식은 대부분 간단한 토스트와 잼, 시리얼, 버터, 달걀, 우유, 주스, 커피 등을 제공합니다. 게스트하우스에 따라 메뉴는 빠지거나 추가됩니다. 토스트 빵은 직접 굽고, 달걀도 원하는 스타일로 직접 요리해 먹습니다. 하지만 주인의 성향에 따라 그 지방의 식재료로 만든 밥과 국, 반찬 등의 가정식 백반을 제공하는 집도 있고, 직접 김밥이나 샌드위치를 만들어주기도 합니다. 또 위치가 외지고, 주변에 먹을 만한 곳이 없는 지방의 게스트하우스에서는 비용을 받고 저녁 식사를 준비해주기도 합니다.

Q. 주방에서 요리를 해도 되나요?

A. 간단한 요리를 해먹을 수 있는 곳이 많지만 게스트하우스에 따라 주방이 있어도 요리가 안 되는 곳이 있습니다. 지방의 경우는 펜션처럼 고기 굽는 그릴을 빌려주기도 합니다.

Q. 게스트하우스는 깨끗한가요?

A. 외국 게스트하우스 중 요금이 아주 싼 경우는 도저히 잠자기가 껄끄러울 만큼 더러운 곳도 있습니다. 침대가 청결하지 않아 벼룩에 물렸다는 여행자도 많고요. 그러나 국내 게스트하우스는 대부분 매일 침대와 베개 시트를 새로 바꾸기 때문에 청결함에 있어서는 가히 호텔 수준입니다. 체크인을 할 때 새 베개 시트와 얇은 이불을 나눠주는 곳도 많습니다.

Q. 게스트하우스 안에서 음주도 가능한가요?

A. 개인 방에서 마시는 것은 엄격하게 규제하고 있지만, 함께 모이는 거실이나 테라스, 야외 정원에서는 음주가 가능합니다. 게스트하우스에 따라 매주 혹은 한 달에 한번 날짜를 정해서 바비큐 파티나 맥주 파티를 여는 곳도 있고요. 그렇다고 흥청망청 마시는 것은 보기가 안 좋겠지요? 음주에 대해서는 어느 정도 허용되고 있지만, 흡연은 규제가 심합니다. 실내에서는 금연인 곳이 대부분입니다. 야외라 하더라도 게스트하우스 내 부지에서는 아예 흡연이 안 되는 곳도 있습니다.

Q. 게스트하우스를 고르는 요령이 있을까요?

A. 게스트하우스 이용자는 주로 대중교통을 이용하는 젊은층입니다. 따라서 기차와 버스, 지하철 등 대중교통을 이용해서 편리하게 접근할 수 있는 곳을 우선적으로 고려하는 게 좋습니다. 또 게스트하우스는 단순 숙박시설이 아닌 여행정보를 공유하고 여행자를 사귀

는 만남의 공간입니다. 따라서 게스트하우스를 운영하는 호스트의 성향과 즐겨 찾는 여행자들의 취향도 고려할 필요가 있습니다. 제주도의 경우 올레를 걷는 경우가 많은데, 올레 출발지와 도착지에서의 픽업 여부와 지리적인 근접성도 게스트하우스를 선택하는 중요한 기준이 될 수 있습니다. 이밖에도 잠자리와 실내 청결도 등도 따져봐야겠지요?

MAP
of Jeju
재봉이네
미라클
모나미
제주공항
예하
하쿠나마타타
제 주 시
릴리스토리
마레
한라산
1474
BEST
더 단 빌리지
느루
더 파프리카
BEST
치엘로
발길이
머무는 곳
이응
산방산온천
돌담에 꽃
머무는 집
티벳풍경
레이지
박스
산방산
꼼지락
루서드봉봉
중문관광단지
잠
사이
가자올레

꿈꾸는 섬 게스트하우스
제주 바다가 앞마당까지 환상적으로 다가오는 곳. 럭셔리한 인테리어와 객실 분위기는 펜션 못지않다.

더 단 빌리지 게스트하우스
아늑한 객실이 깔끔하며 침구에 있어서는 호텔급 서비스와 청결함을 누릴 수 있는 곳.

배낭지기 게스트하우스
오래된 제주돌집의 매력을 고스란히 느낄 수 있는 곳. 한적한 서귀포의 시골마을 정취를 느끼기에도 제격.

빌레트의 부엌
자연주의 풍의 침실. 멋진 카페와 조식으로 푸짐한 한식까지. 가격대비 최고의 만족을 누릴 수 있는 곳.

이응
사색과 더불어 편한 휴식을 취하려는 이들에게 최고의 숙소. 아름다운 대평리 마을의 정취 또한 남다르다.

가자올레 게스트하우스

낚시와 자연산 회를
즐기고 싶은 이들의 아지트

낚시와 자연산 회를 만끽하고 싶은 이들이라면 단연 가자올레 게스트하우스다. 멀지 않은 곳에 낚시 포인트가 있어서 감성돔, 뱅어돔, 우럭, 볼락 등을 낚는 짜릿한 손맛을 경험할 수가 있다. 주인장인 해송대장이나 스태프가 낚싯대와 미끼를 모두 준비해주는 것은 물론 낚시장소까지 안전하게 인솔해준다. 낚시방법도 친절하게 설명해준다. 체험비는 1만원. 인근 하모 해수욕장 근처의 갯바위에서 보말, 성게, 소라, 문어 등 갖가지 해산물을 잡는 체험을 할 수 있으며 이는 모두 무료다. 석식이 따로 제공되지는 않지만, 낚시광이라 할 수 있는 주인장 덕에 자연산 활어회를 저녁이면 무료로 즐길 수 있다. 주인장의 인정에 시설의 미비함 쯤은 이내 잊히고 만다. 가파도와 마라도로 향하는 선착장이 지척이라 그곳을 찾는 여행자들의 숙소로도 안성맞춤이다. 여름철이라면 최근 새로 개장한 하모해수풀에서 물놀이를 즐길 수도 있고, 저녁에 하모해변에서 바라보는 낙조 또한 일품이다.

INFO

주소 서귀포시 대정읍 하모리 645-17   전화번호 010-3823-7667

홈페이지 http://cafe.naver.com/ezio82   이메일 goodfeel4u@naver.com   이용료 도미토리 2만원

교통 제주공항에서 500번 버스 탑승 후 한라병원 하차, 모슬포행 버스 탑승 '모슬포(종점)' 정류장 하차 후 한라어린이집 방향으로 무조건 직진. 가파도와 마라도 선착장을 오른편에 두고 계속 직진하다 보면 오른편 3층 건물에 게스트하우스 간판이 보인다.

테마 ●●●●●　편의시설 ●●○○○　교통편 ●●●○○　주변 환경 ●●●○○　가격 ●●●●○　친절도 ●●●●●

나무 침대라 안정감 있게 잠을 잘 수 있는 도미토리.

프린터까지 갖춰진 게스트용 컴퓨터.

가자올레 게스트하우스 바로 앞에서 바라본 산방산과 바굼지오름.

Check List

객실

객실 타입 도미토리 [8인실 4개] / 온돌 [ ] 침대 [V]

객실 규모 객실 수 [4개] 최대 수용인원 [32명]

할인 쿠폰 1,000원

편의시설

공용 컴퓨터 옆엔 프린터까지 갖춰져 있어 필요한 여행자료를 인쇄할 수 있다.

화장실 / 샤워실 공용 [2개]

욕실용품 수건 [V] 샴푸 [V] 치약 [V] 비누 [V]

인터넷 공용 컴퓨터 [V] wi-fi [V]

기타시설 실내휴게소 [V] 실외휴게소 [ ] 취사장 [V] 매점 [ ]

규칙

체크인 / 아웃 체크인 [15:00] 체크아웃 [10:00]

소등 객실 소등 [23:00] 휴게실 소등 [23:00]

음주 / 취사 하우스 내 음주 [가능] 취사 [가능] 흡연 [지정된 장소에서 가능]

식사

조식은 토스트, 커피 등.

조식 [V] 가격 [무료] 석식 [ ]

기타 [낚시체험이 있는 날이라면 자연산 활어회가 무료로 제공되며, 분위기에 따라 저녁이 무료로 제공되는 경우도 많다.]

게스트하우스 1474

풍차,
바다에 여울지다

제주 올레 12코스가 끝나는 지점이자 13코스가 새로이 시작되는 한경면 용수리에 위치해 있다. 게스트하우스 1474는 그저 평범한 빨간 벽돌집일 뿐이다. 그러나 집 안으로 들어서면 깜짝 놀랄 만큼 반전의 풍경이 펼쳐진다. 게스트가 휴게실로 사용하는 널찍한 공간에는 시선이 닿는 곳마다 앙증맞은 소품들로 가득하다. 도미토리의 경우 공간이 좁기 때문에 과한 장식을 하지 않는 편이다. 그러나 1474 도미토리는 침대에 앉으면 귀여운 동물 캐릭터가 게스트를 향해 활짝 웃고 있다. 1474 곳곳엔 이렇게 귀여운 배려가 숨어 있다. 낯선 이들과 한 방을 써야 하는 약간은 서먹한 분위기가 덕분에 스며시 녹아내린다. 다만, 식당이나 슈퍼마켓을 걸어서 이용하기엔 조금 먼 거리에 있으니, 필요 물품을 미리 챙겨두는 것이 좋다. 1474에 묵는다면 걸어서 20여 분 거리에 위치한 한경해안도로까지 꼭 걸어가 보도록 한다. 굽이굽이 제주바다를 달리는 해안도로엔 파란 하늘을 배경으로 이국적인 풍차의 행렬이 이어진다. 풍차가 여울진 바다와 함께 마음까지 여울진다.

INFO

주소 제주시 한경면 용수리 1474   전화번호 070-4246-3999

홈페이지 http://house1474.blog.me   이메일 house1474@naver.com   이용료 도미토리 2만원

교통 제주시외버스터미널에서 서일주버스 탑승 후 '용당리' 정류장 하차, 경로당을 왼쪽 옆에 끼고 500m 직진하면 1474 게스트하우스.

테마 ●●●○○   편의시설 ●●●○○   교통편 ●●●●○   주변 환경 ●●●○○   가격 ●●●●○   친절도 ●●●●○

게스트하우스 1474에서
가까운 한경해안도로.

산뜻하면서도 악센트를 줘 단조롭게
느껴지지 않는 도미토리.

Check List

할인쿠폰
1,000원

객실

객실 타입 도미토리 (6인실 3개) / 온돌 ( ) 침대 (✓)

객실 규모 객실 수 (3개) 최대 수용인원 (18명)

민가를 개조한 게스트하우스지만
객실은 넓은 편. 아기자기한
소품들로 예쁘게 단장되어 있다.

편의시설

실내 카페가 소파로
단장되어 있어 안락함이
돋보인다.

화장실 / 샤워실 공용 (2개)

욕실용품 수건 (✓) 샴푸 (✓) 치약 (✓) 비누 (✓)

인터넷 공용 컴퓨터 (✓) wi-fi (✓)

기타시설 실내휴게소 (✓) 실외휴게소 ( ) 취사장 (✓) 매점 ( )

규칙

체크인 / 아웃 체크인 (15:00) 체크아웃 (10:00)

소등 객실 소등 (23:00) 휴게실 소등 (23:00)

실내 휴게실에 취사장이 갖춰져
있어 간단한 취사 정도는 가능하다.

음주 / 취사 하우스 내 음주 (불가능) 취사 (가능) 흡연 (지정된 장소에서 가능)

식사

조식은 잼, 토스트,
커피 등.

조식 (✓) 가격 (무료) 석식 ( )

기타 (달걀은 무한대로 제공되니 프라이 혹은 삶아서 취향껏 즐기면 된다)

게스트하우스
달에 물들다

정겨운 돌담길 돌아
월정리 바다에 물들다

제주 올레 20코스가 지나는 월정리 마을 한 복판에 위치해 있는 게스트하우스다. 버스 정류장에서 마을 안으로 꽤 걸어 들어가야 하지만 새로 생긴 게스트하우스라 군더더기 없이 깔끔하다. 달이 머무는 마을이란 말처럼 월정리 마을의 고요하고 아름다운 정취를 느끼기에 더없이 좋은 곳이다. 2층 테라스에 있는 비치 벤치에 앉아 켜켜이 쌓인 제주의 돌담 너머로 펼쳐지는 바다를 바라보노라면 만사의 시름이 다 잊히는 듯하다. 간단한 토스트가 아니라 아침으로 장아찌, 국과 함께 '참치마요오니기리'가 제공되니 빵을 싫어하는 여행자에겐 안성맞춤이다. 근처에 특별한 식당이 없음에도 든든하다. 월정리는 돌담길이 아름다운 마을로 유명한 곳이다. 제주의 거센 바람을 피해 납작 엎드린 집들 사이로 난 정겨운 돌담길을 지나다 보면 시쳇말로 요즘 제주에서 한창 '뜨는 바다'인 월정리 해변이 펼쳐진다. 아무리 머물러도 시간에 따라 또 다른 환상을 불러오는 매혹적인 바다가 '달에 물들다' 가까이에 있다.

INFO

주소 제주도 제주시 구좌읍 월정리 695   전화번호 010-2637-1129   홈페이지 http://www.dalmul.com

이메일 maho727@naver.com   이용료 도미토리 2만원, 2~3인실은 2인 기준 5만원, 3인 기준 6만원

교통 제주시외버스터미널에서 동일주버스(성산방향) 탑승 후 '월정리' 정류장에서 하차. 횡단보도 건너 갈림길에서 슈퍼마켓 쪽으로 7분 정도 걷다보면 다시 작은 갈림길. 월정중길 표지판이 가리키는 왼쪽 길로 3분 정도 더 걸어오면 올레 리본이 나타나고, 담장 위로 보이는 주황색 2층 건물.

테마 ●●●○○   편의시설 ●●●●○   교통편 ●●●○○   주변 환경 ●●●○○   가격 ●●●○○   친절도 ●●●○○

Check List

객실

객실 타입　도미토리 (6인실 1개, 4인실 1개) 2~3인실 (1개) / 온돌 [✓] 침대 [✓]
객실 규모　객실 수 (3개) 최대 수용인원 (13명)

> 갤러리 같은 복도가 인상적이다.

> 월정리 마을과 바다가 훤히 바라다보이는 2층 카페가 인상적. 수건은 500원에 제공.

편의시설

화장실 / 샤워실　공용 (3개)
욕실용품　수건 [✓] 샴푸 [✓] 치약 [✓] 비누 [✓]
인터넷　공용 컴퓨터 [✓] wi-fi [✓]
기타시설　실내휴게소 [✓] 실외휴게소 [✓] 취사장 (　) 매점 (　)

규칙

체크인 / 아웃　체크인 (16:00) 체크아웃 (10:30)
소등　객실 소등 (22:30) 휴게실 소등 (22:30)
음주 / 취사　하우스 내 음주 (가능) 취사 (불가능) 흡연 (지정된 장소에서 가능)

식사

> 조식은 참치마요오기나리, 오이장아찌, 미소국 등.

조식 [✓] 가격 (무료) 석식 (　) 기타 (　)

예쁜 소품들로 가득한 달에 물들다 게스트용 카페.

2층 테라스에서는 예쁜 돌담 마을 월정리와 바다가 한눈에 들어온다.

게스트하우스 자유

지붕 위에 올라가
바람을 만끽하다

주인장이 수년간 토닥거려 완성한 게스트하우스. 지붕까지 통나무를 사용하여 전체적으로 산장 같은 분위기다. 전문적인 시공회사를 거치지 않은 까닭에 많이 투박해 보이지만, 실내로 들어서면 의외로 아늑한 분위기에 깜짝 놀라게 된다. 방 안 가득한 나무향은 인공적인 아로마향에 비할 바가 아니다. 이 집에 가면 꼭 해봐야 할 일은 지붕에 올라보기다. 나무기와의 자연적인 촉감이 심신을 부드럽게 어루만진다. 기와지붕 위에 앉아 만끽하는 제주의 바람 맛은 '자유' 바로 그것이다. 난로를 갖춘 통나무 카페에서 나른한 휴식을 취해도 좋을 일이지만, 이곳에서 진행하는 오름 투어는 빠뜨리지 말고 참석하는 것이 좋다. 게스트하우스 자유가 위치한 대천동 사거리는 제주 동부 지역과 중산간의 이름난 오름으로 향하는 중심 길목이다. 홀로 하는 여행일지라도 높은오름, 동거미오름, 따라비오름 등에 올라 제주의 산하를 한눈에 보도록 한다. 오전과 오후 제주 올레 1코스와 성판악으로 해주는 픽업 서비스는 자유를 더욱 각별한 곳으로 추억하게 만든다.

INFO

주소 제주시 구좌읍 송당리 2594   전화번호 010-8830-3883

홈페이지 http://cafe.naver.com/jejufreedom   이메일 kcr4992@naver.com   이용료 도미토리 1만5천원

교통 제주시외버스터미널에서 번영로(표선방향)행 버스 탑승 후 '대천동' 정류장 하차, 대천동 사거리에서 길 건너 버스 반대 방향을 바라보면 게스트하우스 자유 나무 간판이 보임.

테마 ●●●●●   편의시설 ●●●○○   교통편 ●●●○○   주변 환경 ●●●○○   가격 ●●●●○   친절도 ●●●●●

투박한 듯하지만
나무 향 가득하고
안정감 있는
침대가 더없이 편한
도미토리.

Check List

객실

객실 타입 도미토리 [12인실 1개, 6인실 2개] / 온돌 [ ] 침대 [✓]

객실 규모 객실 수 [3개] 최대 수용인원 [24명]

난로가 있는 통나무
까페가 안락하다.
이곳에서는 자유롭게
순비해온 재료로 취사가
가능하다.

편의시설

화장실 / 샤워실 공용 [2개]

욕실용품 수건 [✓] 샴푸 [ ] 치약 [✓] 비누 [✓]

인터넷 공용 컴퓨터 [✓] wi-fi [✓]

기타시설 실내휴게소 [✓] 실외휴게소 [✓] 취사장 [✓] 매점 [ ]

규칙

체크인 / 아웃 체크인 [자율] 체크아웃 [자율]

소등 객실 소등 [없음] 휴게실 소등 [없음]

음주 / 취사 하우스 내 음주 [가능] 취사 [가능] 흡연 [지정된 장소에서 가능]

식사

조식은 가정식 백반.

조식 [✓] 가격 [5천원] 석식 [ ]

기타 [손님의 취향에 따라 머무는 날짜만큼 장을 봐놓거나
아니면 근처에서 직접 사다주기도 함. 그때그때 다름.]

게스트하우스 잠

고향집처럼
편안함이 머무는 곳

매일 식구들을 마주하는 내 집처럼 편한 분위기의 집이다. 하우스의 전체적인 분위기는 평범하다. 잘 꾸며놓은 카페 같은 특별함 대신 편안함이 머물러 있다. 제주의 게스트하우스를 운영하는 이들이 대부분 30~40대인 반면 이곳은 평생 전업주부로 살아온 예순 넘은 아주머니가 운영한다. 혼자 운영하다보니 힘들만도 하건만 아주머니의 얼굴에서 미소가 떠나질 않는다. '어머니'라 부르며 따르는 게스트들에게 비싼 방값을 받을 수 없어 가격도 1만5천원으로 저렴하다. 조식은 포함되어 있지 않지만, 4천원만 더 얹으면 어머니가 해주는 정성어린 집밥 아침을 먹을 수 있다. 마라도와 가파도 선착장이 바로 앞에 위치해 있다. 제주 올레 8~10코스로 향하는 교통편도 좋은 길목이니 이곳으로 향하려는 여행자들에게는 어머니가 기다리고 있는 양 반가운 숙소다.

INFO

주소 서귀포시 대정읍 하모리 2137-13　　**전화번호** 010-5094-4502

홈페이지 http://cafe.naver.com/y11y.cafe　　**이메일** ciney11y@naver.com

이용료 도미토리 1만5천원(도미토리 2인실 3만5천원), 2인실 4만원

교통 제주공항에서 100번 버스로 시외버스터미널로 이동. 모슬포행 버스 탑승 후 '하모리' 정류장 하차, 정류장에서 마라도 정기여객선 타는 곳 건너편을 바라보면 '명궁횟집' 바로 뒤가 게스트하우스 잠.

테마 ●●●○○　편의시설 ●●●●○　교통편 ●●●●○　주변 환경 ●●●●●　가격 ●●●●●　친절도 ●●●○○

Check List

객실

객실 타입 도미토리 (5인실 1개, 4인실 1개, 2인실 1개) 2인실 (1개) / 온돌 (✓) 침대 (✓)

객실 규모 객실 수 (4개) 최대 수용인원 (14명)

> 개인집의 방에 침대만을 더했기에 내 방 같은 편안함이 느껴진다.

편의시설

> 휴게실은 온돌형이다. 전체적으로 가정집의 거실 같은 분위기.

화장실 / 샤워실 공용 (2개)

욕실용품 수건 (✓) 샴푸 (✓) 치약 (✓) 비누 (✓)

인터넷 공용 컴퓨터 ( ) wi-fi (✓)

기타시설 실내휴게소 (✓) 실외휴게소 ( ) 취사장 ( ) 매점 ( )

규칙

체크인 / 아웃 체크인 (16:00) 체크아웃 (10:30)

소등 객실 소등 (23:00) 휴게실 소등 (23:00)

음주 / 취사 하우스 내 음주 (가능) 취사 (가능) 흡연 (지정된 장소에서 가능)

식사

조식 (✓) 가격 (4천원) 석식 ( )

기타 (매일매일 반찬이 달라지며 어머니의 손맛이 살아있는 밥상이 차려짐.)

> 조식은 가정식 백반.

작지만 곤한 잠을 잘 수 있는 객실.

다큐멘터리 3일에도 등장했던 잠 주인장. 게스트들은 그녀를 '어머니'라 부른다.

가파도. 게스트하우스 잠은 가파도와 마라도행 선착장 바로 옆에 있어 이들 섬으로의 여행시에 반가운 숙소다.

게스트하우스에서 5분 거리인 남모슬포항에서 바라본 일몰.

게스트하우스
재봉이네

제주시의 명소들을
한 걸음에

제주시 권에서는 드물게 가정집에서 운영하는 게스트하우스. 1층은 주인집이고 2층은 전체가 게스트들을 위한 도미토리로 운영되고 있다. 입소문이나 인터넷상으로 알려진 곳이 아닌 까닭에 손님이 많은 편이 아니라 종종 2층 전체를 내 집처럼 사용할 수 있는 행운도 따른다. 부산스러운 분위기가 싫거나 가족 단위 여행자가 묵어가기에는 더없이 좋은 곳이다. 재봉이네는 위치 또한 좋다. 공항과 부두, 시외버스터미널에 모두 가까운 반면 도심권 주택가이기에 더할 나위 없이 조용하다. 주변에 자전거와 스쿠터를 대여할 수 있는 곳이 많다. 제주 올레 17코스와 18코스 사이의 명소들을 두루 돌아볼 수 있으며 제주목관아지, 탑동광장, 칠성통시장, 동문시장 등이 모두 걸어서 10분 거리에 있다. 야경이 아름다운 용연과 용두암도 지척이다.

INFO

주소 제주시 삼도2동 1178-15　전화번호 064-752-1530　홈페이지 http://cafe.naver.com/jaebong1530

이메일 sorry960@naver.com　이용료 도미토리 2만원(성수기요금 별도문의)

교통 제주공항에서 36번, 혹은 500번 버스 탑승 후 '관덕정' 정류장 하차. 건너편 동서커피 재료상 사이 골목으로 100m 이동, 북초등학교로 진입 후 주차장 쪽으로 걸어 나오면 건너편에 진풍삼계탕. 그 건물 끼고 돌아가면 재봉이네 집.

테마 ●●●○○　편의시설 ●●●○○　교통편 ●●●●●　주변 환경 ●●●●○　가격 ●●●○○　친절도 ●●●●○

Check List

객실

객실 타입   도미토리 [4인실 2개] / 온돌 [ ] 침대 [✓]
객실 규모   객실 수 [2개] 최대 수용인원 [8명]

가정집의 방에 2층 침대만 들여놓았다. 수용 인원이 적어 공간이 넓고 조용하다.

편의시설

가정집 거실에 있는 시설은 그대로 갖췄다 보면 된다. 단, 싱크대 시설은 있으나 가스레인지는 설치되어 있지 않다.

화장실 / 샤워실   공용 [1개]
욕실용품   수건 [✓] 샴푸 [✓] 치약 [✓] 비누 [✓]
인터넷   공용 컴퓨터 [✓] wi-fi [✓]
기타시설   실내휴게소 [✓] 실외휴게소 [ ] 취사장 [ ] 매점 [ ]

규칙

체크인 / 아웃   체크인 [16:00] 체크아웃 [11:00]
소등   객실 소등 [23:00] 휴게실 소등 [23:00]
음주 / 취사   하우스 내 음주 [가능] 취사 [불가능] 흡연 [지정된 장소에서 가능]

식사

조식은 토스트, 두유 등.

조식 [✓] 가격 [무료] 석식 [ ] 기타 [ ]

가정집 형태의 게스트하우스인 재봉이네.

재봉이네 게스트하우스에서 도보로 10분 거리에 위치한 제주시의 명소 용연과 관덕정.

게스트하우스 하얀언덕

앞마당에 바다가
찰랑이는 알짜배기 숙소

소문나지는 않았지만 제주에서 가장 저렴한, 그러나 속은 알찬 게스트하우스다. 도미토리 가격은 1만5천원. 이 가격이라면 조식은 생략되는 것이 보통. 그러나 마음씨 좋은 주인장 아주머니는 조식으로 토스트와 음료까지 내어준다. 3인 원룸이나 펜션형 방값 또한 저렴해서 일행이 3인 이상이라면 부엌까지 딸린 펜션을 도미토리 가격에 즐길 수도 있다. 가격 면에서 하얀언덕을 따를 게스트하우스는 단연코 없다. 인테리어의 경우 약간 투박하다 싶지만 공간은 넉넉한 편이다. 객실마다 화장실 겸 샤워실이 딸려 있고, 도미토리에도 TV가 갖춰져 있다. 여기에 바다가 보이는 아담한 게스트용 카페도 마련해 두었으니 시설 면에서도 타 게스트하우스에 비해 뒤쳐질 게 없다. 게다가 전 객실에서는 앞마당 너머 찰랑이는 제주 바다를 조망할 수 있다. 체크인 시간이나 체크아웃 시간을 종용하지도 않는다. 이 집으로 향할 때에는 그저 가벼운 호주머니와 감사한 마음 하나면 족하다.

INFO

주소 서귀포시 표선면 표선리 1282-6　**전화번호** 010-3665-8201

홈페이지 http://cafe.daum.net/ejejuguesthouse　**이메일** kon-nym@hanmail.net

이용료 도미토리 1만5천원, 4인실 8만원, 3인실 5만원, 2인실 6만원(펜션형 2~4인실의 경우 성수기요금 별도문의)

교통 제주시외버스터미널에서 표선행 버스 탑승 후 '표선민속촌 앞(종점)' 정류장에서 하차.(미리 전화하면 하얀언덕까지 픽업 서비스. 도보 이동 시 서귀포 방향으로 해안도로 따라 걸어 2km 지점)

테마 ●●●○○　편의시설 ●●●○○　교통편 ●●●○○　주변 환경 ●●●○○　가격 ●●●●●　친절도 ●●●●●

게스트하우스에서 가까운
제부허브동산.

Check List

객실

객실 타입 도미토리 (6인실 2개) 4인실 (2개) 3인실 (1개) 2인실 (1개) /
온돌 ( ) 침대 (✓)

객실 규모 객실 수 (6개) 최대 수용인원 (25명)

본래 펜션의 일부를 리모델링하여
게스트하우스를 개조했기 때문에
펜션 분위기를 만끽할 수 있다.

편의시설

도미토리에는 드물게
TV까지 갖춰져 있다.
게스트들이 쉬기 좋은
바다가 보이는 아담한
카페도 있음.

화장실 / 샤워실 객실마다 별도 1개씩

욕실용품 수건 (✓) 샴푸 (✓) 치약 (✓) 비누 (✓)

인터넷 공용 컴퓨터 ( ) wi-fi (✓)

기타시설 실내휴게소 (✓) 실외휴게소 (✓) 취사장 ( ) 매점 ( )

규칙

체크인 / 아웃 체크인 (12:00) 체크아웃 (12:00)

소등 객실 소등 (없음) 휴게실 소등 (없음)

음주 / 취사 하우스 내 음주 (가능) 취사 (불가능) 흡연 (지정된 장소에서 가능)

전자레인지 사용은
가능하다. 펜션의 경우
취사시설이 갖춰져 있다.

식사

조식은 토스트, 주스 등.

조식 (✓) 가격 (무료) 석식 ( ) 기타 ( )

게으른 소나기
게스트하우스

우쿨렐레 치며
제주 돌집에서 게으름 피우기

INFO

주소 제주시 구좌읍 한동리 1287-4   **전화번호** 070-8823-2456

홈페이지 http://cafe.naver.com/jejusonagi   **이메일** sonagisong@naver.com

이용료 도미토리 2만원

교통 제주시외버스터미널에서 동일주버스 성산행 탑승해 '한동리' 정류장에서 하차. 횡단보도 건넌 후 바닷가로 내려오다 커다란 '계룡동길' 돌 표지판 따라 골목 안쪽으로 들어가면 게으른 소나기 안내판을 찾을 수 있음.

테마 ●●●●○   편의시설 ●●●●○   교통편 ●●●○○   주변 환경 ●●●●○   가격 ●●●●○   친절도 ●●●●●

제주 올레 20코스가 지나는 한동리 마을 안길에 자리 잡은 집. 제주 올레 20코스가 개장했을 때 사람들은 이름 없는 바다와 마을이 주는 뜻하지 않은 아름다움에 탄성을 쏟았다. '게으른 소나기'는 그런 제주 올레 20코스를 닮았다.

본디 '올레'는 큰 길에서 집 안으로 들어가는 작은 길을 일컫는 제주 사투리다. 제주에서 대문을 달면 태풍에 날아가기 십상. 그래서 제주사람들은 대문 대신 정낭이라 불리는 통나무 세 개로 대문을 대신했다. 그러나 대문이 없으니 집안 속사정이 밖으로 내비칠 수밖에 없었을 터. 그래서 제주사람들은 밖에서 집안이 보이지 않도록 올레에 은근한 곡선을 두었다. 큰 골목에서 게으른 소나기로 들어서다보면 바로 이 제주 올레의 미학을 고스란히 만끽할 수 있다.

올레 끝에서 게으른 소나기를 처음 만난 사람은 누구나 환호성을 내지른다. 고운 잔디 밭 위에 안거리, 밖거리로 나눠 부르는 전형적인 제주 돌집 둘이 그림처럼 들어앉아 있다. 옛 돌집을 개조한 게스트하우스의 경우 생활의 편리함을 위하여 겉만 살리고 내부는 현대식으로 개조한 집들이 대부분이다. 하지만 게으른 소나기는 개조하지 않고 돌집의 원형을 그대로 보전하되 생활의 편리함을 도모한 지혜가 돋보인다. 실내가 좁은 편이라 침대가 빽빽하게 느껴지긴 하지만, 튼튼한 나무 침대라 안정감있게 잠자리에 들 수 있다. 1층 침대의 경우 뜨뜻한 온돌에 등을 지질 수 있는 구조다. 타일을 깔지 않고 제주 돌집의 벽을 그대로 살린 깔끔한 화장실엔 자연주의적인 멋이 흐른다. 샤워실반은 여성을 배려해 현대적이고 럭셔리하게 꾸몄다.

게스트용 카페로 사용되는 밖거리 역시 석고를 바르지 않고 제주 돌집의 매력을 한껏 살렸다. '소나기'라 불리는 주인장의 전직이 궁금해질 정도로 카페 안쪽 벽을 가득 매운 건 음악 CD. 바닥에 깔린 CD는 게스트들에게 골라가라 쌓아둔 것. 일종의 선물인 셈이다.

원한다면 주인장에게 우쿨렐레 연주를 배울 수도 있다. 의외로 어렵지 않아 음악에 재능 없는 사람도 30분 정도만 배우면 '제주도 푸른 밤'을 멋지게 연주할 수 있다. 예쁜 한동리 마을 너머로 펼쳐진 파란 바다가 바라다보이는 2층 테라스에서는 '제주도 푸른 밤'이 더욱 새롭게 다가온다. 푹 늘어지고 싶은 사람이라면 푸른 잔디밭 위에 놓인 그늘 침대에 누워 시원한 낮잠을 청해도 좋다. 이름처럼 게으름 피우기 딱 좋은 곳, 게으른 소나기니까.

HOST INTERVIEW · 주인장 소나기

"스물세 살 때 자전거를 타고 일본 여행을 했어요. 홋카이도에서 우연히 묵었던 노르테포토시라는 게스트하우스에서 주인장인 카를로스 아저씨를 만난 것이 게스트하우스에 대한 시작이었습니다. 작은 농가에서 밤이면 반딧불이를 보고 노래도 하고 피리도 불고 멜론도 나누어 먹고. 아침엔 텃밭에서 자란 오이와 토마토로 식사를 했지요. 떠날 때는 아쉬워 눈물이 다 날 지경이었죠. 그 여행을 계기로 생각하게 된 일이었어요. 언젠가는 나도 이 행복을 다른 여행자들에게 돌려주리라 생각했죠. 폐허처럼 버려진 집을 지금처럼 사람이 살만한 집으로 만들기까지 고생도 많았지요. 그러나 지금은 이 게으른, 아니 느긋한 생활에 만족합니다. 게스트들과 여유로운 행복을 나누며 살고 있으니까요."

게으른 소나기는 제주 올레 20코스 길목에 자리한다. 제주 올레 20코스는 유명한 명소를 포함하고 있지는 않지만 제주다운 매력을 가장 만끽할 수 있는 코스. 은근한 바다는 걷고 또 걸어도 싫증이 나지 않고 시시각각 새로운 매력을 전한다. 시골마을의 매력을 만끽하고 싶은 사람이라면 마을 끝 한동 포구의 한적한 바다 곁에 머물러도 좋을 것이다. 걸어서 10분 거리에 바다가 있다. 그 바다를 한눈에 바라보며 식사를 할 수 있는 '밥빠'라는 맛난 식당이 있으니 그곳에서 저녁을 해결할 수도 있다. 다만, 한적한 마을에 자리 잡고 있어 동네 가게가 문을 빨리 닫으니 긴 밤에 대비한 넉넉한 먹을거리를 준비할 것.

제주 올레 20코스의
종착지. 세화 앞바다.

Check List

객실
객실 타입 도미토리 [8인실 1개, 4인실 1개, 2인실 1개] / 온돌 [√] 침대 [√]
객실 규모 객실 수 [3개] 최대 수용인원 [14명]

할인쿠폰
1,000원

편의시설

2층 테라스에 올라가면
한적한 시골마을 풍경 너머로
바다를 만끽할 수 있다.

화장실 / 샤워실 공용 [4개]
욕실용품 수건 [√] 샴푸 [√] 치약 [√] 비누 [√]
인터넷 공용 컴퓨터 [√] wi-fi [√]
기타시설 실내휴게소 [√] 실외휴게소 [√] 취사장 [ ] 매점 [ ]

규칙
체크인 / 아웃 체크인 [16:00] 체크아웃 [10:00]
소등 객실 소등 [23:00] 휴게실 소등 [23:00]
음주 / 취사 하우스 내 음주 [가능] 취사 [가능] 흡연 [실외에서 가능]

12세 미만의 게스트는
예약할 수 없다.

식사

조식은 순두부채소볶음, 굴, 수제요거트 등.
조식의 경우 순두부를 메인으로 매일매일
다채로운 음식이 등장한다.

조식 [√] 가격 [무료] 석식 [ ] 기타 [ ]

게으른 소나기 순두부 조식.

게스트용 카페의 깔끔한 주방.

깔끔한 4인용 도미토리.

전통과 현대적인
미가 조화된 화장실.

제주 돌집을 개조한
분위기 있는 게스트룸 내부.

마당 잔디밭 그늘벤치에서 게으름 피우기.

까사보니따 게스트하우스

동화처럼 예쁜 집에서
스페인을 즐기다

INFO

주소 제주시 조천읍 대흘리 1075-25   **전화번호** 010-9699-1478

홈페이지 http://www.casa-bonita.co.kr   **이메일** casa_bonita@naver.com

이용료 도미토리 2만원, 4인실 2인 기준 6만6천원, 3인 기준 8만9천원, 4인 기준 10만9천원

교통 제주공항에서 38번 버스 탑승 후 '신촌리' 정류장 하차, 읍면순환버스 환승해(순환버스 운행코스 정중앙에
위치해 있어서 버스시간에 따라 맞은편 정류장에서도 탑승해도 무방) '제일농장' 앞에서 내리면 바로 까사보리따.

테마 ●●●●○   편의시설 ●●●●●   교통편 ●●○○○   주변 환경 ●●●●○   가격 ●●●○○   친절도 ●●●●○

스페인어로 '예쁜 집'이라는 의미를 지닌 '까사보니따'. 짙푸른 초원 위에 버섯처럼 우뚝 솟아오른 형상은 마치 스머프가 사는 집처럼 이색적으로 느껴지기도 한다.

제주시에서 논스톱 버스가 없어 환승해야 하니 뚜벅이 여행자에게는 조금 불편할 수 있다. 그러나 까사보니따는 먼 길을 감수하고라도 가볼 만한 가치가 있는 집이다. 특히 잠자리의 청결을 중요시 하는 사람이나 숙소 자체를 여행의 일부로 즐기는 사람들이라면 더욱 그렇다. 게스트들에게 호텔식으로 흰색 린넨의 매트리스, 이불, 베개 커버가 제공된다. 카페를 겸한 집은 아니지만 거실과 오픈 키친은 고급 레스토랑 못지않은 격과 깔끔함을 자랑한다.

까사보니따에서 빼놓을 수 없는 것은 스페인식 음식. 도미토리 이용료에 조식 비용이 포함되어 있지 않아 실비를 따로 지불해야 하지만 스페인식 오믈렛과 토스트에 커피가 곁들여진 식사는 그만한 가치가 있다. 쇠고기채소비빔밥과 스페인식 치즈오믈렛, 여기에 아이스크림 위에 진한 에스프레소샷을 얹어내는 이탈리아식 디저트, 아포카토가 곁들여지니 제법 성찬이다. 레드와인에 사과, 오렌지, 레몬, 블루베리 등을 넣어 저온 숙성시킨 후 탄산수와 함께 즐기는 스페인의 대표 음료 상그리아까지 한 잔 곁들이고 나면 여행을 떠나왔다는 사실을 절로 실감하게 된다. 커피를 좋아하는 이들이라면 주인장이 직접 로스팅한 수준급의 드립커피도 추천할 만하다.

한적한 시골인지라 저녁이면 적막하게 느껴질 수도 있겠다. 이를 배려해서 주인장은 저녁 8시에 대형 LCD TV로 영화를 상영해준다. 또 한라산 등반 등으로 도시락이 필요한 사람들을 위해 주문을 하면 최소의 실비로 김밥과 생수를 준비해준다.

까사보니따의 빼놓을 수 없는 매력은 청정함이다. 까사보니따가 위치한 조천읍 대흘리는 제주의 허파라 불리는 곶자왈 숲과 농장들이 밀집한 곳이다. 차에서 내리자마자 푸른 대지 위에 가득한 청정 공기는 빽빽함 속에 살아가는 도시 사람들에게는 또 다른 위로가 된다. 여름철이라면 도미토리 대신 드넓은 잔디밭에 설치된 텐트를 선택해 밤을 보내는 것도 색다른 맛을 선사한다. 풀벌레가 자연의 노래를 불러주는 밤. 자장가가 따로 없어도 곤한 잠을 이룰 수 있다.

고급 펜션 못지않은 인테리어와 청정한 사연, 일상에서는 쉽게 맛볼 수 없는 스페인풍 음식까지 즐길 수 있는 까사보니따. 숙소 자체를 여행코스로 잡아도 흠잡을 데 없는 게스트하우스임에 분명하다.

HOST INTERVIEW · 주인장 **박혜원** ——————————

"제주에 정착해 게스트하우스를 준비하기 시작했을 때, 두 가지 원칙을 정했습니다. 테마를 둘 것. 그리고 숙소 자체의 기능에 충실할 것. 테마는 스페인 음식. 여행에서 빼놓을 수 없는 즐거움 중 하나가 음식이잖아요. 한국에서는 흔히 접할 수 없는 스페인 요리를 내놓는다면 손님들에게 특별한 여행의 추억을 남겨드릴 수 있을 것 같았어요. 한적한 시골마을이라 인근에 먹을 만한 식당 등이 없다는 점도 고려해 특별한 음식을 구상한 거죠. 여행을 자주 한 사람으로서 제가 느낀 점 중의 하나는 숙소가 숙소의 기능에 충실해야 한다는 것이었습니다. 게스트하우스이긴 하지만 베개, 침대, 이불 커버 등을 제공하는 호텔식 서비스를 하게 된 것도 이 때문입니다. 최대한 청결하고 편히 쉴 수 있는 숙소, 그것이 게스트하우스의 기본일 테니까 말이죠."

넓고 쾌적한 도미토리.

스페인식 치즈오믈렛.

게스트용 거실. 곳곳에 유럽적인 소품들로
가득하고 카페처럼 잘 꾸며져 있다.

여 행 의
기 술

바닷가 쪽으로 향한다면 제주를 대표하는 해변 중의 하나인 함덕서우봉 해변을, 한라산 쪽으로 향한다면 증기기관차를 타고 곶자왈 여행을 할 수 있는 에코랜드를 만날 수 있다. 인근의 테마파크인 '선녀와 나무꾼'으로 향한다면 60~70년대 추억의 향수를 진하게 느낄 수 있을 것이다. 까사보니따 주변에는 식당이나 편의점 시설이 전혀 없다. 어쩌면 그것이 여행을 실감나게 하는 것이 될 수도 있을 것이다. 게스트하우스에서 제공하는 식사나 음료를 즐길 게 아니라면 미리 철저한 준비를 해가는 것이 좋다. 게스트하우스 내부에서 취사가 불가능하니 술 한 잔을 즐길 사람이라면 그에 따른 먹을거리 또한 준비하는 것을 잊지 말 것.

까사보니따 게스트하우스에서 가까운 함덕서우봉 해변.

Check List

객실

- 객실 타입   도미토리 [7인실 1개]   4인실 [1개] / 온돌 [ ]   침대 [✓]
- 객실 규모   객실 수 [2개]   최대 수용인원 [11명]

> 4인실의 경우 추가비용에 따라 2인실, 가족실 등으로 예약 가능. 여름에는 텐트 동이 별도 운영된다.

> 카페와 거실을 겸한 실내 인테리어와 오픈키친이 고품격으로 꾸며져 있다. 잔디밭이 너른 실외휴게실 풍경도 아름답다. 전자레인지로 간단한 조리만 가능.

편의시설

- 화장실 / 샤워실   남녀구분 [2개]   야외 [1개]
- 욕실용품   수건 [✓]   샴푸 [✓]   치약 [✓]   비누 [✓]
- 인터넷   공용 컴퓨터 [✓]   wi-fi [✓]
- 기타시설   실내휴게소 [✓]   실외휴게소 [✓]   취사장 [ ]   매점 [ ]

규칙

- 체크인 / 아웃   체크인 [17:00]   체크아웃 [11:00]
- 소등   객실 소등 [없음]   휴게실 소등 [23:00]
- 음주 / 취사   하우스 내 음주 [가능]   취사 [가능]   흡연 [야외에서 가능]

> 할인 쿠폰 1,000원 음료에 한함

식사

조식과 석식은 옵션으로 별도 선택해야 한다. 한국에서는 쉽게 맛볼 수 없는 스페인식 음식이 제공되기 때문에 꼭 즐겨볼 것을 권한다.

프로그램

저녁 8시, 대형 LCD프로그램으로 최신 영화 상영.

꼼지락 게스트하우스

제주 올레 6~10코스와
중문관광단지가 지척

제주 올레에서 아름답기로 소문난 6~10코스를 잇는 교통편이 편리해 이들 코스를 섭렵하려는 올레꾼들의 아지트로 활용하기에 적당한 곳이다. 주변에 식당과 편의점 등이 많다는 것도 장점이다. 꼼지락 게스트하우스는 전혀 게스트하우스 같지 않은 분위기가 특징이다. 한적한 마당에 앉아 내 집처럼 편안하게 낮볕을 쬐기에 좋다. 게스트하우스 내에 규율을 복잡하게 붙여 놓지도 않았다. 찾아올 사람들은 알아서 찾아오기 마련이고, 대부분의 게스트가 성인이니 모든 것을 자율에 맡겨놓아도 주변 사람들이 불편하지 않도록 주의할 것이라는 주인장의 생각 때문이다. 객실은 특별하게 꾸미지는 않았지만, 주인장과 지인들이 보내온 세계 여러 나라의 기념품과 장신구들이 눈에 띈다. 무엇보다 매력적인 것은 꼼지락의 주인장이다. 세계 각국을 여행하다가 제주에 정착한 그는 조용한 것처럼 보이지만 이런저런 이야기를 주고받다 보면 오래된 친구처럼 편안하다. 덕분에 속내도 아무렇지 않게 오가게 되고 서로 친구가 된다.

INFO

주소 서귀포시 대포동 741-5   전화번호 010-8014-1092

홈페이지 http://cafe.naver.com/ggomhouse   이메일 jjayohz@naver.com

이용료 도미토리 1만5만원, 4인실 2인 기준 4만원, 3인 기준 5만5천원, 4인 기준 7만원

교통 제주공항에서 600번 리무진버스 탑승 후 '중문관광단지 입구' 정류장 하차. 대포마을 쪽으로 도보 30분 거리(택시 기본요금, 길이 복잡한 편이니 도보이동 시 게스트하우스로 직접 전화문의 할 것).

테마 ●●●○○   편의시설 ●●●○○   교통편 ●●●●●   주변 환경 ●●●○○   가격 ●●●●●   친절도 ●●●●○

게스트가 그려준
꼼지락 주인장 사진.

꼼지락.게스트하우스에서 지척인
아프리카박물관.

Check List

객실

- **객실 타입** 도미토리 [4인실 2개] 4인실 [1개] /
  온돌 [✓] 침대 [✓]

- **객실 규모** 객실 수 [3개] 최대 수용인원 [16명]

> 4인실의 경우 2인실,
> 패밀리룸으로 예약가능.

> 할인 쿠폰
> 1,000원

편의시설

- **화장실 / 샤워실** 공용 [1개]

- **욕실용품** 수건 [✓] 샴푸 [✓] 치약 [✓] 비누 [✓]

- **인터넷** 공용 컴퓨터 [ ] wi-fi [✓]

- **기타시설** 실내휴게소 [✓] 실외휴게소 [✓] 취사장 [✓] 매점 [ ]

> 전자레인지로 간단한
> 조리만 가능.

규칙

- **체크인 / 아웃** 체크인 [15:00] 체크아웃 [11:00]

- **소등** 객실 소등 [없음] 휴게실 소등 [없음]

- **음주 / 취사** 하우스 내 음주 [가능] 취사 [불가능] 흡연 [실외에서 가능]

> 취사는 불가하나
> 간단한 인스턴트 식품
> 등은 가능하다.

꿈꾸는 섬 게스트하우스

나만의 바다를 꿈꾸는
이들을 위한 안식처

INFO

주소 제주시 조천읍 조천리 2396번지　**전화번호** 070-4415-8042

홈페이지 http://www.d-island.co.kr　**이메일** rovingstar@naver.com

이용료 도미토리 2만원

교통 제주시외버스터미널에서 동일주버스 성산행 탑승해 '조천리' 정류장에서 하차. 세븐일레븐 맞은편 골목으로 진입하여 상동마을회관에서 좌회전하면 주차장 끝에 위치.

테마 ●●●●○　편의시설 ●●●●●　교통편 ●●●●●　주변 환경 ●●●●●　가격 ●●●●○　친절도 ●●●●●

돌담에 붙어 있는 바다가 친근한 이웃처럼 다가오는 곳이다. 한적한 바닷가 마을과 어우러진 아기자기한 바다를 따라 애끓는 속내를 털어내며 여유로운 산책을 즐기기에 좋다. 호수 같은 바다 위로 낮에는 흰구름이 뭉게뭉게 다가오고 밤이 되면 고기 잡는 배들의 어화(漁火)가 수평선에 일렁이는 풍경이 일품.

특히 바다가 한눈에 보이는 2층 게스트용 카페 분위기는 각별하다. 사방의 벽면을 나무로 둘러 나무향이 가득하고 게스트들이 자유롭게 이용할 수 있는 오래된 카메라와 타자기 등이 놓여 있다. 아날로그 시대의 감성을 자극할만한 인테리어 소품들이 가득한 곳.

주인장은 2층 카페에서 게스트들을 위해 수준급의 드립커피를 무료로 내려준다. 겨울이면 타닥타닥 소리를 내며 타들어가는 장작 소리에 난로 안에서 익어가는 군고구마를 맛볼 수도 있다. 채워놓기 위해서가 아니라 길 떠난 영혼을 위해 준비한 서가에서 마음에 드는 책 한 권 골라 시간을 낚아도 좋겠다. 그곳에서 바다는 여유롭게 다가오고 여행자가 꿈꾸던 드넓은 '나만의 바다'가 되어줄 것이다.

주인장의 성격을 닮아 꼼꼼하면서도 아기자기하게 꾸며놓은 방엔 네 개의 침대가 가지런하다. 공용 화장실과 샤워실을 사용해야 하는 대형 도미토리와는 달리 객실은 모두 4인용으로 맞춰져 있다. 각 방엔 별도의 화장실 겸 샤워실이 갖춰져 있어서 여행자들은 비교적 여유로운 아침을 맞이할 수 있다. 햄과 치즈를 얹어 주인장이 직접 정성스레 구워주는 조식 토스트도 수준급이다.

넓은 게스트용 조리실도 별도로 완벽하게 갖춰져 있다. 장기 여행자들이나 가족단위 여행자들이라면 환호성을 내지를 만하다. 주변 경치의 아름다움과 밤바다의 파도소리와 게스트하우스의 편리한 시설이 조화를 이루고 있다. 실제로 이곳을 자주 찾는 게스트들 중에는 글을 쓰는 작가도 있고, 아예 네 명 분의 사용료를 내고 방 하나를 전세 내어 홀로 고요한 시간을 만끽하는 장기 여행자도 있다.

조천읍에 위치해 있어 먹을거리, 생필품을 쉽게 구할 수 있으며 근처에 식당도 많다. 얼핏 번잡해 보이지만 버스정류장에서 내리고 나면 한없이 한적한 마을이란 걸 알게 된다. 굽이굽이 정겨운 돌담길을 돌아나가다 보면 깜짝 선물처럼 바다가 등장한다. 버스에서 내린지, 단 3분만의 변화다. 게스트 하우스로 향하는 길부터가 깜짝 선물 같은 곳, 게스트하우스 '꿈꾸는 섬'이다.

HOST INTERVIEW · 주인장 **정해성**

"어느 때부터인가 제주바다를 꿈꾸기 시작했습니다. 그래서 정착을 결심했습니다. 내 마음에 드는 게스트하우스 자리를 찾아 헤매기를 수 년. 그리고 찾아낸 곳이 지금의 바닷가 옆입니다. 게스트하우스를 만들면서 중도에 포기하고 싶은 마음도 있었지만 포기하지 않고 실행에 옮길 수 있었던 건, 나 자신의 꿈 때문이기도 했습니다. 사람들은 살아가면서 다양한 꿈을 꾸지요. 그리고 누군가는 '나만의 바다'를 꿈꿔 본 적이 있을 것입니다. 여행자들에게 나의 바다를 선물하고 싶습니다. 매일 똑같은 것처럼 보이지만 내게는 매일이 다른 바다입니다. 바다와 모든 것을 터놓고 대화할 수 있는 시간을 마련해주고 싶었습니다. 이곳에선 아침마다 돌담 바로 밑까지 물이 차올라 호수 같은 바다를 만날 수 있습니다. 바다와 어우러진 일상에서 '나만의 바다'를 찾아낼 수 있었으면 합니다."

꿈꾸는 섬은 최근에 개장한 제주 올레 18코스의 끝자락에 위치해 있다. 멀리 갈 것 없이 제주 올레 18코스를 걸어보는 것이 좋을 것이다. 험하지 않으면서 제주시의 오래된 풍경, 한적한 어촌마을, 이름은 없지만 더없이 한적하고 아름다운 바닷가 주변을 아우른다. 집 돌담 바로 밑까지 차오르는 바닷가 마을이 특히 인상적이다. 꾸미지 않은 제주의 속살 그대로를 볼 수 있는 코스. 제주 돌하르방공원도 가까이에 있다. 산책로에서 제주의 허파라 불리는 곶자왈의 숨결을 느낄 수도 있고, 투박하지만 매력적인 돌하르방과 추억을 상기시키는 만화 캐릭터들이 즐거움을 선사한다.

꿈꾸는 섬 게스트하우스 주변에 위치한 제주 올레 19코스 바다풍경.

꿈꾸는 섬 게스트하우스 2층 카페에서 바라본 어화.

원목으로 꾸며진 예쁜 2층 카페엔 아날로그적인 향수를 자극하는 소품들로 가득하다.

주인장이 직접
구워주는
햄치즈토스트.

Check List

객실

색실 타입 도미토리 〔4인실 4개〕 / 온돌〔 〕 침대 〔✓〕
객실 규모 객실 수 〔4개〕 최대 수용인원 〔16명〕

적당한 크기의 방에 침대가
4개뿐이어서 모르는 이들과
얼굴을 맞댈 염려가 없다.
섬세한 침구나 인테리어는
마치 펜션같은 느낌이 든다.

2층 카페와 아랫층
실외휴게소에서는
정겨운 바다가 한눈에
바라다보인다.

편의시설

화장실 / 샤워실 객실마다 별도 1개씩
욕실용품 수건 〔✓〕 샴푸 〔✓〕 치약 〔✓〕 비누 〔✓〕
인터넷 공용 컴퓨터 〔✓〕 wi-fi 〔✓〕
기타시설 실내휴게소 〔✓〕 실외휴게소 〔✓〕 취사장 〔✓〕 매점 〔 〕

규칙

체크인 / 아웃 체크인 〔16:00〕 체크아웃 〔11:00〕
소등 객실 소등 〔없음〕 휴게실 소등 〔23:00〕
음주 / 취사 하우스 내 음주 〔가능〕 취사 〔가능〕 흡연 〔테라스에서 가능〕

할인쿠폰
1,000원

식사

조식은 과일, 빵,
음료 등.

조식 〔✓〕 가격 〔무료〕 석식 〔 〕
기타 〔석식은 없지만 손님이 오면 주인장이 직접 수준급의 드립커피를 내려준다.〕

내무반 게스트하우스

아름다운 백사장에서의
이색 병영체험

이름에서도 알 수 있듯이 1980년대 초반의 군대 내무반 막사를 그대로 재현해 놓은 게스트하우스다. 젊은 시절의 한때였던 군대 생활에 대한 향수가 있는 사람들, 입대를 앞둔 사람들, 병영 생활을 해본 적 없는 여성들이라면 호기심이 동할 만하다. 게스트들을 위해 군용 모자와 반바지를 준비하는 센스. 주변에 편의점 등이 없는 대신, 게스트하우스 내에 군대식 PX까지 갖춰져 있어 필요한 물건들을 살 수 있다. 군대라는 단어만 떠올려도 '악'소리가 절로 나오는 남자들일지라도 그 맛을 잊을 수 없는 것이 바로 반합에 끓여먹는 라면이다. 실비만 받고 반합에 끓여주는 라면 맛에는 누구나 추억에 젖을 만하다. 군대 콘셉트이기에 다른 게스트하우스에 비해 시설 또한 좀 뒤지긴 하지만 제주에서 가장 고즈넉하면서도 아름다운 하도리 바닷가에 위치해 있다는 것이 큰 매력이다. 여름철이면 게스트하우스 바로 앞에 위치한 해변에서 해수욕을 즐길 수도 있다.

INFO

주소 제주시 구좌읍 하도리 22번지 　**전화번호** 010-4254-0424

홈페이지 http://cafe.naver.com/taphotel 　**이메일** tops0424@naver.com 　**이용료** 도미토리 2만원

교통 제주시외버스터미널에서 동일주행 버스(하도리행) 탑승 후 '하도리' 정류장 하차(게스트하우스로 전화하면 픽업 서비스).

테마 ●●●●● 　편의시설 ●●●○○ 　교통편 ●●●○○ 　주변 환경 ●●●●○ 　가격 ●●●○○ 　친절도 ●●●●○

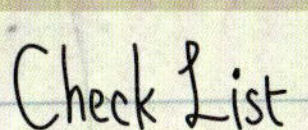
Check List

객실

- **객실 타입** 도미토리 (15인실 1개, 9인실 1개) / 온돌 [✓] 침대 [ ]
- **객실 규모** 객실 수 (2개) 최대 수용인원 (25명)

할인 쿠폰
2,000원

편의시설

> 샤워실이 남녀 구분되어
> 있고 바다가 지척인 옥상과
> 실외휴게실의 정취가
> 남다르다.

- **화장실 / 샤워실** 공용 (2개)
- **욕실용품** 수건 [✓] 샴푸 [✓] 치약 [✓] 비누 [✓]
- **인터넷** 공용 컴퓨터 [✓] wi-fi [✓]
- **기타시설** 실내휴게소 [✓] 실외휴게소 [✓] 취사장 [✓] 매점 [✓]

규칙

- **체크인 / 아웃** 체크인 (15:00) 체크아웃 (11:00)
- **소등** 객실 소등 (23:00) 휴게실 소등 (23:00)
- **음수 / 취사** 하우스 내 음수 (가능) 취사 (가능) 흡연 (지정된 장소에서 가능)

식사

> 조식은 빵, 음료 등

조식 [✓] 가격 (무료) 석식 [ ] 기타 [ ]

프로그램

- 여름시즌 보트낚시.
- 정류장까지 픽업서비스.

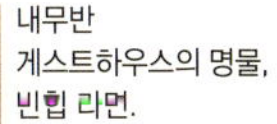

내무반
게스트하우스의 명물,
빈힙 라면.

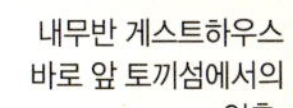

내무반 게스트하우스
바로 앞 토끼섬에서의
일출.

느루 게스트하우스

한꺼번에 몰아치지
아니하고 오래도록

INFO

주소 제주시 한경면 고산리 2632　　**전화번호** 010-2658-2632

홈페이지 http://www.nruhouse.net　　**이메일** nruhouse@naver.com

이용료 도미토리 2만원, 2인실 5만~6만원

교통 제주시외버스터미널에서 서일주노선 버스 승차, '고산리 구 출장소' 정류장 하차(1시간 10분 가량 소요되므로 탑승 시 버스기사에게 미리 정류장을 말해두면 편리).

테마 ●●●○○　　편의시설 ●●●●○　　교통편 ●●●●○　　주변 환경 ●●●●○　　가격 ●●●○○　　친절도 ●●●●○

제주에서 가장 최근에 개장한 게스트하우스 중 하나로 널찍한 공간과 쾌적한 시설을 자랑한다. 제주시에서 서일주버스를 탑승하면 논스톱으로 게스트하우스에 도착할 수 있어 편리하다.

느림보도 아니고 느티나무도 아니고 '느루'라니 무슨 의미일까 자못 궁금케 한다. 제주 말에는 생소한 단어가 많으니 아마 제주사투리겠지 했는데 순수한 우리말이다. '한꺼번에 몰아치지 아니하고 오래도록'이란 뜻이다.

이름처럼 한꺼번에 몰아치지 않고 오랫동안 준비한 느루 게스트하우스는 이용자들이 풍요로운 마음으로 여유롭게 쉴 수 있는 공간이다. 소규모 게스트하우스를 이용하는 경우 보통 빽빽하게 들어차 있는 침대 때문에 답답하다고 느낄 때가 있을 것이다. 방에서 짐을 꾸릴 때 움직일 공간이 부족해서 불편하기도 하고, 잠을 잘 때는 남의 숨소리를 자장가 삼아 자야 하니 예민한 사람이라면 거북하게 느껴지기도 할 것이다. 허나 느루 게스트하우스는 다르다. 게스트용 건물을 지을 때부터 공간을 널찍하게 설계해 욕심 부리지 않고 침대가 딱 넷. 넉넉한 공간에서 제법 여유를 부릴 만하다. 화장실도 남녀구분하여 각각 셋씩 준비되어 있다. 샤워실은 공용이지만 큐비클 칸막이가 설치되어 있어 프라이버시를 보장한다. 세탁기도 두 대가 준비되어 있어 순서를 기다려야 하는 수고를 하지 않아도 된다. 따로 세탁망을 준비해두고 있어서 함께 세탁해도 남의 빨래와 섞일 염려가 없다. 호스트의 입장에서가 아니라 게스트들의 입장에서 세심하게 배려한 느루는 안정감이 머문다.

게스트하우스 한쪽에 자리한 느루 카페 또한 빼놓을 수 없다. 정갈하고 단정하게 단장된 카페는 커피 한 잔의 여유를 부리기에 아늑한 곳이다. 너른 잔디마당 안으로 비쳐드는 햇볕에 느긋하고 평화로운 일상을 즐길 수 있다. 카페에서의 여유로운 시간을 밖으로 확장해도 좋은 일이다.

느루가 위치한 곳은 한경면 고산리의 중심지. 시골 중심지의 정취를 느끼기에 적격이다. 도시에서의 획일화된 우체국 건물이 아니라 그 옛날 정취가 그대로 남아 있는 우체국이 있다. 전혀 짐작할 수는 없지만 정감가는 할머니들의 제주사투리 사이를 가로질러 거니노라면 부산함 속에서도 한가로움이 느껴진다. 자가용을 끌고온 사람이라면 느루로 들어갈 때는 큰길가에 차를 세워두고 걸어서 갈 일이다. 기우는 햇살이 살포시 비쳐드는 아름다운 올레를 놓칠 수는 없으니까.

HOST INTERVIEW · 주인장 느루언니

"개인적으로도 여행하는 것을 매우 좋아합니다. 많은 곳을 가지 않더라도 그곳의 아름다움을 충분히 만끽할 수 있을 정도의 느린 여행을요. 느루를 준비하는 마음도 그랬습니다. 게스트들이 천천히 아주 편하게 머물다 갈 수 있는 그런 게스트하우스를 마련하고 싶었거든요. 아직까지 수익 생각은 해보지 않았어요. 그저 게스트들이 환한 얼굴로 머물다 떠날 때 행복합니다. 인근 장이라도 서는 날이면, 묵고 가는 어린 학생들에게 구경도 할 겸 장에 가서 국밥이라도 사먹으라고 몇 천원 쥐어줄 때도 종종 있어요. 게스트하우스를 오픈한지 얼마 되지 않아 세상 물정 몰라서일지도 모르겠네요. 아니면 계산이 느린 탓일지도 모르지요. 여하튼 계산적으로 움직이지 않는 지금이 행복하답니다."

한경면 고산리는 제주 올레 13, 14, 14-1, 15코스의 중심지라 할 수 있다. 각각의 올레로 향하는 버스도 많은 편이고, 지리적으로 가깝다 보니 콜택시도 싼 편이다. 제주 중산간과 저지리의 다양한 테마파크를 즐기고 싶다면 제주 올레 14, 14-1코스, 바다를 즐기고 싶다면 13, 15코스를 선택하는 것이 좋겠다. 시골마을이라지만 마을 중심가에 위치해 있기 때문에 군것질거리와 여행에 필요한 물품을 바로바로 준비하기에 편리하다.

제주 올레 13코스의 낙천리 의자마을

Check List

객실

- 객실 타입 도미토리 [4인실 5개] 2인실 [2개] / 온돌 [✓] 침대 [✓]
- 객실 규모 객실 수 [7개] 최대 수용인원 [24명]

4인실 도미토리의 경우 꽤 공간이 넓어 여유로운 휴식을 취할 수 있다. 2인실의 경우 온돌이며 욕실이 포함된 곳도 있다.

편의시설

느루 카페에서 커피 한 잔의 여유를 즐길 수 있다. 마당이 너른 편이라 전체적으로 여유로운 느낌이 든다.

- 화장실 / 샤워실 남녀구분 각각 [3개]
- 욕실용품 수건 [✓] 샴푸 [✓] 치약 [✓] 비누 [✓]
- 인터넷 공용 컴퓨터 [✓] wi-fi [✓]
- 기타시설 실내휴게소 [✓] 실외휴게소 [✓] 취사장 [ ] 매점 [ ]

규칙

- 체크인 / 아웃 체크인 [15:00] 체크아웃 [10:30]
- 소등 객실 소등 [23:00] 휴게실 소등 [23:00]
- 음주 / 취사 하우스 내 음주 [가능] 취사 [불가능] 흡연 [실외에서 가능]

할인쿠폰 3,000원

식사

- 조식 [✓] 가격 [무료] 석식 [ ] 기타 [ ]

조식은 토스트와 시리얼, 계절과일, 주스 또는 커피 등

꿈꾸는 섬 게스트하우스 전망.

Photo

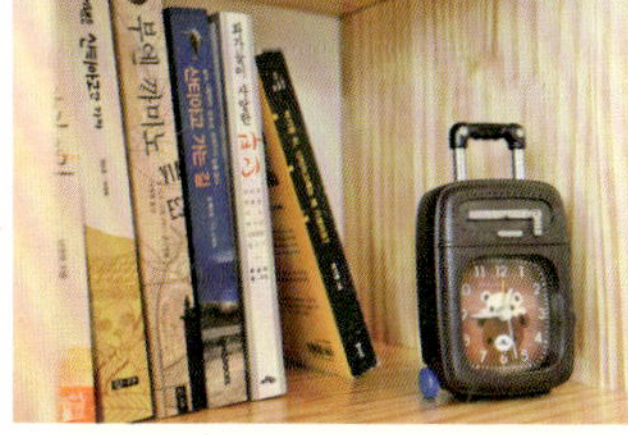

주인장이 직접 구워주는
햄치즈토스트.

예쁜 소품으로 장식한 느루 카페.

달집 게스트하우스

지미오름에서의 환상적인
일출과 일몰을 만끽하다

해안도로를 잇는 제주 올레의 처음이자 마지막인 종달리 마을에 위치한 게스트하우스. 종달리는 돌담이 정겨운 마을이다. 예전에 소금밭으로 사용되었던 종달리 염전의 드넓은 갈대밭 너머로 아름다운 성산일출봉을 볼 수도 있다. 밤이면 이 집의 이름처럼 성산일출봉 위로 달이 떠오른다. 사람을 기분 좋게 만드는 젊은 부부가 운영하는 이 집은 여행자들을 위한 프로그램을 운영하고 있다. 매주 토요일과 일요일에는 주변의 아름다운 오름 투어를, 날짜에 따라 달빛이나 별빛, 일몰투어 등을 병행한다. 달집에 머문다면 지미오름에는 꼭 올라보자. 제주 동부 지역과 성산일출봉, 우도, 한라산이 한눈에 조망되는 지미오름은 아침 일출은 물론 일몰의 아름다움이 상상 이상이다.

INFO

주소 제주특별자치도 제주시 구좌읍 종달리 953 **전화번호** 070-8869-9562

홈페이지 http://www.daljip.com **이메일** kui3033@naver.com

이용료 도미토리 2만원, 2인실 5만원(여성전용, 추가인원 별도문의)

교통 제주시외버스터미널에서 동일주노선 버스 탑승 후 '종달 초등학교' 정류장에서 하차, 버스 정류장에서 버스 진행 반대 방향으로 가다 공중전화 부스 골목 안쪽으로 진입 후 제주 올레 화살표시 따라 이동, 종달리 실버타운 앞에서 종달리 어촌계 골목으로 진입하면 달집 게스트하우스(시흥리, 종달리, 성산일출봉 근처 픽업 서비스).

테마 ●●●●● 편의시설 ●●●○○ 교통편 ●●●○○ 주변 환경 ●●●○○ 가격 ●●●○○ 친절도 ●●●●●

Check List

객실

객실 타입 도미토리 (6인실 2개) 2인실 (1개) / 온돌 ✓ 침대 ✓
객실 규모 객실 수 (3개) 최대 수용인원 (15명)

전형적인 제주 돌집을 개조하여 창 밖으로 바라다보이는 풍경이 정겹다.

편의시설

화장실 / 샤워실 공용 (2개)
욕실용품 수건 ✓ 샴푸 ✓ 치약 ✓ 비누 ✓
인터넷 공용 컴퓨터 ✓ wi-fi ✓
기타시설 실내휴게소 ✓ 실외휴게소 ✓ 취사장 ( ) 매점 ( )

규칙

체크인 / 아웃 체크인 (15:00) 체크아웃 (10:30)
소등 객실 소등 (23:30) 휴게실 소등 (23:30)
음주 / 취사 하우스 내 음주 (가능) 취사 (불가능) 흡연 (지정된 장소에서 가능)

할인쿠폰
1,000원

식사

조식 ✓ 가격 (무료) 석식 ( )
기타 (아침 식사를 못할 정도로 바쁜 손님에게는 오니기리를 포장해주기도 한다.)

조식은 참치 오니기리, 미소국, 차 등.

프로그램

매주 주말 오름 투어.

달집 게스트하우스가 있는 종달리는 정겨운 돌담과 제주의 고요한 마을 풍경이 어우러진 곳이다.

지미오름에서 바라본 성산일출봉.

더 단 빌리지
게스트하우스

묶어봐야 진가를 알 수 있는
알짜배기 숙소

INFO

주소 제주특별자치도 제주시 한경면 고락로 100(고산리 1578-2)　**전화번호** 070-7695-7797

홈페이지 http://www.thedanvillage.co.kr　**이메일** dannpark@naver.com

이용료 도미토리 2만원, 2~3인실 1인 기준 2만5천원, 3인 기준 2만원

교통 제주시외버스터미널에서 서일주버스 탑승 후 '고산' 정류장 하차, 정류장 근처의 고산페인트를 오른쪽으로 끼고 직진해 고산2리 복지회관 큰 사거리 횡단 후 계속 직진(정류장에서 도보로 10분 이내).

테마 ●●●○○　편의시설 ●●●●○　교통편 ●●●○○　주변 환경 ●●●○○　가격 ●●●○○　친절도 ●●●●●

한경면 고산리에 위치한 군더더기 없이 깨끗한 게스트하우스. 기대 없이 찾아간 사람들이라면 소위 '대박'이라 느끼지 않을까 싶을 정도다. 더 단 빌리지는 사진으로 볼 때보다는 실제가 더욱 아름답고 즐거운 공간이다. 특히 고요하고 청결한 잠자리를 원하는 사람들이라면 선택에 만족을 표할 것이다. 도미토리의 경우 보통 침대가 넷이 들어가 있지만, 더 단 빌리지의 경우 모두 2인실 도미토리로 이루어져 있다.

방은 넓지 않지만 2층 침대를 놓았기 때문에 갑갑하기보다는 아늑하게 느껴진다. 일행이 둘이라면 약간 불편할 수 있는 2층 침대 대신 1만원을 더해 온돌방을 선택하면 더 좋을 수 있다. 제공되는 매트리스가 넓고 두터워서 2층 침대보다 훨씬 안락한 침구에서 숙면을 취할 수 있다.

색색이 단장한 인테리어는 아니지만 단정한 더 단 빌리지는 전체적으로 품격이 느껴진다. 매일 매일 하얀 린넨 천으로 된 베개와 매트리스, 이불 커버가 제공된다. 이 정도면 호텔급 서비스라 하기에 충분하다. 여기에 호텔에서도 제공되지 않는 서비스가 하나 더 추가된다. 바로 제주 올레 11코스, 12코스, 13코스, 14 코스, 14-1코스 픽업 서비스.

신청하는 인원이 3명 이상이라면 1만원 정도에 바비큐 파티를 즐길 수도 있다. 이와 더불어 빼놓을 수 없는 것이 매일 저녁 5천원의 참가비로 즐길 수 있는 게스트하우스 게스트용 카페 'Cabin 막걸리 House'에서 열리는 [맥주 할래? 친구하자] 비어타임이다. 술을 하지 못하는 사람일지라도 비어타임의 즐거운 자리를 놓치지 말 일이다.

더 단 빌리지를 운영하는 젊은 부부는 사람을 유쾌하게 하는 능력을 지녔다. 알지 못해 서먹서먹한 분위기의 게스트들 사이에 그들 부부가 끼어들면 금방 웃음꽃이 피어난다. 어색함은 사라지고 게스트들은 서로 제주여행에 관한 정보의 교환은 물론이요, 오래된 친구처럼 이런저런 사는 이야기에 시간 가는 줄 모른다.

무료로 제공되는 아침상은 푸짐한 편이다. 기본 조식으로 토스트, 잼, 스크램블, 신선한 샐러드와 원두커피가 제공된다. 서양식이 거북한 사람이라면 5천원의 비용을 들여 가정식 조식을 사전에 신청해도 좋다. 메뉴는 매일 바뀌지만 깔끔하면서도 정갈한 밥상을 받아볼 수 있다. 하룻밤 직접 묵어보아야 진가를 알 수 있는 곳. 묵을수록 유쾌하고 행복해지는 곳. 바로 더 단 빌리지다.

HOST INTERVIEW · 주인장 단 회장

"게스트하우스 이름의 뜻이요? 알게 되면 뜨악해 하실 지도 모르는데. 더 단 빌리지(The Dan Village) 이름의 '단'은 아내의 성에서 따온 겁니다. 저희 부부가 본래 참 단순한 사람들이거든요. 그냥 단순하고 유쾌한 것을 좋아합니다. 실제로 저희가 사는 삶도 그렇고요. 저희 게스트하우스는 소규모이기 때문에 오시는 손님들의 성향에 따라 분위기가 많이 좌우되는 편이지요. 한데 운이 좋아서일까요? 올 3월 오픈한 이래로 기억에 좋지 않은 손님들은 단 한 분도 없었던 것 같아요. 모두들 허물없이 즐거운 시간을 보내다가 가시더라고요. 침대를 늘리는 대신 하룻밤 편히 묵어갈 수 있는 편안함을 선택했습니다. 답답한 것보다는 여유로움을, 어수선한 것보다는 아늑하고 조용한 것을 좋아하는 편입니다. 그러니 게스트들 또한 저희처럼 그런 것들을 즐길 수 있기를 바라죠."

더 단 빌리지에서는 11코스, 12코스, 13코스, 14코스, 14-1코스 픽업 서비스를 제공하고 있다. 제주 올레의 단점은 시작점이나 끝지점에서의 교통이 불편하다는 것이다. 각자의 취향대로 코스를 선택할 수 있고 다양한 제주 올레를 즐길 수 있으니 제주 올레 코스를 두루 섭렵하려는 사람들이라면 광범위하게 픽업 서비스를 해주는 더 단 빌리지 만한 곳이 없을 것이다. 다만, 더 단 빌리지의 위치가 고산리 중심가에서 약간 떨어진 곳에 있다는 것이 아쉽다. 필요물품이나 원하는 먹을거리 등은 미리 준비해 두는 것이 좋다. 특별한 저녁식사를 원하는 뚜벅이 여행자라면 번화가에서 미리 식사를 하고 게스트하우스에 드는 것이 바람직하다.

제주 올레 13코스인 저지오름에서 바라본 눈 쌓인 한라산.

호텔 못지않게 깔끔한 시트가 장점인 도미토리 2인실.

더 단 빌리지 Cavin 막걸리 House.

수건 하나 흐트러짐 없이
깔끔하게 준비한 게스트룸.

Check List

객실

객실 타입　도미토리 [2인실 5개] / 온돌 [✔] 침대 [✔]

객실 규모　객실 수 [5개] 최대 수용인원 [10명]

> 방은 좁은 편이지만 모두 2인실이라 아늑하며 고요한 분위기다.

편의시설

화장실 / 샤워실　공용 [3개]

욕실용품　수건 [✔] 샴푸 [✔] 치약 [✔] 비누 [✔]

인터넷　공용 컴퓨터 [✔] wi fi [✔]

기타시설　실내휴게소 [✔] 실외휴게소 [✔] 취사장 [✔] 매점 [ ]

> 할인쿠폰
> 2,000원

규칙

체크인 / 아웃　체크인 [16:00] 체크아웃 [11:00]

소등　객실 소등 [23:00] 휴게실 소등 [23:00]

음주 / 취사　하우스 내 음주 [가능] 취사 [불가능] 흡연 [지정된 장소에서 가능]

> 간단한 음식의 경우 조리 가능, 게스트가 청한다면 주인장이 원하는 음식을 만들어주는 친절함을 발휘한다.

식사

> 조식은 과일, 빵, 음료 등.

조식 [✔] 가격 [무료] 석식 [ ]

기타 [한식을 원한다면 사전 신청하여 5천원에 가정식 백반을 먹을 수도 있다.]

프로그램

사전 신청시 저녁 바비큐,
[맥주 할래? 친구하자] 비어타임,
올레 픽업 서비스.

더 파프리카 게스트하우스

파프리카만 보면
떠오르는 그 집

INFO

주소 서귀포시 대정읍 영락리 1242-1　　**전화번호** 010-5513-6862

홈페이지 http://blog.naver.com/holichouse　　**이메일** holichouse@naver.com

이용료 도미토리 2만원, 2인실 5만원(1인 사용 시 4만원)

교통 제주시외버스터미널에서 서일주버스 탑승 후 '취락지구 영락리' 정류장에서 하차(버스로 1시간 10분소요.
버스 탑승 시 취락지구 영락리에서의 하차를 알릴 것). 버스에서 내리면 파프리카 안내판이 보임. 도보 1분 거리.

테마 ●●●○○　　편의시설 ●●●●●　　교통편 ●●●●○　　주변 환경 ●●●○○　　가격 ●●●○○　　친절도 ●●●●○

더 파프리카 게스트하우스. 이름만 들어서는 파프리카 농장을 겸하는 민박집처럼 느껴진다. 그러나 채소인 파프리카와는 전혀 상관없는 집이다. 그럼에도 이 집에 한번 묵었던 사람들은 마트의 채소 코너에서 파프리카를 발견하면 이 집을 떠올리게 될 것이다.

옛날 돌집을 개조하여 원목으로 평수를 넓혀 지은 집으로 파프리카처럼 앙증맞고 예쁘다. 건물 외관도 외관이지만 실내는 더욱 시선을 잡아끈다. 게스트하우스 이름을 염두에 둔 듯 하얀 외벽에 가구와 문틀 등에 원색 계열의 색상을 입혀놓은 인테리어가 센스 있다. 아기자기한 소품들 또한 시선을 사로잡는다. 집 전체가 감각적으로 꾸며진 카페 같은 분위기다. 베란다 쪽의 탁자에 앉아 부드러운 아침 햇살을 받으며 앉아 있노라면 여행보다는 머무르고 싶다는 생각이 절로 든다.

도미토리 또한 흠잡을 데 없다. 6인실이 제법 빡빡하게 느껴질 듯도 하건만, 방으로 들어서면 오히려 너무 넓다 싶을 정도로 공간의 여유가 있다. 욕심을 부렸다면 12인실로 만들어도 충분할만한 공간이다.

널찍한 공간을 확보한 것은 주인장의 성격 탓이다. 여행을 좋아하는 주인장은 이곳저곳을 돌아보며 다양한 게스트하우스에서 많이 묵어 보았단다. 가장 불편했던 것이 빡빡하게 들어찬 침대에서 남의 발이나 머리를 맞대고 잠을 청하는 일이었다. 자신이 싫어하는 것을 남에게 권할 수는 없는 일. '혜성언니'라 불리는 주인장의 작은 철학이다. 평소 인테리어나 집에 대한 관심이 없었던 그녀가 게스트하우스를 준비하며 가장 신경 썼던 것은 '게스트의 마음'이었다. 그들이 누리고 싶은 것을 게스트하우스에 담는 것, 그것이었다.

청결함은 물론 기본이다. 이외에도 예쁘게 꾸며진 오픈키친이나 게스트용 테이블 등에서도 그녀의 깔끔하면서도 계산 없는 마음이 그대로 들어앉아 있음을 발견할 수 있다.

조식으로 내놓는 토스트와 스크램블, 과일, 주스 또한 훌륭하다. 홀로 운영하는 게스트하우스이고 버스 정류장이 바로 앞에 위치해 있음에도 가까이 있다면 기꺼이 픽업 서비스를 해주는 친절함까지! 좀처럼 불편함을 느낄 수 없는 게스트하우스다. 그녀의 집에 한번 머문 사람들이 후에 파프리카를 볼 때마다 게스트하우스 파프리카를 떠올리는 것이 어쩌면 당연한 일인지도 모른다.

HOST INTERVIEW · 주인장 혜정언니 ———————————

"게스트하우스 이름은 파프리카에 관한 방송을 본 후 파프리카 예찬론자가 된 친오빠가 권한 이름이에요. '건강에 좋은, 건강을 지키는, 건강에 도움이 되는' 파프리카 같은 게스트하우스가 되라는 뜻이었어요. 머물기 좋은, 편안함이 머무는, 에너지를 보충할 수 있는 그런 게스트하우스가 되기를 바라는 마음은 제 안에도 있었으니까요. 저희 집에 진짜 파프리카는 없어요. 호기심에 지난 여름 내내 정성들여 키운 파프리카가 있긴 했는데, 결실을 채 맺기도 전에 태풍이 와서 가져가 버렸어요. 그래도 내년에 다시 시도해 보려고요. 그때에 방문하게 된다면 이곳에서 진짜 파프리카를 보실 수도 있지 않을까 기대해요. 궁금해 하는 게스트들을 위해서라도 열심히 키워볼 작정이죠. 그런 마음으로 게스트하우스도 계속 운영할 거고요."

여행의 기술

파프리카 게스트하우스 인근에 위치한 초콜릿 박물관.

파프리카에서는 가까운 거리라면 사전 예약하는 사람들에 한해 시간을 정하여 픽업 서비스를 제공한다. 제주 올레 11코스, 12코스, 13코스, 14코스, 14-1코스 등을 걷는 올레꾼들에게 더없이 좋은 숙소가 되어줄 것이다. 초콜릿에 관심 있는 사람들이라면 인근에 위치한 초콜릿 박물관에서 초콜릿에 관한 모든 것을 관람할 수 있다. 수제 초콜릿을 맛보는 시간을 가져보는 것도 좋다. 더 파프리카 게스트하우스 인근에는 마땅한 식당이나 슈퍼마켓이 드문 편. 자가용 이용자가 아닌 뚜벅이 여행자라면 든든하게 저녁식사를 마치고 게스트하우스에서 필요한 물품을 미리 준비해 가는 것이 좋다.

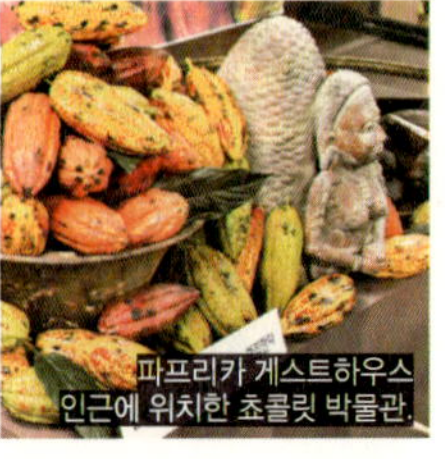

Check List

객실

객실 타입 도미토리(6인실 2개) 2인실(1개) / 온돌(✓) 침대(✓)

객실 규모 객실 수(3개) 최대 수용인원(14명)

편의시설

최대 수용인원에 비해 깔끔하고 넉넉한 화장실과 샤워실을 갖추고 있다. 예쁜 카페처럼 꾸며진 실내휴게소 또한 매력적.

화장실 / 샤워실 남녀 구분(2개)

욕실용품 수건(✓) 샴푸(✓) 치약(✓) 비누(✓)

인터넷 공용 컴퓨터(✓) wi-fi(✓)

기타시설 실내휴게소(✓) 실외휴게소( ) 취사장( ) 매점( )

규칙

체크인 / 아웃 체크인(16:00) 체크아웃(10:30)

소등 객실 소등(23:00) 휴게실 소등(23:00)

음주 / 취사 하우스 내 음주(가능) 취사(불가능) 흡연(실외에서 가능)

취사는 불가하지만 냉장고와 전자레인지, 전기포트 등은 사용할 수 있다.

식사

조식은 토스트와 스크램블, 과일, 주스 등.

조식(✓) 가격(무료) 석식( ) 기타( )

프로그램

가까운 거리 픽업 서비스.

더 파프리카 게스트하우스 카페.

감각 있고 예쁜 침구.

도미토리에 배치된
개인용 사물함.

파프리카 게스트하우스 전경.

돌담에 꽃 머무는 집 게스트하우스

대평포구가 바라다보이는
럭셔리 하우스

제주 올레 8코스의 종착지이자 9코스의 시작인 대평포구가에 위치한 럭셔리 게스트하우스. '론리 플래닛'의 창립자인 토니 휠러의 극찬을 받았을 정도. 기둥과 기둥 사이, 복도, 창 등 시선이 머무는 곳마다 한편의 회화를 보는 듯하다. 너른 복도는 실제로 갤러리로 사용되고 있다. 2인실과 가족실은 물론이요, 도미토리 역시 깔끔한 인테리어로 단장되어 있으며 공간 또한 넓은 편이다. 전 객실에 널찍한 테라스가 딸려 있다는 점도 놀랍다. 이곳에서 대평리의 아름다운 마을 풍경과 대평포구, 박수기정을 한눈에 아우를 수 있다. 이곳에서 대평포구로 지는 일몰의 아름다움은 특히 아름답기 이를 데 없다. 매일 깨끗한 시트와 이불, 수건 등이 호텔처럼 새로 제공되며, 토스트 등으로 제공되는 조식 또한 깔끔하다.

INFO

주소 서귀포시 안덕면 창천리 903-1 　**전화번호** 064-738-8942

홈페이지 http://cafe.daum.net/jeju-doldam 　**이메일** haha365@hanmail.net

이용료 도미토리 2만5천원, 2인실 7만원, 4인실 10만원

교통 제주공항에서 600번 리무진 버스 탑승 후 '중문 여미지식물원 입구' 정류장에서 하차. 리무진 버스 역방향으로 걸어 SK주유소 앞에서 120번 버스 탑승 후 '대평리(종점)' 정류장 하차, 대평포구 방향으로 도보 5분 거리.

테마 ●●●○○　편의시설 ●●●●○　교통편 ●●●○○　주변 환경 ●●●●○　가격 ●●●○○　친절도 ●●●○○

Check List

객실

객실 타입 도미토리 (6인실 2개) 4인실 (2개) 2인실 (1개) / 온돌 ( ) 침대 (✓)
객실 규모 객실 수 (5개) 최대 수용인원 (22명)

전 객실에서 대평포구와 박수기정이
바라다보이며, 멋진 풍경을 감상할 수 있는
테라스가 딸려 있음. 4인실의 경우 추가금액
없이 2인실로 사용되기도 한다.

편의시설

화장실 / 샤워실 객실마다 별도 1개씩

따로 멋진 카페가
마련되어 있음.

욕실용품 수건 (✓) 샴푸 (✓) 치약 (✓) 비누 (✓)
인터넷 공용 컴퓨터 (✓) wi-fi (✓)
기타시설 실내휴게소 (✓) 실외휴게소 (✓) 취사장 ( ) 매점 ( )

규칙

체크인 / 아웃 체크인 (15:00) 체크아웃 (11:00)
소등 객실 소등 (23:00) 휴게실 소등 (23:00)
음주 / 취사 하우스 내 음주 (가능) 취사 (불가능) 흡연 (지정된 장소에서 가능)

식사

조식은 커피, 우유,
토스트, 달걀프라이,
계절과일 등.

조식 (✓) 가격 (무료) 석식 ( ) 기타 ( )

복도건 계단이건 시선이
머무는 곳마다 그림이 되는
건물 구조와 인테리어.

객실 어느 곳에서도 바다가
바라다보인다.

세계적인 여행서 출판사인 '론니 플래닛'의
창설자, 토니 휠러가 방문하여 돌담집의
아름다움에 찬사를 한 후 남긴 친필 사인.

레이지박스 게스트하우스

눌러앉고 싶을 만큼
예쁘고 정겨운 제주 돌집

레이지박스 게스트하우스는 제주 민가에 살아 보고 싶은 이들이나 게스트하우스를 운영하고 픈 이들이 꼭 한 번씩은 둘러볼 정도로 예쁘고 인상적인 게스트하우스로 통한다. 도미토리식 게스트하우스임에도 불구하고 제주 시골마을의 정취를 느긋하게 즐길 수 있는 곳이다. 제주 민가인 돌집을 개조한 까닭에 침대는 한방에 겨우 서넛. 낮은 지붕은 갑갑하기 보다는 어릴 적 꿈꾸었던 나만의 다락방 같은 아늑한 분위기다. 앙증맞은 소품들로 단장한 예쁜 카페도 온전히 게스트들을 위한 공간으로 마련해 두었다. 한 폭의 그림 같은 느낌으로 다가오는 창가에 앉아 커피 한 잔의 여유를 부리기 딱 좋은 곳이다. 나홀로 여행하거나 아이를 동반한 여성 여행자들에게 인기가 높은 곳. 차로 5분 거리에 위치한 산방산 아래, 이곳에서 직접 운영하는 갤러리를 겸한 레이지박스 카페 또한 빼놓을 수 없는 명소다. 용머리해안과 산방산 산책과 더불어 여유로운 티타임을 즐길 수 있다.

INFO

주소 서귀포시 안덕면 사계리 2501-1   **전화번호** 070-8900-1254

홈페이지 www.lazybox.co.kr   **이메일** lazyboxs@naver.com

이용료 도미토리 2만원

교통 제주시외버스터미널로에서 평화로 노선('화/사'라고 적힌 사계리 방면 버스) 탑승 후 '사계리 사무소' 정류장 하차, 안덕농협 사계지점 방향으로 이동 후 농협 건너편 '골목식당' 골목으로 50m 이동하면 레이지박스 게스트하우스.

테마 ●●●●○   편의시설 ●●●●○   교통편 ●●●●●   주변 환경 ●●●●○   가격 ●●●○○   친절도 ●●●●○

마당 안에서 산방산이 훤히 바라다보인다.

게스트들을 위해 정성 들여
꾸민 레이지박스 카페.

깔끔하면서도 아늑한
느낌이 드는 객실.

Check List

객실

- **객실 타입** 도미토리 (4인실 1개), 3인실 (2개) / 온돌 ( ) 침대 (√)
- **객실 규모** 객실 수 (3개) 최대 수용인원 (10명)

편의시설

수용인원 대비 화장실과 샤워실이 넉넉하며, 게스트들을 위한 예쁜 카페가 따로 마련되어 있다. 어느곳이든 격조있는 인테리어가 돋보인다.

- **화장실 / 샤워실** 공용 (2개)
- **욕실용품** 수건 ( ) 샴푸 ( ) 치약 (√) 비누 (√)
- **인터넷** 공용 컴퓨터 ( ) wi-fi (√)
- **기타시설** 실내휴게소 (√) 실외휴게소 (√) 취사장 ( ) 매점 ( )

규칙

- **체크인 / 아웃** 체크인 (16:00) 체크아웃 (11:00)
- **소등** 객실 소등 (23:00) 휴게실 소등 (23:00)
- **음주 / 취사** 하우스 내 음주 (가능) 취사 (불가능) 흡연 (지정된 장소에서 가능)

간단한 인스턴트 식품 등은 조리해 먹을 수 있다.

식사

조식은 카야토스트 및 커피 혹은 감귤주스.

- 조식 (√) 가격 (2천원) 석식 ( ) 기타 ( )

루시드봉봉 게스트하우스

알찬 돌집에서
꽉 찬 달 보기

'루시드 봉봉'은 주인장이 달의 이미지를 임의적으로 형성화하여 지은 이름이다. '루시드'는 청명하단 의미고 '봉봉'에선 무슨 무슨 초콜릿 봉봉처럼 속이 꽉 찬 초콜릿이 연상된다. 청명한 하늘에 꽉 찬 보름달! 이름처럼이나 예쁜 이 집은 달콤하면서 알찬 휴식을 원하는 이들에게 제격이다. 겉도 예쁘지만, 속내를 알수록 더욱 마음에 드는 집이다. 건축을 전공한 주인장이 가장 중요하게 생각한 건 게스트들에게 편리함을 제공하는 것. 여느 게스트하우스들과는 달리 방방마다 개별난방을 선택했다. 침대 욕심을 내지 않고 방마다 널찍하고 예쁜 화장실을 따로 마련해 두었다. 한적한 제주 시골마을에 자리하고 있어 정취 또한 남다르다. 정겨운 올레길 안에 다소곳이 자리한 마당, 낮에는 더없이 파란 하늘이 머물고 밤에는 운치 있는 달이 떠오른다.

INFO

주소 서귀포시 대정읍 상모리 2641-1   전화번호 010-6388-8037   홈페이지 www.lucidbonbon.co.kr

이메일 coolletter80@naver.com   이용료 도미토리 2만원, 2인실 5만원

교통 제주시외버스터미널에서 대정읍 사계리를 경유하는 모슬포 행(평화로 노선) 버스 승차 후 '이교동' 정류장 하차, 정류장에서 횡단보도 끝 사잇길로 진입한 후 소나무 한 그루 서 있는 곳에서 올레길로 우회전 하면 루시드봉봉 게스트하우스.

테마 ●●●○○   편의시설 ●●●●○   교통편 ●●●○○   주변 환경 ●●●○○   가격 ●●●○○   친절도 ●●●○○

Check List

객실

객실 타입   도미토리〔4인실 3개〕 2인실〔1개〕 / 온돌〔 〕 침대〔✓〕

객실 규모   객실 수〔4개〕 최대 수용인원〔14명〕

> 개별난방이 되어 있어 취향에 맞는 온도로 잘 수 있고, 부족함이 없다 싶을 정도로 시설이 완벽하다.

편의시설

> 게스트들을 위해 제주 돌집을 개조한 예쁜 카페가 마련되어 있다.

화장실 / 샤워실   공용〔3개〕

욕실용품   수건〔 〕 샴푸〔 〕 치약〔✓〕 비누〔✓〕

인터넷   공용 컴퓨터〔✓〕 wi-fi〔✓〕

기타시설   실내휴게소〔✓〕 실외휴게소〔 〕 취사장〔 〕 매점〔 〕

규칙

체크인 / 아웃   체크인〔14:00〕 체크아웃〔11:00〕

소등   객실 소등〔23:00〕 휴게실 소등〔23:00〕

음주 / 취사   하우스 내 음주〔가능〕 취사〔불가능〕 흡연〔지정된 장소에서 가능〕

> 게스트용 카페에서 간단한 인스턴트 식품은 조리 가능.

식사

> 조식은 햄치즈샌드위치, 원두커피 등.

조식〔✓〕 가격〔2천원〕 석식〔✓〕 기타〔 〕

옛 돌집의 투박함에 빈티지하고 따스한 이미지를 곁들인 게스트용 카페. 목각인형 컬렉션과 동유럽에서 가져온 도자기 컬렉션이 인상적이다.

올레가 예쁜 루시드봉봉 게스트하우스.

릴리스토리 게스트하우스

한림해변의 물빛만큼
산뜻함이 머무는 곳

유명한 한림 및 금릉해수욕장 바로 옆에 위치한 게스트하우스. 그러나 큰 대로변에서 비켜선 마을 안쪽에 위치해 있어 한적한 시골 정취를 동시에 만끽할 수 있다. 여름철이면 항상 붐비는 한림해변이기에 게스트하우스 옆에 너른 공용 주차장이 마련되어 있다는 점도 반갑다. 시설 또한 나무랄 데 없다. 한마디로 산뜻한 곳. 제주에서 가장 아름답다는 한림해수욕장의 물빛처럼이나 밝게 단장한 파스텔톤 객실은 머무는 이의 기분을 절로 즐겁게 해준다. 게스트하우스 입구엔 젊은 주인장 부부가 직접 운영하는 아담한 컵케이크 카페가 자리한다. 해수욕, 혹은 주변 명소를 두루 돌고 온 후 아늑한 공간에서 만나는 컵케이크와 커피 한 잔은 참 반갑다. 여러모로 나무랄 데 없는 곳이지만, 인기 좋은 한림해변과 지척이다 보니 여름 성수기철이면 예약이 쉽지 않다는 점이 유일한 흠. 여름날 이곳에 머물기를 원한다면 빠른 예약은 필수다.

INFO

주소 제주시 한림읍 금능리 1433　**전화번호** 070-8900-1278

홈페이지 www.leeleestory.com　**이메일** runa23@naver.com

이용료 도미토리 2만원

교통 제주시외버스터미널에서 서일주노선 탑승 후 '금능리' 정류장 하차, 정류장 바로 옆의 마을 골목으로 진입한 후 3분 정도 직진하다 골목 끝에서 좌회전하면 릴리스토리 게스트하우스.

테마 ●●●○○　편의시설 ●●●●○　교통편 ●●●○○　주변 환경 ●●●●○　가격 ●●●○○　친절도 ●●●●○

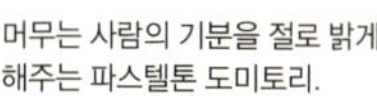

릴리스토리에서 운영하는
컵케이크 카페.

머무는 사람의 기분을 절로 밝게
해주는 파스텔톤 도미토리.

밝고 세련되게
단장된 게스트용 휴게실.

Check List

객실
- 객실 타입 도미토리 (6인실 2개, 4인실 1개, 3인실 1개) / 온돌 ( ) 침대 (V)
- 객실 규모 객실 수 (4개) 최대 수용인원 (16명)

편의시설

화장실과 샤워실이
별도로 갖춰져 있고,
샤워실은 1인 전용이라
개인적인 프라이버시를
보장한다.

- 화장실 / 샤워실 공용 (2개)
- 욕실용품 수건 (V) 샴푸 (V) 치약 (V) 비누 (V)
- 인터넷 공용 컴퓨터 (V) wi-fi (V)
- 기타시설 실내휴게소 (V) 실외휴게소 (V) 취사장 (V) 매점 ( )

규칙
- 체크인 / 아웃 체크인 (16:00) 체크아웃 (10:30)
- 소등 객실 소등 (23:00) 휴게실 소등 (23:00)
- 음주 / 취사 하우스 내 음주 (가능) 취사 (불가능) 흡연 (지정된 장소에서 가능)

라면, 인스턴트 식품 등
간단한 조리가 가능하다.

식사
- 조식 (V) 가격 (무료) 석식 ( ) 기타 ( )

조식은 식빵, 음료, 달걀,
씨리얼 등 셀프 토스트바 형식.

마레 게스트하우스

멋진 일몰 투어와
바비큐 파티로 추억 쌓기

40인을 수용하는 대형 게스트하우스인지라 고요한 시간을 기대하기는 어려운 대신 홀로 여행자라도 외롭지 않은 시간을 보낼 수 있는 곳이기도 하다. 마레 게스트하우스의 가장 큰 매력은 무료로 진행하는 일몰 투어. 제주에서 노을이 가장 아름답기로 소문난 수월봉~차귀도에 이르는 해안도로 쪽으로 매일 게스트들을 안내한다. 차편이 여의치 않은 뚜벅이 여행자들이라면 여간해선 접할 수 없는 환상적인 노을을 감상할 수 있는 절호의 기회다. 한적한 여행을 즐겨하는 이들이라면 게스트하우스에서 딱 산책하기 좋을 만큼의 거리에 위치한 월령리 선인장 자생지를 선택해도 좋을 일이다. 천연기념보호지역으로 지정된 곳이기도 한 이곳에서는 한적한 바다의 여유와 더불어 선인장이 자생하는 이국적인 풍경까지 만끽할 수 있다.

INFO

주소 제주시 한림읍 금능리 1296-3 **전화번호** 064-796-6116

홈페이지 http://cafe.naver.com/o0happy0o **이메일** kml32@naver.com

이용료 도미토리 2만원, 2인실 6만원, 4인실 10만원(추가인원 별도문의)

교통 제주시외버스터미널에서 서부일주버스 탑승 후 '금능식물원' 정류장에서 하차, 버스 방향과 반대방향으로 100m 지점에 마레 게스트하우스.

테마 ●●●●○ 편의시설 ●●●○○ 교통편 ●●●○○ 주변 환경 ●●●●○ 가격 ●●●○○ 친절도 ●●●○○

Check List

객실

- **객실 타입** 도미토리 [10인실 4개] / 온돌 [ ] 침대 [✓]
- **객실 규모** 객실 수 [4개] 최대 수용인원 [40명]

> 객실 당 침대가 많지만 공간은 비교적 넓으며, 전 객실에서 바다가 바라다보인다.

편의시설

> 각각의 방에 화장실겸 샤워실이 딸려 있고, 기타 세탁실, 파우더룸 등이 별도로 갖춰져 있다. 공용 컴퓨터는 3대가 비치되어 있다.

- **화장실 / 샤워실** 공용 [4개], 객실마다 별도 1개씩
- **욕실용품** 수건 [ ] 샴푸 [✓] 치약 [✓] 비누 [✓]
- **인터넷** 공용 컴퓨터 [✓] wi-fi [✓]
- **기타시설** 실내휴게소 [✓] 실외휴게소 [✓] 취사장 [ ] 매점 [ ]

규칙

- **체크인 / 아웃** 체크인 [14:00] 체크아웃 [10:00]
- **소등** 객실 소등 [24:00] 휴게실 소등 [21:00]
- **음주 / 취사** 하우스 내 음주 [가능] 취사 [불가능] 흡연 [지정된 장소에서 가능]

> 전자레인지를 이용한 간단한 조리는 가능.

식사

- **조식** [✓] 가격 [무료] 석식 [ ]
- **기타** [저녁에 바비큐 파티 1만원]

> 조식은 토스트로 무제한.

프로그램

일몰 투어 [수월봉~차귀도]

쾌적하고 밝아 산뜻한 느낌이 드는 도미토리.

여성들이 환호할 만한 파우더룸 겸 다림질실.

모나미 게스트하우스

제주 바다와
한라산을 한눈에

바다를 바로 앞에서 만끽할 수 있는 게스트하우스. 제주공항이나 시외버스터미널 등에서 교통도 가까울 뿐만 아니라, 수려한 경관을 자랑하는 도두해변에 자리하고 있다. 해안가의 3층 건물 중 2~3층을 사용하고 있기에 아기자기한 정원 등은 볼 수 없지만, 제주 바다와 한라산이 게스트용 카페나 객실, 옥상 휴게실 등 어느 곳에서도 멋지게 전망된다. 3층 옥상에서는 제주 공항에 뜨고 지는 비행기들을 지척에서 바라볼 수도 있다. 모나미에서 가장 두드러진 공간은 2층 카페. 제법 넓은 건물 2층 전체가 게스트용 카페로 꾸며져 있으며 원형 통유리로 된 창가 가득 제주 바다가 눈 시리게 다가온다. 여기에 포켓볼 시설까지 갖춰져 있으니 게스트들은 심심할 겨를이 없다. 원하는 사람들이라면 실비로 제주 흑돼지를 저렴하게 맛볼 수 있는 식당으로 안내해주기도 한다. 선착순 신청 인원에 대하여 바다낚시를 즐길 수 있는 낚싯대, 주변을 산책할 수 있게 자전거를 대여해주는 친절함을 갖추고 있다.

INFO

주소 제주시 도두1동 2541　전화번호 070-4187-6217

홈페이지 www.monamiguesthouse.co.kr　이메일 yogosy@hanmail.net　이용료 도미토리 2만원

교통 제주공항에서 36번 버스 탑승, 시외버스터미널에서는 17번 버스 탑승 후 '도리초등학교' 정류장에서 하차. 정류장에서 보이는 서부방음도서관과 마트클럽을 지나 GS25까지 직진, GS25에서 하빈스 커피숍을 지나면 모나미 게스트하우스(도보 200m)

테마 ●●●○○　편의시설 ●●●●○　교통편 ●●●●○　주변 환경 ●●●●○　가격 ●●●○○　친절도 ●●●●○

포켓볼 시설까지 갖춘
게스트용 카페

전 객실에서 바다가
바라다보이는 모나미
게스트하우스.

모나미 게스트하우스에서 지척인 도두봉의 석양.

Check List

객실

객실 타입　도미토리 [남성전용 16인실 1개, 여성전용 12인실 1개] /
온돌 [ ] 침대 [✓]

객실 규모　객실 수 [2개]　최대 수용인원 [28명]

할인 쿠폰
2,000원

편의시설

화상실 / 샤워실　화상실 [3개]　샤워실 [2개]

욕실용품　수건 [✓]　샴푸 [✓]　치약 [✓]　비누 [✓]

인터넷　공용 컴퓨터 [✓]　wi-fi [✓]

기타시설　실내휴게소 [✓]　실외휴게소 [✓]　취사장 [ ]　매점 [ ]

규칙

체크인 / 아웃　체크인 [16:00]　체크아웃 [11:00]

소등　객실 소등 [23:00]　휴게실 소등 [23:00]

음주 / 취사　하우스 내 음주 [가능]　취사 [불가능]　흡연 [지정된 장소에서 가능]

공용취사장이 있어 간단한
요리는 취사 가능.

조식은 감귤샌드위치, 해물라면 등.
요리사 자격증이 있는 주인장이 몇 가지 종류의
음식을 맛깔스럽게 내놓는다.

식사

조식 [✓]　가격 [4천~5천원]　석식 [ ]　기타 [ ]

모두올레 게스트하우스

제주도 푸른 바다를
마당 삼다

게스트하우스와 펜션을 겸한 곳. 아기자기하게 지어진 독립된 펜션 건물들과 너른 잔디밭 때문에 전체적으로 참 예쁘게 느껴지는 곳이다. 객실에서 바라보노라면 제주 올레 4코스가 지나는 태흥리 바다가 마당 너머로 예쁘게 찰랑인다. 마치 제주도 푸른 바다를 앞마당 삼은 것처럼 다가오는 곳. 게스트하우스 입구에는 통나무형 카페가 입점해 있어 차 한 잔의 여유를 즐길 수도 있다. 여름이라면 이곳 마당에 갖춰진 풀장에서 물놀이를 즐겨도 좋다. 도미토리의 경우 규모가 아담해서 고요한 휴식을 취하고 싶은 이들에겐 제격이다. 난로가 갖춰진 휴게실은 마치 산장처럼 꾸며져 있어 아늑한 분위기를 돋운다. 별도로 취사시설이 갖추어져 있어 편하게 사용하면 된다. 펜션의 경우 가격이 저렴한 편이어서 3인 이상의 일행인 경우라면 예쁘게 꾸며진 펜션에서 숙박하는 것이 현명한 선택이 될 것이다.

INFO

주소 서귀포시 남원읍 태흥리 1785-2　　**전화번호** 064-764-5437

홈페이지 www.moduolle.com　　**이메일** syetts@empas.com

이용료 도미토리 2만원, 2인실 5만원, 커플룸 7만원, 펜션 4인실 9만원(성수기요금 별도문의)

교통 제주시외버스터미널로에서 남조로 노선 탑승 후 '남원사우나(남원1리) 앞' 정류장 하차. 해안가로 내려오다 남원포구 식당과 남원 해수풀장이 있는 해안도로로 진입, 올레 4코스 역방향 표시를 따라 오다보면 보현사, 남태교를 지나면 모두올레 게스트하우스.

테마 ●●●○○　　편의시설 ●●●○○　　교통편 ●●●○○　　주변 환경 ●●●●○　　가격 ●●●○○　　친절도 ●●●○○

Check List

객실

객실 타입 도미토리 [6인실 1개] 2인실 [1개] 펜션 [4인실 2개, 2인실 3개] /
온돌 [ ] 침대 [✓]

객실 규모 객실 수 [7개] 최대 수용인원 [22명]

편의시설

화장실과 샤워실의 경우 객실마다 있어 편하다.

화장실 / 샤워실 객실마다 별도 1개씩

욕실용품 수건 [✓] 샴푸 [✓] 치약 [✓] 비누 [✓]

인터넷 공용 컴퓨터 [✓] wi-fi [✓]

기타시설 실내휴게소 [✓] 실외휴게소 [✓] 취사장 [✓] 매점 [ ]

규칙

체크인 / 아웃 체크인 [15:00] 체크아웃 [11:00]

소등 객실 소등 [23:00] 휴게실 소등 [23:00]

음주 / 취사 하우스 내 음주 [가능] 취사 [가능] 흡연 [지정된 장소에서 가능]

할인 쿠폰
2,000원

식사

조식 [ ] 가격 [ ] 석식 [ ]

기타 [조식은 제공되지 않지만 완벽한 취사시설이 갖춰져 있어 마음껏 음식을 만들어 먹을 수 있다]

감각적인 인테리어도 단장된 2인실 펜션.

여름이면 물놀이를 즐길 수 있는 풀을 갖추고 있다.

미라클 게스트하우스

바다, 한라산, 제주시가
360도 파노라마로 펼쳐지다

조용한 여행을 즐기려는 나홀로 여행자들보다는 2인 이상의 일행들과 함께하는 여행에 더욱 잘 어울릴 만한 숙소다. 도미토리는 물론 커플룸과 가족실 등 다양한 방을 구비하고 있다. 원룸형 독채는 가격이 저렴해서 3인 이상이라면 도미토리 가격에 독립된 원룸형 객실에서 묵는 것이 현명하다. 대형 게스트하우스지만 미라클 게스트하우스는 여러 면에서 매력적이다. 1층에는 널찍한 북 카페가 게스트들을 위해 갖춰져 있고, 자전거와 낚싯대 등을 무료로 대여해준다. 1만2천원에 진행되는 바비큐 파티에 참여하면 석식까지 해결하며 여러 여행자들과 어울림의 자리를 가질 수도 있다. 그러나 게스트들에게 가장 인기 있는 것은 5층 옥상 휴게실. 제주시 해안도로와 한라산, 제주시, 제주공항에 뜨고 지는 비행기 등을 360도 파노라마로 즐길 수 있다. 최근 리모델링으로 시설면에서도 새로 생신 게스트하우스와 비교해도 모자람이 없다.

INFO

주소 제주시 도두2동 719-1　**전화번호** 064-743-8953

홈페이지 www.ollefriends.com/miracle_club.php　**이메일** 2010miracle@naver.com

이용료 도미토리 2만원, 2인실 7만원, 4인실 9만원(성수기요금 별도문의)

교통 제주공항에서 시청 가는 버스 탑승 후 시청 하차. 맞은편 정류장에서 7번 버스를 탄 후 '해안도로' 정류장 하차 후 기사님께 노을언덕 무인카페 지나서 바로 하차하겠다고 말하면 하차 가능(오후 4~9시까지 공항 및 터미널까지 무료 픽업 서비스).

테마 ●●●○○　편의시설 ●●●○○　교통편 ●●●○○　주변 환경 ●●●●○　가격 ●●●○○　친절도 ●●●●○

컴퓨터와 매점 등이
잘 갖춰진 게스트용 카페.

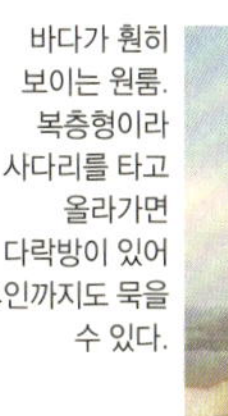
바다가 훤히
보이는 원룸.
복층형이라
사다리를 타고
올라가면
다락방이 있어
4인까지도 묵을
수 있다.

미라클에서 한발만
나서면 바로 펼쳐지는
제주시 해안도로.

Check List

객실

- 객실 타입 도미토리 (16인실 2개, 6인실 2개) 4인실 (6개) 2인실 (4개) /
  온돌 (✓) 침대 (✓)
- 객실 규모 객실 수 (14개) 최대 수용인원 (76명)

전 객실에서 바다가 조망된다.

편의시설

층마다 멋진 야외
테라스가 갖춰져 있고,
공용 컴퓨터가 4대
비치되어 있다.

- 화장실 / 샤워실 객실마다 별도 1개씩
- 욕실용품 수건 (✓) 샴푸 (✓) 치약 (✓) 비누 (✓)
- 인터넷 공용 컴퓨터 (✓) wi-fi (✓)
- 기타시설 실내휴게소 (✓) 실외휴게소 (✓) 취사장 ( ) 매점 (✓)

규칙

- 체크인 / 아웃 체크인 (16:00) 체크아웃 (11:00)
- 소등 객실 소등 (23:00) 휴게실 소등 (23:00)
- 음주 / 취사 하우스 내 음주 (가능) 취사 (불가능) 흡연 (지정된 장소에서 가능)

할인쿠폰
2,000원

식사

조식은 토스트,
잼, 주스 등.

- 조식 (✓) 가격 (무료) 석식 ( ) 기타 ( )

프로그램

자전거 및 낚시대 무료 대여.

미쓰 홍당무 하우스

제주도
게스트하우스계의 여왕

테마 ●●●●○　편의시설 ●●●●○　교통편 ●●●●○　주변 환경 ●●●○○　가격 ●●●○○　친절도 ●●●●○

미쓰 홍당무. 제주를 여행하는 사람들보다는 게스트하우스를 운영하는 이들 사이에서 더 유명한 곳이다. 그만큼 시설이나 아름다움 등 여러 면에서 더없이 훌륭하다. 조금 과장하자면 제주도에 위치한 게스트하우스계의 여왕이라 불리어도 손색이 없는 집이라 하겠다.

'미쓰 홍당무'라는 독특한 이름은 이 집을 향해 걸어가노라면 저절로 이해된다. 제주도 구좌읍 지역은 전국에서 가장 질 좋은 당근이 생산되는 곳으로 유명하다. 요즘 새로 들어서는 게스트하우스들이 대부분 바닷가에 위치해 있지만 이곳은 바닷가에서 완전히 벗어나 평대리 당근 밭 한가운데 위치해 있다. 덕분에 추운 겨울에도 짙푸른 당근 밭 위로 노란지붕이 더욱 도드라지는 곳이다.

오래된 돌집을 개조해 만든 게스트하우스인 만큼 투박한 게스트하우스를 연상할 수도 있겠지만 미쓰 홍당무는 이런 선입견과는 달리 전통과 현대적인 감각이 절묘한 조화를 이룬 갤러리 같다. 집 들머리에서부터 감탄사가 절로 나온다. 약간의 곡선을 두어 멋을 부린 콘크리트길은 집과 집 사이의 좁은 통로로 연결되어 투박한 돌집에 세련미를 부여한다. 콘크리트길이 경직된 느낌이 들 수 있음을 감안한 듯 길 한가운데에 적당한 간격으로 잔디를 심어놓은 센스가 돋보인다.

콘크리트와 잔디밭이 적당히 배합된 듯 단정한 안마당에는 여백의 미를 살린 기하학적 무늬 몇 점이 시선을 사로잡는다. 마치 한 폭의 회화를 보는 듯하다. 이러한 회화적인 분위기는 집 안으로도 이어진다. 옛 집이라 좁은 감은 있지만, 절제의 미를 살려 적정하게 배치된 가구와 창은 시선을 두는 곳마다 하나의 프레임으로 다가온다.

유난스레 깔끔한 체하는 사람일지라도 미스 홍당무라면 군말없이 잠을 이룰 수 있을 만큼 쾌적하다. 심플하게 내놓는 토스트와 피클, 감귤주스, 계절과일 등으로 구성된 정갈한 조식도 나무랄데 없다. 주인장이 텃밭에서 정갈한 샐러드를 만들어 내놓기도 하니 보이는 것 그 이상의 정성이 담긴 식사다.

갤러리와 같은 집에 걸맞게 예쁘게 꾸며진 게스트용 카페에서 차 한 잔의 여유를 누려보라. 머무는 사람을 특별한 사람으로 만드는 곳, 미쓰 홍당무다.

HOST INTERVIEW · 주인장 홍당무 ————

"폐허처럼 남겨진 오래된 돌집을 앞에 두고 고심했습니다. 그러나 막상 방향을 그리 정하고 공사를 시작하고 나니 걱정은 뒤로 물러섰죠. 집 자체에 열중하게 되더군요. 똑 부러지는 깔끔한 성격 탓에 냉정해 보인다는 말도 종종 듣는데, 집을 완성하는 데는 그런 성격이 한 몫 한 것 같아요. 미쓰 홍당무를 두고 종종 과한 칭찬을 하시는 분들이 계시기도 한데 솔직히 부담스럽죠. 각각의 게스트하우스는 나름대로의 분위기와 장단점이 다 있기 마련이잖아요. 제주 돌집이 본래 지붕도 낮고 협소한 탓에 여유롭게 활동하기에는 약간 불편한 점도 분명히 있을 겁니다. 오래된 제주 돌집의 매력을 느낄 수 있다는 면에서는 장점이 될 수도 있으니 너그럽게 이해해 주기를 바라는 거죠. 제가 할 수 있는 일은 방문하시는 분들이 편히 묵어가실 수 있게 다른 매력을 전하는 것 외에는 없는 것 같아요. 고단한 여행길 끝에서 만나는 게스트들에게는 고향 같은 안락한 쉼터로 자리 잡았으면 하는 바람이죠."

여행의 기술 마을 앞을 지나는 일주도로를 건너면 제주 올레 20코스로 들어서게 된다. 그 길 끝에 만나는 평대리 바다는 한적하니 나만의 정취에 젖기 안성맞춤이다. 천년 숲으로 유명한 비자림도 지척에 위치해 있다. 나만의 특별한 제주여행을 원하는 사람들이라면 돛오름 산책도 좋을 듯하다. 돛오름은 인근의 다랑쉬오름이나 용눈이오름처럼 유명하지는 않지만 게스트하우스 근처인 평대 사거리에서 송당행 마을버스를 탄다면 버스로 쉽게 접근할 수 있는 오름이다. 오름 자체의 아름다움이나 전망으로 따진다면 여느 유명한 오름 못지않다. 평대리는 구좌읍의 중심지인 세화리가 지척이다. 늦게까지 여는 식당과 대형마트도 있으니 필요한 물건은 세화리에서 구입하면 된다.

돛오름에서 바라본 다랑쉬오름.

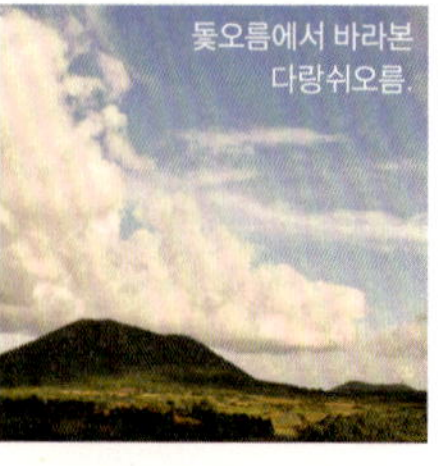

Check List

객실

객실 타입 도미토리 (4인실 2개) 2인실 (1개) / 온돌 (✓) 침대 (✓)

객실 규모 객실 수 (3개) 최대 수용인원 (10명)

편의시설

화장실 / 샤워실 남녀구분 (2개)

욕실용품 수건 (✓) 샴푸 (✓) 치약 (✓) 비누 (✓)

인터넷 공용 컴퓨터 (✓) wi-fi (✓)

기타시설 실내휴게소 (✓) 실외휴게소 (✓) 취사장 ( ) 매점 ( )

게스트용으로 만들어진 예쁜 카페가 있으며, 화장실과 샤워실은 좁은 편이지만 럭셔리한 분위기로 사용하는 이의 기분을 좋게 만든다.

규칙

체크인 / 아웃 체크인 (16:00) 체크아웃 (10:00)

소등 객실 소등 (23:00) 휴게실 소등 (23:00)

음주 / 취사 하우스 내 음주 (가능) 취사 (불가능) 흡연 (지정장소에서 가능)

식사

조식 (✓) 가격 (무료) 석식 ( ) 기타 ( )

조식은 토스트와 제주 감귤쥬스, 계절과일 등.

시선을 어디로
돌려도 하나의
회화처럼
다가오는
게스트하우스.

게스트용 카페.

미쓰 홍당무 안마당.

시선을 어디로
돌려도 하나의
회화처럼
다가오는
게스트하우스.

발길이 머무는 곳
게스트하우스 1호점

마당 예쁜 시골집에서
즐기는 아담한 휴식

정겨운 제주마을의 돌담길을 따라 거닐다 보면 발길이 저절로 멈춰질 정도로 마당이 예쁜 집이다. 제주 민가를 개조한 게스트하우스이기에 모두 아늑한 분위기. 주인장의 섬세한 손길이 닿은 실내의 꾸밈새도 아기자기한 마당 못지않게 정감이 간다. 여기에 내 집처럼 편안한 분위기를 갖췄다. 냉장고 홈바에는 게스트들이 언제든 즐길 수 있도록 각종 주스를 가득 채워놓았다. 도미토리식 숙박을 한다기보다는 민박을 한다는 느낌으로 다가오는 곳. 같이 여행하는 일행이 많다면 도미토리 가격에 침대와 온돌이 혼합된 방이나 혹은 온돌방을 선택해 2층 침대의 불편함을 덜 수도 있다. 가스레인지의 사용이 금지되는 다른 게스트하우스와는 달리 음식을 해먹을 수 있는 취사도구가 잘 갖춰져 있다는 것도 장점이다. 일행이 있거나 가족단위 여행자들이라면 더욱 반길 만한 집이다.

INFO

주소 서귀포시 안덕면 창천리 861-1　　**전화번호** 070-7794-8150　　**홈페이지** http://blog.naver.com/olemole

이메일 olemole@naver.com　　**이용료** 도미토리 2만원, 2인실 4만원

교통 제주공항에서 600번 리무진버스 탑승 후 '중문관광단지 입구' 정류장에서 하차. 중문우체국으로 이동 후 120번 버스 탄 후 종점 '대평리'에서 하차. 종점 바로 옆 용왕난드르 식당 맞은편 골목으로 이정표 따라 100m.

테마 ●●●○○　　편의시설 ●●●○○　　교통편 ●●●○○　　주변 환경 ●●●●●　　가격 ●●●○○　　친절도 ●●●●●

Check List ✏️

객실

객실 타입 도미토리 (4인실 3개) 2인실 (1개) / 온돌 [✔] 침대 [✔]
객실 규모 객실 수 (4개) 최대 수용인원 (14명)

> 객실은 센스있는 벽지와 아기자기한 소품으로 단장되어 예쁘장하다.

편의시설

> 화장실과 취사시설이 잘 갖춰져 있고, 거실에는 소파가 놓여 있어 안락하다.

화장실 / 샤워실 공용 (2개)
욕실용품 수건 [✔] 샴푸 [✔] 치약 [✔] 비누 [✔]
인터넷 공용 컴퓨터 [✔] wi-fi [✔]
기타시설 실내휴게소 [✔] 실외휴게소 [✔] 취사장 [✔] 매점 [ ]

규칙

체크인 / 아웃 체크인 (17:00) 체크아웃 (10:00)
소등 객실 소등 (23:00) 휴게실 소등 (23:00)
음주 / 취사 하우스 내 음주 (가능) 취사 (가능) 흡연 (지정된 장소에서 가능)

식사

조식 [✔] 가격 (무료) 석식 [ ] 기타 [ ]

> 조식은 토스트, 잼, 커피, 음료, 감귤 등.

마당이 예쁜 발길이 머무는 곳 게스트하우스.

게스트하우스 인근의 제주 올레 8코스 중 논짓물.

배낭지기
게스트하우스

후박나무와 돌담이
들려주는 바람 노래에 젖다

INFO

주소 서귀포시 남원읍 태흥리 1342-1 **전화번호** 010-9512-7912

홈페이지 http://baenangjiggy.com **이메일** tansy165@naver.com

이용료 도미토리 2만원, 2인실 5만원

교통 제주시외버스터미널에서 남조로 노선(신흥 2리행 버스) 탑승, '태흥 1리 서소동' 정류장 하차. 법련사 이정표 다음 골목에서 우회전 후 50m 직진. 성산이나 서귀포의 경우 동일주 혹은 서일주 버스 이용 시 '태흥1리 서소동' 정류장 하차.

테마 ●●●○○   편의시설 ●●●○○   교통편 ●●●●○   주변 환경 ●●●○○   가격 ●●●○○   친절도 ●●●●○

서울에서 이사 온 중년의 부부가 직접 토닥거려가며 완성한 게스트하우스. 얼핏 보면 제주 시골 마을의 여느 민가와 다름없어 보이는 평범한 모습이지만, 머물수록 정겨움이 넘쳐나는 집이다.

최근 들어 생기는 제주 게스트하우스의 대부분은 오래된 집을 산 후, 전문적인 인테리어 회사에 맡겨 리모델링을 하거나 아예 신축하여 오픈한 게 많다. 자금을 투입하고 전문적인 인테리어 인력을 사용하여 완성되는 만큼 세련미를 자랑하지만, 조금은 획일화된 느낌이 드는 것도 사실이다.

여기서 벗어나 있는 배낭지기 게스트하우스는 그래서 오히려 매력적이다. 건축이나 인테리어에 전문적인 사람들이 완성한 집이 아니라 세련된 맛은 떨어지지만 집안 곳곳에 두 부부의 아기자기한 손맛이 살아 있다. 주워 모으려고 고생 꽤나 했을 색색이 몽돌을 붙여놓은 벽 앞에 서면 얼굴엔 미소가 절로 머문다. 여느 게스트하우스라면 널찍한 잔디밭을 선택했겠지만, 이 집은 잔디밭 대신 아기자기한 화단을 선택했다. 마당 앞에 앉아 철 따라 피어나는 꽃들을 보는 재미가 쏠쏠하다. 돌담을 따라 ㄱ자 형태로 자란 담팔수 나무에 시선이 머물면 탄성이 입술을 비집고 나온다.

게스트룸은 널찍한 공간을 자랑하다. 그렇다고 휑하지도 않다. 천편일률적으로 찍어낸 공장표가 아닌 주인장 내외가 손수 만들었다는 개인 사물함은 아날로그적인 감성이 묻어나기도 한다. 게스트들을 위한 '배낭지기 카페' 역시 투박한 맛이 흐른다. 탁자며 테이블, 심지어는 창틀까지 핸드메이드 냄새가 물씬 풍겨 정겹다. 저녁이면 막걸리 파티가 거나하게 벌어지는 장소이기도 하다. 조식으로 배낭지기 안주인은 손이 좀 더 많이 가는 샌드위치를 내놓는다.

배낭지기 게스트하우스의 대문 밖도 매력적이다. 제주의 시골 마을엔 바람맞이 언덕에 그늘을 드리우는 커다란 나무 한 그루가 서 있는 장소 하나쯤은 있기 마련이다. 동네 어르신들이 유독 습한 제주의 여름날 무더위를 피하는 장소다.

배낭지기의 대문 밖에는 바로 그 바람 언덕이 자리하고 있다. 언덕 위에 놓인 벤치에 앉아 돌담 사이를 지나 후박나무를 스치며 바람이 들려주는 노래를 들을 수 있다. 그렇게 자연에 젖어 있노라면 세상 근심은 절로 사라진다. 돌담 사이로 부는 바람 따라 마을길 끝에 이르면 태흥리 바다가 바람 장단에 맞춰 파도의 노래를 들려주는 곳이다.

HOST INTERVIEW · 주인장 배낭지기 ————————————————

"저희 부부가 남은 평생 살 집을 마련한다는 생각으로 정성들여 지은 이곳은 돌 하나, 나무 의자 하나에도 추억이 고스란히 담겨 있지요. 이게 끝은 아닙니다. 내가 사는 집을 예쁘고 편안하게 꾸미고 싶은 욕심이야 한도 끝도 없으니까요. 내년에 오신다면 아마 더욱 예뻐진 방과 마당을 보실 수 있을 거예요. 무엇보다 마음에 드는 것은 집을 구입할 때 같이 덤으로 얻은 것들이죠. 돌담 따라 ㄱ자로 자란 담팔수 나무나 전 주인 할머니가 주신 오래된 항아리를 보노라면 마음이 흐뭇해집니다. 특히 깊고 고요한 마을 정취는 돈 주고도 살 수 없는 것이지요. 제 집에 오시는 분들도 이런 시골마을의 편안함을 함께 느낄 수 있었으면 좋겠어요. 예쁜 집이야 많겠지만, 자연이 주는 정취를 함께 느낄 수 있는 곳은 많지 않잖아요. 여행을 준비할 때 배낭은 설렘이지만 여행하는 와중에는 짐이 되기도 합니다. 제 집을 방문하시는 분들이 여행의 설렘은 그대로 간직하되 피로는 싹 씻고 갈 수 있었으면 합니다. 그것이 배낭지기의 마음이랍니다."

배낭지기 게스트하우스는 제주 올레 4코스의 끝자락과 5코스의 초입에 위치해 있다. 제주 올레 4코스와 5코스를 걷는 이들에게 반가울 만한 숙소다. 제주 올레가 아니라 단편적인 여행을 즐기려는 사람들이라면 버스로 신영영화 박물관과 연계하여 제주의 해안경승지로 소문난 남원 큰엉 해안을 거닐어도 좋겠다. 떠나기 위한 여행이 아니라 쉼을 위한 여행이라면 태흥리 마을의 깊은 정취와 더불어 바닷가를 산책해 보는 것도 좋을 일이다. 숙소 근처에는 대형 마트와 식당이 드문 편이니 필요한 물건이나 군것질거리는 미리 준비해 두는 것이 좋겠다.

빼어난 풍경을 자랑하는 남원큰엉 해안경승지.

마당의 돌담을 따라 ㄱ 자 형태로 자란 담팔수.

주인장이 모아 온 조약돌로 장식한 앙증맞은 건물 외벽.

옛 제주 돌집을 그대로 살려 투박한 맛이 넘치는 건물 내외부.

Check List

객실

객실 타입   도미토리 [6인실 2개] 2인실 [3개] /
온돌 [✓] 침대 [✓]

객실 규모   객실 수 [5개] 최대 수용인원 [19명]

> 도미토리 안에
> 개별욕실을 갖춘
> 곳도 있다.

> 할인쿠폰
> 1,000원

편의시설

화장실 / 샤워실   공용 [2개]

욕실용품   수건 [✓] 샴푸 [✓] 치약 [✓] 비누 [✓]

인터넷   공용 컴퓨터 [ ] wi-fi [✓]

기타시설   실내휴게소 [✓] 실외휴게소 [ ] 취사장 [ ] 매점 [ ]

규칙

체크인 / 아웃   체크인 [16:00] 체크아웃 [10:00]

소등   객실 소등 [23:00] 휴게실 소등 [24:00]

음주 / 취사   하우스 내 음주 [가능] 취사 [불가능] 흡연 [지정된 장소에서 가능]

> 취사는 불가하지만, 카페에서
> 전자렌지 등을 이용하여 간단한
> 음식 조리 등은 가능하다.

식사

> 조식은 샌드위치,
> 쥬스와 커피 등.

조식 [✓] 가격 [무료] 석식 [ ] 기타 [ ]

프로그램

• 3~4인 이상 신청 시 바비큐 파티나 막걸리 파티 가능.
• 남원읍까지 픽업 서비스.

백록담 게스트하우스

한라산을 등반하려는
여행자들의 아지트

한라산을 등반하는 사람들이 많이 찾는 게스트하우스다. 한라산 등산의 시작점인 성판악을 오가는 5.16 도로변의 고지대인 상효동에 자리 잡고 있다. 오래 전에 별장으로 지은 건물이라 낡아 보이기도 하지만, 독특하면서도 앤티크한 느낌 또한 묻어난다. 재미있는 것은 본관 안에 노래방 시설이 갖춰져 있다는 점. 해서 본관의 경우 친목도 도모할 겸 한라산 단체 등반을 하는 이들이 주로 많이 묵는 편이다. 2층 침대의 답답함 대신 넉넉한 온돌방에 매트리스를 각각 제공하기에 안정된 잠자리를 보장받을 수 있다. 인근에 슈퍼마켓이나 식당이 없는 것이 흠이지만, 완벽한 취사 시설을 갖추고 있으니 음식 재료만 준비해 온다면 별장에서 묵는 하룻밤의 분위기를 만끽할 수도 있다. 한라산을 등반하는 이들을 위해 버스가 다니지 않는 새벽에는 돈내코 및 성판악으로 무료 픽업 서비스를, 관음사 코스 등반 시는 인원에 따라 탄력 요금을 적용하여 유료 픽업 서비스도 운영한다.

INFO

__주소__ 서귀포시 상효동 1155-2　　__전화번호__ 010-2060-8684　　__홈페이지__ http://cafe.naver.com/hallasanjang

__이메일__ hallasanjang@naver.com　　__이용료__ 도미토리 2만원, 2인실 5만원(단체숙박 별도문의)

__교통__ 제주시외버스터미널 혹은 서귀포(구)터미널에서 516 도로행 버스 탑승 후 '하례2리' 정류장 하차. 다리 건너 오렌지장원이라는 돌 간판 골목 안으로 들어서면 백록담 게스트하우스.

테마 ●●●●●　　편의시설 ●●●○○　　교통편 ●●●●●　　주변 환경 ●●●○○　　가격 ●●●○○　　친절도 ●●●○○

Check List

객실

객실 타입 도미토리(8인실 2개, 4인실 2개) 2인실(1개) / 온돌(✓) 침대(✓)

객실 규모 객실 수(5개) 최대 수용인원(26명)

편의시설

주변에 슈퍼마켓이나 식당이 없으니 필요물품은 미리 챙겨갈 것.

화장실 / 샤워실 공용(5개)

욕실용품 수건(✓) 샴푸(✓) 치약(✓) 비누(✓)

인터넷 공용 컴퓨터(✓) wi-fi(✓)

기타시설 실내휴게소(✓) 실외휴게소(✓) 취사장(✓) 매점( )

규칙

체크인 / 아웃 체크인(15:00) 체크아웃(10:00)

소등 객실 소등(23:00) 휴게실 소등(23:00)

음주 / 취사 하우스 내 음주(가능) 취사(가능) 흡연(테라스에서 가능)

할인쿠폰 1,000원

식사

그때 그때 손님의 취향에 따라 토스트 혹은 주먹밥 등을 준비해준다.

조식(✓) 가격(무료) 석식( ) 기타( )

한라산 중산간에 위치한 백록담 게스트하우스 전경.

한라산 등반을 위한 이들을 위해 특별히 준비한 주먹밥.

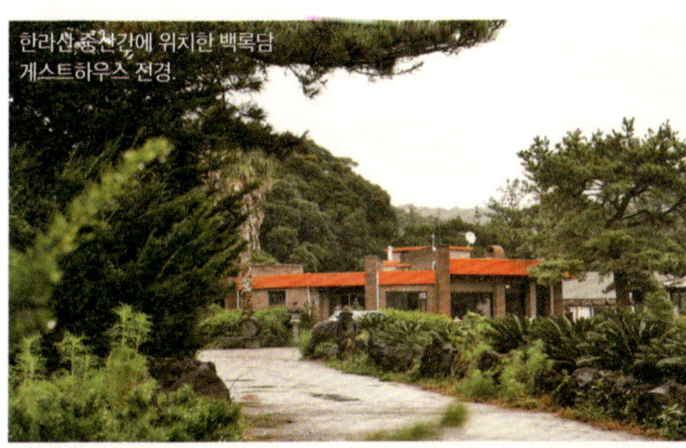

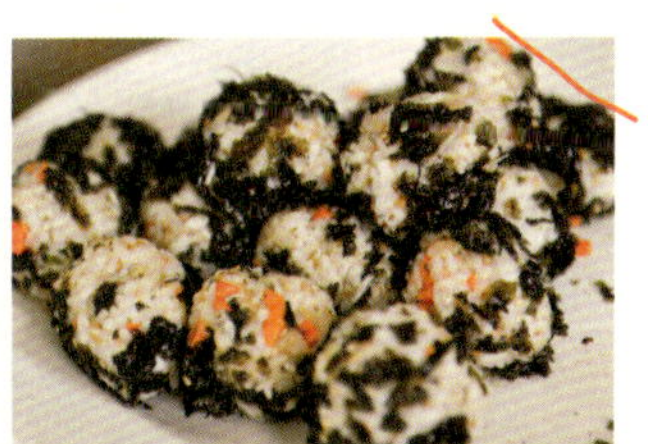

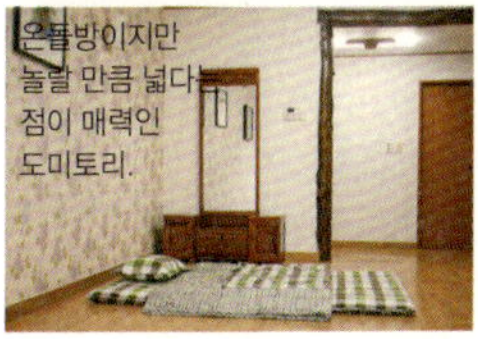
온돌방이지만 놀랄 만큼 넓다는 점이 매력인 도미토리.

눈 쌓인 한라산 백록담.

벽난로는 물론 노래방시설까지 갖춘 게스트용 카페.

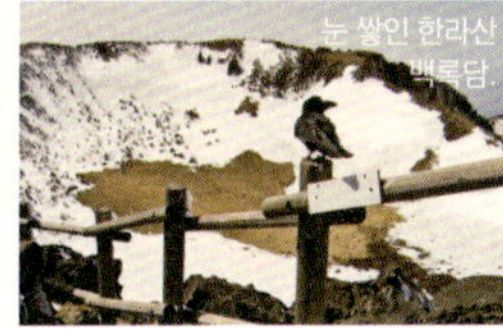

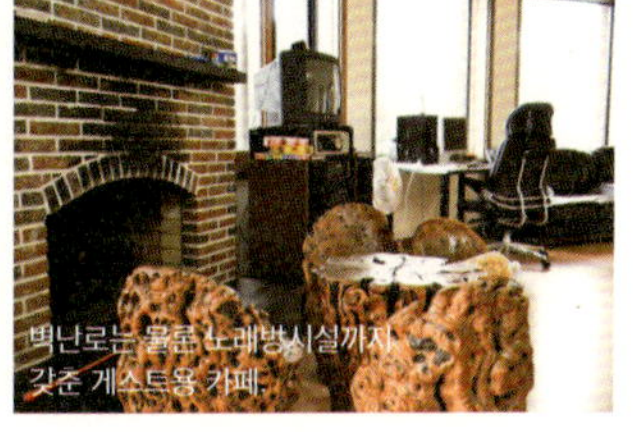

버스정류장
게스트하우스

제주여행,
이곳에서라면 만사형통!

INFO

주소 제주시 서귀포시 성산읍 삼달리 1233-2   **전화번호** 010-4405-8382

홈페이지 http://cafe.naver.com/busstopso   **이메일** siswow@naver.com

이용료 도미토리 2만원

교통 제주시외버스터미널에서 표선행 버스 탑승 후 '성읍 농협 앞' 정류장 하차. 성산 또는 서귀포에서 동일주 버스 탑승, '삼달2리 정류장' 하차(오후 4시~6:30분까지는 수시 운용되는 픽업 서비스 이용).

테마 ●●●●○   편의시설 ●●●○○   교통편 ●●●●○   주변 환경 ●●●○○   가격 ●●●○○   친절도 ●●●●●

진실로 버스 정류장 앞에 위치한 게스트하우스. 그러나 읍면순환버스가 이따금 오갈 뿐이어서 번잡하지 않고 제주 시골마을의 한적함이 머물러 있는 곳이다.

버스정류장 게스트하우스는 게스트들을 위해 다양한 프로그램을 갖춰 놓고 있다. 그 중에서도 오름투어 서비스가 가장 눈에 띈다. 오름투어는 이제 제주여행의 필수 코스로 자리 잡았다. '제주의 오름에 올라보지 않고서는 제주를 보았다 하지 말라'는 말이 생겨났을 정도. 그러나 제주 오름 대부분이 버스가 닿지 않는 곳에 위치해 있어 뚜벅이 여행자들에게는 그림의 떡인 경우가 많다. 게스트 두 명 이상만 신청해도 제주 동부권의 이름난 다랑쉬나 용눈이오름 등을 무료로 안내해 준다.

이 외에도 게스트가 선택할 수 있는 프로그램은 다양하다. 두 명 이상의 게스트 의견만 모아진다면 절물자연휴양림, 비자림, 사려니숲길, 성산일출봉, 섭지코지, 만장굴 등의 명소나 제주 올레 1코스~3코스까지 가이드를 해주는 것은 물론 때에 따라서는 일몰투어나 별빛 투어도 진행한다. 이 역시 모두 무료다.

게스트를 위한 편의시설도 알찬 편이다. 예쁜 마당이 딸린 깔끔한 돌집을 개조해 만든 도미토리는 여성들이 특히 좋아할 만하다. 여성용 방에는 각각 침대용 캐노피가 설치되어 있기 때문이다. 럭셔리한 분위기 연출과 더불어 어느 정도의 프라이버시를 보장해준다. 원목을 두른 분위기 좋은 카페는 게스트들이 모여 도란도란 이야기꽃을 피우기에 최적의 장소다. 5천원에 체험할 수 있는 아로마 족욕탕이나 공방체험 등은 버스정류장만이 갖춘 특별한 매력이자 장점이다.

이 외에도 여행자들이 반할 요소들은 버스정류장 게스트하우스에 많다. 이곳에서 운영하는 홈페이지를 통해 여행 일정 상담도 받을 수 있다. 버스가 자주 오가지 않아 교통이 약간 불편하지만 문제될 것은 없다. 게스트들이 도착하고 출발할 시간에 맞춰 이뤄지는 친절한 픽업 서비스를 제공한다.

여행길에서 만나는 친절만큼 반가운 게 또 있을까. 게스트들을 위해 다양한 프로그램과 친절한 서비스를 갖춘 버스정류장 게스트하우스는 그 존재 자체로서 여행의 즐거움을 선사한다. 그래서 이곳에 들른 여행자들은 버스정류장 홀릭이 되곤 한다.

HOST INTERVIEW · 주인장 꽁군

"여행을 좋아하다보니 여행하는 사람들마저 좋아지더군요. 제주에 빠져 이곳에 게스트하우스를 내게 된 것도 그 때문일지 모르겠습니다. 게스트하우스를 운영하면서 항상 생각하는 건 '여행자들에게 필요한 것이 과연 무엇일까' 하는 점이죠. 하룻밤 편히 묵었다가 갈 수 있는 것이 게스트하우스의 우선적인 본분이겠지만, 본분에만 머문다면 너무 평범하고 재미없잖아요. 그래서 하나둘씩 여행자를 위해 준비한 프로그램이 이젠 감당하기 어려울 정도로 늘어났다고 봐야겠죠. 그래도 기쁨의 환호성을 지르는 게스트들을 볼 때마다 마음이 뿌듯해집니다. 에너지를 충전하는 원천으로 작용하기도 하고요. 다음 번에 찾아왔을 때면 또 어떤 새로운 프로그램 생겼나 궁금증에 찾아올 수 있다면 더 좋겠네요. 그만큼 고민하고 연구해야겠죠."

여행의 기술

버스정류장 게스트하우스는 제주 올레 1~3코스의 픽업 서비스까지 해주니 이 코스를 걷는 올레꾼들에게는 최고의 숙소다. 단편적인 여행을 즐기려는 사람이라면, 역시 픽업서비스를 해주는 김영갑 갤러리를 놓치지 말 것. 바람까지 렌즈에 담은 사진가로 유명한 그의 사진 앞에서 자연에 대한 또 다른 전율을 맛보게 될 것이다. 무엇보다 게스트하우스에서 진행하는 오름투어 프로그램에는 꼭 참석하길 권한다. 제주의 오름은 저질 체력을 가진 이들이라도 한 시간 내외로 트래킹을 마칠 수 있는 코스가 대부분이다. 그러나 오름 능선의 아름다움과 제주의 산하를 아우를 수 있는 탁 트인 전망은 짧은 시간에 얻어가기에는 황송할 정도로 황홀하다.

영혼의 흐느낌까지 담아낸 사진가 김영갑 갤러리.

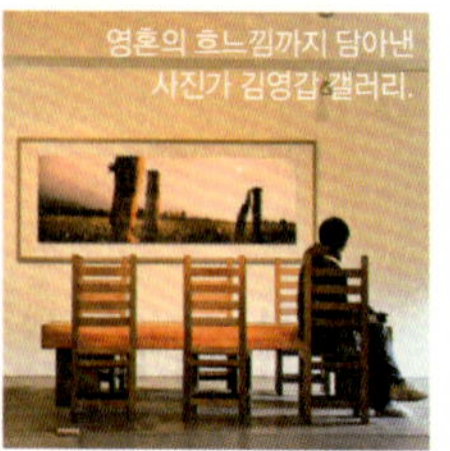

Check List

객실

객실 타입 도미토리(11인실 1개, 6인실 1개, 4인실 2개) / 온돌( ) 침대(✓)

객실 규모 객실 수(4개) 최대 수용인원(25명)

남녀 도미토리는 각각 별채로 분리되어 있어 활동에 편하다.

편의시설

원목으로 단장한 아담한 카페가 반할 만큼 예쁘다.

화장실 / 샤워실 남녀별도(2개)

욕실용품 수건(✓) 샴푸(✓) 치약(✓) 비누(✓)

인터넷 공용 컴퓨터(✓) wi-fi(✓)

기타시설 실내휴게소(✓) 실외휴게소(✓) 취사장( ) 매점( )

규칙

체크인 / 아웃 체크인(14:00) 체크아웃(10:00)

소등 객실 소등(23:00) 휴게실 소등(24:00)

음주 / 취사 하우스 내 음주(가능) 취사(불가능) 흡연(테라스에서 가능)

할인 쿠폰 1,000원

식사

조식은 추억의 도시락.

조식(✓) 가격(무료) 석식( ) 기타( )

프로그램

- 제주 동부지역 오름 투어
- 제주 올레3코스 및 도립관광지 가이드.

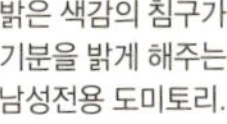

밝은 색감의 침구가
기분을 밝게 해주는
남성전용 도미토리.

빌레트의 부엌

제주 돌집에서 맛보는
동화의 시간

INFO

주소 제주시 구좌읍 세화리 793　**전화번호** 070-4406-3255

홈페이지 http://blog.naver.com/jakang71　**이메일** jakang71@naver.com

이용료 2인실 5만원(1인 사용 시 4만원)

교통 제주시외버스터미널에서 동일주버스 탑승 후 '세화리' 정류장 하차(길이 복잡한 편임으로 전화 문의 후 찾아갈 것. 도보로 10분 거리).

테마 ●●●○○　편의시설 ●●●●●　교통편 ●●○○○　주변 환경 ●●●●●　가격 ●●●●●　친절도 ●●●●●

복잡한 관광지 풍경에서 벗어나 한적한 시골 마을의 여유를 느낄 수 있는 민박집. 제주에서 게스트하우스를 운영하는 호스트들 사이에서는 아름답고 철저한 서비스로 정평이 난 집이다. 이곳에 묵은 손님들의 '가격 대비 최고의 만족을 얻을 수 있는 집'이라는 한결같은 입소문만으로도 이 집의 가치를 짐작할 수 있다.

'빌레트의 부엌'이란 이름은 〈제인 에어〉로 잘 알려진 샬롯 브론테의 마지막 소설인 〈빌레트〉에서 따왔다. '빌레트'는 가족을 잃고 타국에서의 삶을 홀로 개척해가는 여주인공 루스 스노의 인생을 담은 소설. 페미니스트적인 소설과는 달리 민박집 '빌레트의 부엌'에 들어서면 마치 동화 속의 집에 들어선 듯하다. 제주의 지붕 낮은 돌집을 개조한 덕분에 '백설공주와 일곱 난쟁이'가 사는 집처럼 예쁘고 앙증맞다.

단정한 실내는 저렴한 민박집이라 여겨지지 않을 만큼 분위기가 고급스럽다. 한적한 시골에서의 편안함을 느낄 수 있도록 침구류 또한 자연주의적인 색채와 촉감의 것으로 준비해 놓았다. 제주의 돌집들이 그렇듯 낮은 천장은 이곳 민박집에선 미덕으로 작용한다. 마치 나만의 비밀공간인 다락방 같은 아늑함을 연출해 주기 때문.

벽난로가 운치를 더하는 카페에서는 주인장이 직접 게스트들을 위해 차를 만들며 이야기꽃을 피우기도 한다. 그 안에서 차려내는 거한 아침상 또한 만족도가 높다. 깔끔하고 단정한 집의 분위기와는 달리 주인장은 의외로 호방하여 누구와도 대화가 잘 통하는 편이고, 게스트들 간의 친밀한 분위기도 조성해 준다. 그러나 민박집 운영에 있어서는 칼같이 철저한 규칙을 준수한다. 한 가족이라도 4인 가족이 한 방에서는 지낼 수 없다는 점 등이 그렇다. 좀 매정하다 싶기도 하지만 이는 사실 게스트들을 위한 규칙이다. 게스트들의 여유로운 공간 활용을 위하여 민박집이 허용하는 최대 수용인원 이상은 절대 받지 않는다. 5인 이상 단체 손님을 받지 않는 것은 나홀로 여행객을 배려하기 위해서다.

2인이 한 방을 쓸 경우 도미토리식 게스트룸을 이용하는 비용으로 묵을 수 있으니 '가격 대비 최고의 만족을 얻을 수 있는 집'이란 입소문은 과장이 아니다. 나홀로 여행을 하는 여성이나 젊은 연인들이라면 좋아할 만한 숙소, 빌레트의 부엌. 크게 홍보를 하지 않아도 아는 사람들에겐 인기가 높아 사전 예약을 하지 않는다면 좀처럼 묵을 기회를 얻기 힘든 문턱 높은 집이기도 하다.

HOST INTERVIEW · 주인장 빌레트

"제주에 정착을 결심했을 때 이곳저곳 바닷가가 보이는 많은 집들을 봤어요. 그러나 정작 정착하게 된 곳은 바닷가와는 조금 떨어진 지금의 빌레트의 부엌이에요. 집을 개조하면서 난관도 많았습니다. 완성되지도 않은 집이 미리부터 미워질 만큼이었죠. 한데 집을 오픈을 하자마자, 홍보도 하지 않았는데 손님들이 찾아오기 시작하는 거예요. 모든 물건에는 임자가 있듯 어쩌면 이 집은 애초부터 저와 연이 닿아 있었던 모양이에요. 소문처럼 아주 예쁜 집도 아니고, 간판에 '부엌'이라는 이름을 붙였지만 음식 솜씨가 훌륭한 집은 더욱 아닙니다. 그저 게스트들이 편히 묵을 수 있도록 성심을 다할 뿐이지요. 제 집에 묵는 모든 분들이 잠시나마 세상 근심 내려놓고 곤한 휴식을 취할 수 있기를 바랍니다."

자연주의풍의 분위기와 침구를 갖춘 게스트룸.

옛날 돌집의
나무 뼈대를
그대로 살린
거실.

예쁜 소품들로 가득한 게스트용 카페엔 벽난로가
갖춰져 있어 아늑한 분위기를 연출한다.

여 행 의
기 술

빌레트의 부엌은 제주 올레 20코스의 종착지이자 21코스의 종착지인 세화리가 지척이다. 구좌읍 김녕에서 종달리까지 이어지는 해안은 크게 유명한

용눈이오름

명소는 없지만, 제주 사람들에게 가장 제주다운 매력을 지닌 바다로 손꼽히는 아름다움을 간직한 곳이다. 제주 올레를 따라 개발되는 열풍에서 비켜선 까닭에 아직 때 묻지 않은 제주 바다의 아름다움을 만끽할 수 있다. 또 사진가 김영갑이 사랑한 오름으로 널리 알려진 용눈이오름과 수백 년 된 비자나무가 숲을 이룬 비자림 또한 여행에서 빼놓을 수 없는 명소다. 인근에 제법 큰 상가를 이룬 골목이 자리하고 있지만, 걸어가기에는 조금 먼 거리이니 뚜벅이 여행자라면 미리 필요한 물건이나 먹을거리를 사두는 것이 좋다.

Check List

객실

객실 타입   2인실 (4개) / 온돌 (✓) 침대 (✓)
객실 규모   객실 수 (4개) 최대 수용인원 (10명)

할인쿠폰
1,000원

편의시설

객실과 거실은 아날로그적인 감성이 묻어난다. 수용인원 대비 화장실과 샤워실이 넉넉하다.

화장실 / 샤워실   공용 (2개)
욕실용품   수건 (✓) 샴푸 (✓) 치약 (✓) 비누 (✓)
인터넷   공용 컴퓨터 (✓) wi-fi (✓)
기타시설   실내휴게소 (✓) 실외휴게소 ( ) 취사장 ( ) 매점 ( )

규칙

체크인 / 아웃   체크인 (15:00) 체크아웃 (12:00)
소등   객실 소등 (없음) 휴게실 소등 (없음)
음주 / 취사   하우스 내 음주 (가능) 취사 ( ) 흡연 (지정된 장소에서 가능)

식사

조식 (✓) 가격 (무료) 석식 (✓)   조식은 한식.
기타 (나홀로 여행자, 도보여행자에 한해 저녁을 신청한다면 한 끼 5천원에 한식을 준비해 준다. 반찬은 그때그때 달라지지만 전체적으로 만족도가 높다.)

사이 게스트하우스

분위기 있는 북카페에서
즐기는 사계해안도로

산방산과 송악산 그리고 태평양 위에 형제섬이 그림처럼 떠 있는 사계해안도로를 만끽할 수 있는 곳에 자리한다. 가슴이 확 트이는 풍경도 풍경이지만 게스트들을 위한 다양한 서비스 또한 이곳에 묵는 게스트들을 즐겁게 한다. 도미토리의 경우 남녀의 공간이 별도 건물에 위치해 있어 타 게스트하우스에 비하면 활동의 자유가 많은 편이다. 조용하고 한적한 방 분위기의 너른 공간에 뒤척여도 흔들림 없는 나무 침대가 갖춰졌다는 점도 장점이다. 무엇보다 매력적인 공간은 게스트들을 위해 마련한 2층 북카페. 사계해안이 바라다보이는 넓은 창가에 앉아 책 한 권의 여유를 마음껏 부릴 수 있다. 이곳에는 프로젝터와 대형 스크린이 설치되어 있어 원할 경우 뮤직비디오나 영화를 감상할 수도 있다. 복도는 매번 컬렉션이 바뀌는 갤러리로 이용된다. 이곳에 묵는 게스트들에게는 스쿠버다이빙체험 비용을 30%가량 할인해 주니 관심 있는 이들이라면 스쿠버다이빙에 도전해 봐도 좋겠다.

INFO

주소 서귀포시 대정읍 상모리 8-1번지   **전화번호** 064-792-0042   **홈페이지** http://cafe.naver.com/jejusai

이메일 cwk0042@naver.com   **이용료** 도미토리 2만원, 펜션 2인실 6만원, 6인실 13만원(성수기요금 별도문의)

교통 제주공항 2번 게이트에서 모슬포행 버스 탑승 후 '하모체육공원(종점)' 정류장 하차(하차 후 전화하면 픽업서비스. 오후 5~9시까지며 픽업 가능 구간은 모슬포 읍내까지 가능).

테마 ●●●●○   편의시설 ●●●●●   교통편 ●●●○○   주변 환경 ●●●●○   가격 ●●●○○   친절도 ●●●○○

게스트를 위해 마련한 깜짝 놀랄 만큼 규모가 큰 북까페.

키다란 수묵화로 벽면을 장식해 품격이 느껴지는 도미토리 거실.

사이에 묵으면 만끽할 수 있는 사계해안도로.

Check List

객실

객실 타입   도미토리 [8인실 3개, 6인실 2개] 펜션 [6인실 2개, 2인실 6개] / 온돌 [ ] 침대 [V]

객실 규모   객실 수 [13개] 최대 수용인원 [56명]

편의시설

2층 북카페의 아름다움이 도드라진다. 이곳에서는 저렴한 가격에 이태리 음식을 즐길 수도 있다.

화장실 / 샤워실   남녀구분 [2개] 2인실 객실마다 별도 1개씩

욕실용품   수건 [V] 샴푸 [V] 치약 [V] 비누 [V]

인터넷   공용 컴퓨터 [V] wi-fi [V]

기타시설   실내휴게소 [V] 실외휴게소 [V] 취사장 [ ] 매점 [ ]

규칙

체크인 / 아웃   체크인 [14:00] 체크아웃 [10:00]

소등   객실 소등 [23:00] 휴게실 소등 [23:00]

음주 / 취사   하우스 내 음주 [가능] 취사 [불가능] 흡연 [지정된 장소에서 가능]

식사

조식은 가정식 백반.

조식 [V] 가격 [무료] 석식 [ ] 기타 [ ]

프로그램

- 북카페 무료영화상영.
- 스쿠버다이빙체험 30%가량 할인.

산방산 게스트하우스

제주 올레, 가파도, 마라도를
여행하는 이들의 아지트

항상 많은 사람들이 몰려들지만 6인 혹은 8인 실로 이뤄진 각각의 도미토리는 공간이 넉넉하다. 넓은 창으로는 사계리 마을과 산방산이 그대로 들어와 자연 속에 있는 분위기다. 여름 성수기철이 아닌 경우엔 1만5천원에 숙박할 수 있으니 가격 또한 저렴하다. 여기에 이곳에서 제공하는 각종 할인 서비스는 마음을 흐뭇하게 해준다. 게스트하우스 요금에 3천원만 더하면 인근에 위치한 산방산 온천 1회 이용권을 구입할 수 있다. 참고로 산방산 온천의 경우 1인 요금이 1만 1천원. 가파도와 마라도를 왕복하는 배 티켓을 3~5천원까지 절약할 수 있는 가격에 제공하며, 두 시간 정도 배낚시를 즐기는데 체험비가 겨우 1만원. 여기에 제주 올레 8~14코스, 가파도와 마라도 가는 선착장, 산방산 온천까지 무료 셔틀버스까지 운행한다. 여행 스타일에 따라 이런저런 할인권을 잘만 이용한다면 숙박비를 빼고도 남는다. 남부권 제주 올레와 가파도, 마라도를 여행하는 사람들의 아지트로 손색없는 곳이다.

INFO

주소 서귀포시 안덕면 사계리 2019-1 **전화번호** 064-792-2533 **홈페이지** www.sanbangsanhouse.com

이메일 sanbangsan0@naver.com **이용료** 도미토리 1만5천원(성수기요금 별도문의)

교통 제주시외버스터미널에서 산방산행 버스 승차 후 산방산 다음 '사계리' 정류장에서 하차, 정류장에서 150m정도 도보 이동. 멀리서도 산방산 게스트하우스가 보임.(남부권 제주 올레 픽업 서비스)

테마 ●●●●○ 편의시설 ●●●●○ 교통편 ●●●○○ 주변 환경 ●●●●○ 가격 ●●●○○ 친절도 ●●●○○

Check List

객실

객실 타입 도미토리 [8인실 6개, 6인실 9개] / 온돌 [ ] 침대 [✓]

객실 규모 객실 수 [15개] 최대 수용인원 [102명]

> 대규모 도미토리지만, 각 방마다 테라스가 딸려있고 객실 또한 넓어 답답하지 않다.

편의시설

> 층마다 대형 화장실과 샤워실이 갖춰져 있어 아침 시간에 줄을 설 필요가 없다.

화장실 / 샤워실 공용 화장실 [2개] 공용 샤워실 [2개]

욕실용품 수건 [✓] 샴푸 [✓] 치약 [✓] 비누 [✓]

인터넷 공용 컴퓨터 [✓] wi-fi [✓]

기타시설 실내휴게소 [✓] 실외휴게소 [✓] 취사장 [ ] 매점 [ ]

규칙

체크인 / 아웃 체크인 [16:00] 체크아웃 [10:30]

소등 객실 소등 [23:00] 휴게실 소등 [23:00]

음주 / 취사 하우스 내 음주 [가능] 취사 [불가능] 흡연 [테라스에서 가능]

> 인스턴트 식품 등 간단한 조리는 가능하다.

식사

> 조식은 토스트, 주스 등. 성수기에는 조식을 무료로 제공한다.

조식 [✓] 가격 [3천원] 석식 [ ] 기타 [ ]

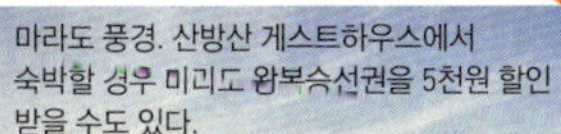
마라도 풍경. 산방산 게스트하우스에서 숙박할 경우 미리도 완복승선권을 5천원 할인 받을 수도 있다.

객실마다 시원한 바람을 맞을 수 있는 테라스가 딸려 있다.

산방산온천
게스트하우스

탄산온천욕으로
여행의 피로를 씻다

주소 제주특별자치도 서귀포시 안덕면 사계리 981   **전화번호** 064-792-2756

홈페이지 www.sanbangsan.co.kr   **이메일** cm157@naver.com   **이용료** 도미토리 2만원

교통 제주시외버스터미널에서 서회선에서 탄산온천 매표 후 8번 정류장에서 모슬포행(평화로) 버스 탑승,
'탄산온천 혹은 덕수 초등학교' 정류장 하차 후 게스트하우스로 전화(입실 시간 내에 픽업 서비스).

테마 ●●●●●   편의시설 ●●○○○   교통편 ●●●●●   주변 환경 ●●●○○   가격 ●●●●●   친절도 ●●●●○

산방산온천 게스트하우스. 이름에서도 알 수 있듯이 온천을 즐길 수 있는 이색 게스트하우스다. 이곳은 여성 66인, 남성 44인을 수용하는 간이 칸막이형 대형 도미토리. 솔직히 고요하고 편안한 잠자리를 보장받기는 힘든 일면이 있다. 그럼에도 매력적인 까닭은 산방산 탄산온천 1일 2회 이용권이 덤으로 따라오기 때문이다. 성인 기준으로 산방산 탄산온천 입욕 비용이 1인 1만1천원임을 감안하면 게스트하우스에 묵는 비용만으로도 온천욕 값을 빼고도 남는 셈이다.

산방산온천은 국내 최고의 탄산온천이다. 처음 입욕했을 때는 피부가 따끔거려오다 10분 정도가 지나면서부터는 점점 피부가 붉어지고 온몸의 열기가 느껴진다. 강한 탄산 성분과 각종 미네랄 성분이 피부로 흡수되면서 모세혈관을 자극해 확장시키기 때문이다. 모세혈관이 확장되니 혈압이 내려가는 것은 당연지사. 해서 이곳 온천은 오래 전부터 피부병이나 심장질환 등에 특효가 있는 것으로 알려져 왔다. 몸에 좋고 나쁨을 떠나서 국내에서는 드문 자극적인 탄산온천욕을 한다는 것은 특별한 체험이다. 게다가 효과도 즉각적이다. 겨울철에 온천욕을 하고 로션을 바르지 않아도 부드럽고 빛나는 피부를 확인할 수 있다. 온천욕과 더불어 곤한 여행길의 피로 또한 풀 수 있으니 일석이조가 아니라 삼조의 효과를 누릴 수 있는 곳이 아닐까 싶다.

온천욕 하면 겨울철에 더욱 매력적으로 다가오지만, 산방산 탄산온천의 경우에는 여름에도 매력적이다. 야외 노천탕 때문이다. 산방산 탄산온천 야외에 갖춰진 노천탕에는 제법 너른 수영장까지 갖춰져 있을 뿐만 아니라 산방산이 그림처럼 조망되는 전체적인 분위기도 아름답다. 이곳 게스트하우스에서 묵는다면 야외 노천탕과 수영장을 마음껏 이용할 수 있다. 2천원이면 수영복을 대여할 수 있으니 준비가 부족한 사람이라도 걱정할 일은 없다.

친절한 픽업 서비스도 산방산온천 게스트하우스의 장점이다. 제주 올레 8코스에서 14-1코스, 인근 명소인 용머리해안과 송악산, 모슬포항, 추사유배지 등까지 입실 및 퇴실시간을 전후해서 픽업 서비스를 모두 해준다. 저녁시간에는 1만5천원에 제주산 흑돼지 바비큐가 준비된다. 제주까지 여행을 왔음에도 홀로 하는 여행인지라 고깃집 가기가 꺼려졌던 이들이라면 마다할 이유가 없다. 여기저기에서 모여든 게스트들과 터놓고 대화를 나누며 친분을 쌓을 기회가 되기도 한다. 탄산온천과 야외풀장을 마음대로 이용할 수 있다는 특전과 친절한 픽업 서비스가 거부하기 힘든 매력으로 다가오는 곳이다.

HOST INTERVIEW · 주인장 **나폴레옹**

"요즘 꽤 시설 좋은 게스트하우스들이 무수히 생겼음에도 저희 게스트하우스를 잊지 않고 찾아주시는 분들께 항상 감사한 마음을 갖고 있죠. 이곳에 오면 탄산온천과 수영장을 마음껏 이용할 수 있어서일 겁니다. 특히 제주 올레를 걷거나 스쿠터, 하이킹을 즐기시는 분들이라면 피로를 온천욕과 함께 말끔히 씻어낼 수 있을 겁니다. 여름철이라면 길 위에서 쌓인 무더위를 수영장에서 시원하게 식힐 수도 있고요. 주변에 식당 등이 없는 관계로, 부족하나마 실비만 받고 한식으로 아침 식사를 제공해 드립니다. 이른 시간에 길을 나서더라도 말씀만 해주시면 됩니다. 사람이 많건 적건 저희 게스트하우스의 픽업 서비스는 계속됩니다. 제주 여행의 특별한 추억 쌓기에 저희가 보탬이 될 수 있다면 더욱 큰 기쁨이 될 것입니다."

산방산온천 게스트하우스는 광범위한 픽업 서비스를 제공한다. 아직도 제주 올레를 걸어보지 않은 사람이라면 제주 올레 중에서 가장 아름답기로 소문난 8코스~11코스 구간을 추천한다. 긴 호흡의 걷는 여행이 부담스러운 사람이라면 게스트하우스 인근의 짧은 코스를 돌아보아도 좋다. 세계지질공원으로 지정된 용머리해안과 송악산을 둘러보는 것만으로도 제주여행의 추억이 아름답게 각인될 것이다. 게스트하우스는 여러 면에서 매력적이긴 하지만, 주변에 식당과 편의점이 없어 아쉽다. 하우스 내에서 간단한 음료와 주류, 스낵류를 판매하니 이용할 수 있다. 하지만 제대로 된 식사를 원한다면 게스트하우스로 향하기 전 인근 모슬포나 중문 쪽에서 식사를 하고 오는 것이 좋겠다.

세계 지질공원으로 지정된 용머리 해안.

Check List

객실

객실 타입　도미토리 [남성전용 44인실, 여성전용 66인실] / 온돌 [ ] 침대 [✓]

객실 규모　객실 수 [2개] 최대 수용인원 [110명]

> 대형 도미토리긴 하지만, 4개의 침대마다 칸막이가 설치되어 있어 의외로 번잡하게 느껴지지는 않는다.

편의시설

화장실 / 샤워실　공용 [2개]

욕실용품　수건 [✓] 샴푸 [ ] 치약 [ ] 비누 [ ]

인터넷　공용 컴퓨터 [✓] wi-fi [✓]

기타시설　실내휴게소 [✓] 실외휴게소 [✓] 취사장 [ ] 매점 [✓]

규칙

체크인 / 아웃　체크인 [15:00] 체크아웃 [10:00]

소등　객실 소등 [23:00] 휴게실 소등 [없음]

음주 / 취사　하우스 내 음주 [가능] 취사 [불가능] 흡연 [지정된 장소에서 가능]

> 할인쿠폰 1,000원

식사

조식 [✓] 가격 [4천원] 석식 [ ] 기타 [ ]

> 조식은 한식을 제공하며 자율 배분식.

프로그램

- 산방산 탄산온천, 노천탕, 수용장 무료이용.
- 신청자들의 경우 1만5천원에 저녁 흑돼지 바비큐 파티.

산방산온천 게스트하우스를 이용할 경우 마음껏 이용할 수 있는 탄산온천 야외 풀.

게스트용 까페.

산티아고 게스트하우스

광치기 해변과
성산일출봉이 만든 하모니

흔히들 제주의 일출하면 성산일출봉을 떠올리지만, 사실 사진작가들이 가장 선호하는 일출풍경은 성산일출봉 꼭대기가 아니라 바로 광치기 해변에서 바라보는 일출이다. 매일 아침 바로 그 환상적인 빛의 세러모니를 산티아고에서 만끽할 수 있다. 숙소는 좀 남루한 듯하지만, 주인장이 직접 토닥거려 만든 넓은 편백나무 침대가 천연향을 발산해 숙면을 취하게 한다. 화장실과 샤워실도 넉넉해서 아침에 줄을 설 필요가 없다. 실비 정도의 가격에 마음껏 즐길 수 있는 저녁의 흑돼지 바비큐나 자연산 회와 초밥 파티 또한 빼놓을 수 없는 이곳의 즐거움이다. 낚싯대와 자전거 등을 무료로 대여해준다. 다만, 게스트하우스 주변에 편의점 등이 없으니 뚜벅이 여행자라면 필요한 물건을 꼼꼼히 챙기도록 하자.

INFO

주소 서귀포시 성산읍 고성리 232 **전화번호** 010-6246-7400

홈페이지 http://cafe.naver.com/mrmp3down **이메일** kimka0434@naver.com

이용료 도미토리 2만원, 2인실 5만원, 4인실 8만원

교통 제주시외버스터미널에서 성산행 동일주버스 탑승 후 '광치기 해변' 정류장 하차, 버스 진행방향으로 200m 직진 후 좌측에 산티아고 게스트하우스.

테마 ●●●○○ 편의시설 ●●●○○ 교통편 ●●●○○ 주변 환경 ●●●●○ 가격 ●●●○○ 친절도 ●●●●●

Check List

객실

객실 타입 도미토리 (12인실 2개, 4인실 2개) 2인실 (2개) / 온돌 [✓] 침대 [✓]

객실 규모 객실 수 (6개) 최대 수용인원 (34명)

2인실의 경우 온돌.

편의시설

실내휴게실이 좌식형이다. 대신 편백나무 바닥과 탁자가 아날로그적인 느낌을 준다.

화장실 / 샤워실 공용 (2개)

욕실용품 수건 [✓] 샴푸 [✓] 치약 [✓] 비누 [✓]

인터넷 공용 컴퓨터 [✓] wi-fi [✓]

기타시설 실내휴게소 [✓] 실외휴게소 [✓] 취사장 [ ] 매점 [ ]

규칙

체크인 / 아웃 체크인 (14:00) 체크아웃 (10:30)

소등 개실 소등 (23:00) 휴게실 소등 (23:00)

음주 / 취사 하우스 내 음주 (가능) 취사 (가능) 흡연 (지정된 장소에서 가능)

할인쿠폰 1,000원

식사

조식 [✓] 가격 (무료) 석식 [ ]

조식은 빵, 주스 등.

기타 (흑돼지 바비큐 파티 1만4천원, 자연산 회와 초밥 파티 2만원(주류포함))

프로그램

- 일몰 투어.
- 낚싯대 및 자전거 무료 대여.
- 성산부근 픽업 서비스.

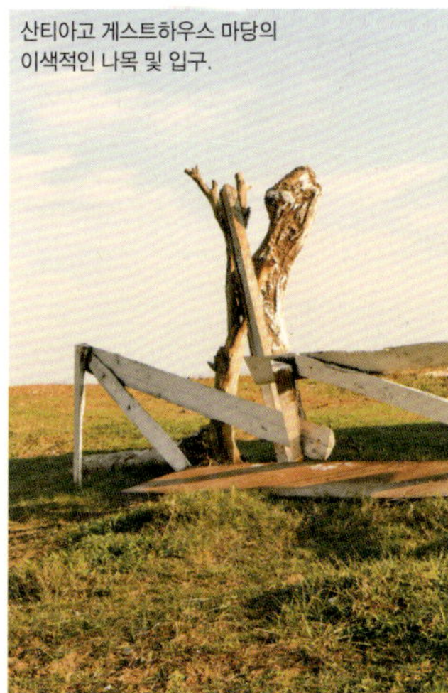

산티아고 게스트하우스 마당의 이색적인 나목 및 입구.

허름한 겉과는 달리 안정감 있고 산장 같은 분위기의 도미토리

VJ특공대에도 소개되었던 산티아고 게스트하우스의 존장.

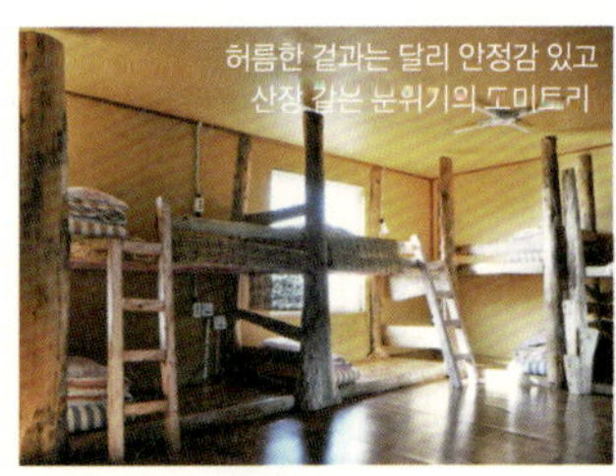

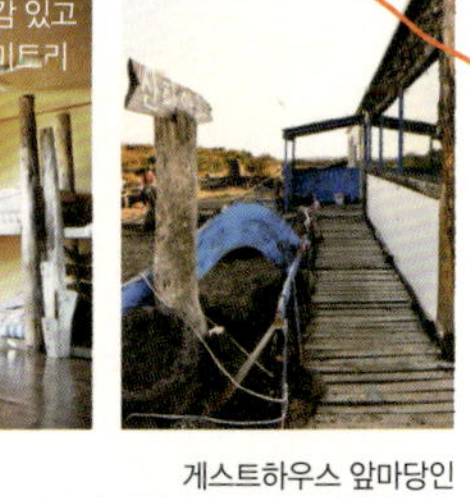

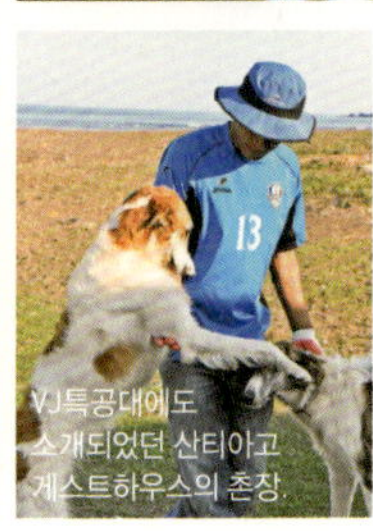

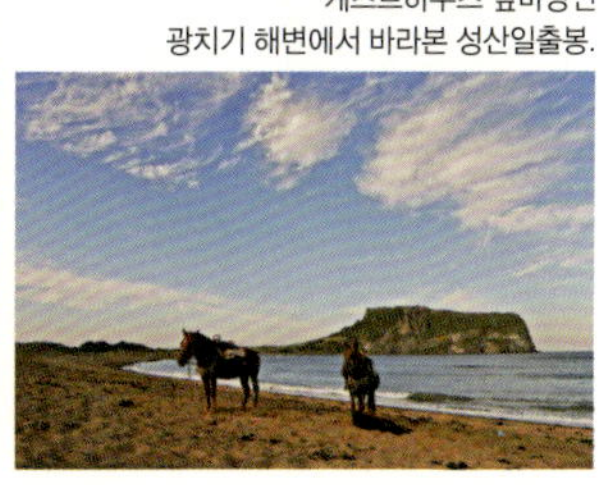

게스트하우스 앞마당인 광치기 해변에서 바라본 성산일출봉.

소낭 게스트하우스

나 홀로 여행자들의
영원한 친구

INFO

주소 제주특별자치도 제주시 구좌읍 월정리 891-7   **전화번호** 064-782-7676

홈페이지 http://cafe.naver.com/jejusonang   **이메일** hair58@naver.com

이용료 도미토리 2만원

교통 제주시외버스터미널에서 동일주버스 탑승 후 '구좌읍 월정리 마을' 정류장 하차, 횡단보도만 건너면 곧바로 소낭 게스트하우스.

테마 ●●●●●   편의시설 ●●●○○   교통편 ●●●●●   주변 환경 ●●●○○   가격 ●●●●●   친절도 ●●●●○

제주 게스트하우스를 가장 먼저 시작한 곳이다 보니 근래 새로 생긴 곳에 비해 시설 면에서는 약간 불편한 점도 있다. 그러나 수년간 쌓은 명성과 단골 게스트들의 사랑은 대단하다.

소낭은 '소나무'의 제주 사투리. 벤치는 소나무들이 짙은 나무그늘을 드리워준다. 게스트하우스의 벽면은 물론이요, 침대와 탁자 또한 모두 소나무로 만들어졌다. 모던한 맛은 없지만 방안 가득한 소나무 향과 반질반질해진 가구에서 느껴지는 세월의 무게는 모던한 맛 못지않다.

소낭이 큰 인기를 모은 건 제주 올레가 붐을 일으키면서 나홀로 여행자들이 부쩍 많아진 까닭도 있지만, 초창기부터 실시한 오름 투어 같은 특별한 프로그램이 있었기 때문이다. 소낭이 위치한 곳은 동거미, 높은, 용눈이, 다랑쉬 등 유명한 오름이 밀집된 제주 동부지역. 아침에 오름들 중 하나를 선택하여 트래킹을 하는 프로그램이다.

이른 아침 눈을 비비며 힘들게 일어나야 하지만, 제주 동부지역 전체가 내려다보이는 오름 능선에서 아침을 맞고 내려온 게스트들의 눈빛엔 생기가 감돈다. 때를 맞춰 준비한 가정식 백반. 소찬일지라도 꿀맛이 아닐 수 없다.

소낭의 또 다른 인기 비결 중 하나는 타의 추종을 불허하는 바비큐 파티다. 직접 만든 숯에 불을 지펴 커다란 가마니 뚜껑에 고기를 익히다가 마지막으로 솔잎으로 마무리해 내놓는다. 준비하는 시간만 해도 두어 시간. 오랜 정성만큼이나 솔 향 가득한 그 맛은 어느 집에서도 따라할 수 없는 맛이다. 고기를 굽는 주인공은 소낭의 주인장. 게스트들은 그를 '촌장'이라 부른다. 정해진 규율은 없지만 소낭 게스트하우스만의 독특한 문화를 이룬 장본인이다.

서넛이 혹은 나홀로. 다양한 무리와 다양한 성격을 가진 사람들이 모이는 게스트하우스 특성 때문에 모두가 함께 있는 자리는 서먹해지기 마련. 이럴 때 촌장의 부드러운 카리스마가 힘을 발휘한다. 간단한 게임도 진행된다. 다른 게스트하우스에서는 상상할 수도 없지만, 게임에서 진 게스트가 그날 설거지를 담당하는 게 소낭에서는 자연스럽게 이뤄지는 일이다.

오랜 연륜만큼 나름대로의 독특한 문화와 프로그램을 유지하고 있는 소낭 게스트하우스, 더 오랜 세월이 흘러도 나홀로 여행자들의 영원한 친구로 남을 것임에 분명하다. 여행하는 새로운 친구들을 만나고 싶다면 들러볼 만하다.

HOST INTERVIEW · 주인장 촌장

"소낭 게스트하우스를 시작하면서 과연 한국에서 게스트하우스 문화가 통할 수 있을까, 반신반의했습니다. 반응은 의외로 뜨거웠지요. 가장 먼저 시작했기에 게스트하우스의 원조다 뭐다 하지만 소낭은 여전히 아담한 게스트하우스일 뿐입니다. 개인의 취향에 따라 좋게 느껴질 수도 있겠지만 또 어떤 여행자들에겐 안 좋게 여겨질 수도 있을 겁니다. 모두에게 다 좋다는 건 또 매력이 없다는 것이기도 하죠. 소낭은 오늘의 공감대를 찾기를 원합니다. 오늘도 누군가는 떠나고 누군가는 또 찾아오겠지요. 그들과 제주의 참된 아름다움을 잠시나마 보여주고 공감대를 형성하고자 합니다. 오름 투어 역시 공감대를 형성하는 과정이라 보면 됩니다. 그 공감이 계속 이어지는 한 소낭 또한 여행자들의 친구로 오래도록 남아있을 수 있겠죠."

소낭에서 실시하는 제주 동부지역의 오름 투어를 놓치지 말자. 일찍 일어나야 하지만 오름에서 맞는 제주의 눈부신 아침은 또 다른 제주의 판타지를 선사할 것이다. 소낭에서 5분 정도 걸어 내려가야 하는 월정리 바다 또한 놓치지 말자. 월정리 바다는 제주에서 가장 많은 사람들이 모이는 명소로 자리 잡은 곳이다. 한적했던 바다가 유명하게 된 것은 소낭에 묵었던 게스트들 덕분이다. 기대하지 않았던 바다의 뜻밖의 아름다움과 그 앞에서 모카포트로 느리게 커피를 내려주는 고래가 될 cafe(구 아일랜드조르바)의 매력이 게스트들의 입과 입을 통해 순식간에 번져 나갔다. 월정리 바다의 감춰진 아름다움을 가장 먼저 알아보았던 소낭 게스트하우스에서 걸어 내려가 만나는 월정리 바다는 더욱 각별할 터이다.

소낭 게스트들의 입소문으로 제주의 명소가 된 월정리 바다.

게스트하우스 카페 내부.

장작불과 솥뚜껑에 솔잎 향 가득 담아 구워내는 소문난 소낭표 바비큐.

여성용 도미토리의 파우더룸.

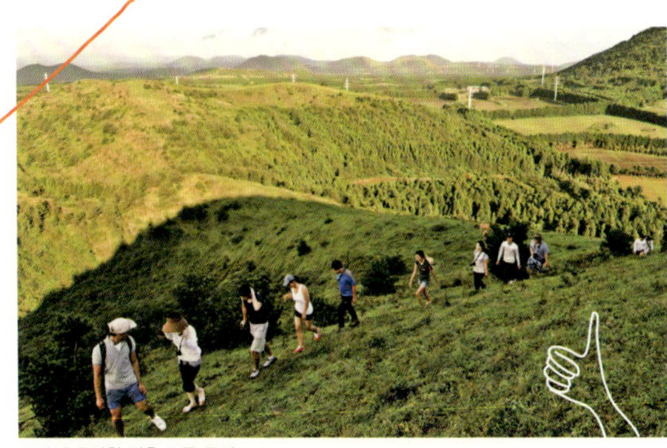

소낭의 유명한 일출 오름 투어.

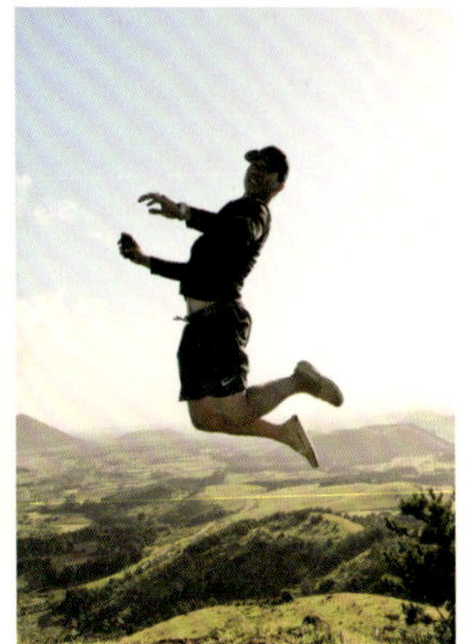

Check List

객실

객실 타입 도미토리(12인실 1개, 8인실 1개 ,6인실 1개), 4인실(1개) /
온돌( ) 침대(V)

객실 규모 객실 수(4개) 최대 수용인원 (32명)

편의시설

화장실 / 샤워실 공용(2개)

욕실용품 수건(V) 샴푸(V) 치약(V) 비누(V)

인터넷 공용 컴퓨터(V) wi-fi(V)

기타시설 실내휴게소(V) 실외휴게소(V) 취사장(V) 매점( )

규칙

체크인 / 아웃 체크인(14:00) 체크아웃(10:00)

소등 객실 소등(23:00) 휴게실 소등(23:00)

음주 / 취사 하우스 내 음주(가능) 취사(가능) 흡연(지정된 장소에서 가능)

식사

조식(V) 가격(4천원) 석식( ) 조식은 가정식 백반.

기타(소낭표 바비큐 파티 1만2천원(사전 신청자에 한함))

프로그램

• 아침 오름 투어.

슬리퍼
게스트하우스

슬리퍼 신고 편하게
서귀포 매일올레시장 즐기기

INFO

주소 제주특별자치도 서귀포시 서귀동 276-
14 중앙식품 2층

전화번호 010-9487-0521

홈페이지 http://sleeper.co.kr

이메일 sleeperhouse@naver.com

이용료 도미토리 2만원, 2인실 5만5천원

교통 제주공항에서 600번 리무진버스 탑승
후 '수정약국' 정류장 하차, 올레화살표
따라 매일올레시장 안으로 진입 후
우도수산 골목으로 진입 7번째 중앙식품
2층에 위치.

테마 ●●●●○ 편의시설 ●●●○○ 교통편 ●●●●● 주변 환경 ●●●○○ 가격 ●●●○○ 친절도 ●●●●○

서귀포 매일올레시장, 시설 현대화를 통해 쾌적함을 도모했다지만, 여전히 어수선한 전통시장이다. 그러나 막상 그 안에 발을 디뎌놓고 나면 참 편하고 상점마다 개성이 넘치는 공간이다. 전통시장이 으레 다 그렇듯이 말이다. 전통시장 상가 2층에 자리 잡은 게스트하우스 슬리퍼는 그런 시장 분위기를 닮았다. 주인장은 '슬리퍼'라는 이름을 록 밴드의 곡명인 Sleeper(잠자는 사람)에서 따왔다지만, 여전히 이곳의 게스트하우스 하면 떠오르는 이미지는 편하게 신을 수 있는 슬리퍼다.

슬리퍼는 들머리부터가 재미있다. 사람 하나 겨우 지나갈 수 있을 듯한 좁은 상가 골목길로 들어가 다시 2층으로 올라가야 한다. 이런 곳에 게스트하우스가 있을 것이라고 누가 생각이나 했겠는가. 정말 뜻하지 않은 그곳에 게스트하우스가 모습을 드러낸다.

첫 인상은 수선스럽다. 그렇다고 지저분하다는 말은 아니다. 정돈이 약간 덜된 느낌이라는 것뿐. 게스트룸, 나름대로 열심히 꾸민 듯하지만 낡은 건물을 그대로 사용한 탓에 어수선함을 피하진 못했다. 꼼꼼히 살펴보면 꽤 깔끔한 구석이 많다. 화초가 많은 방엔 '화초방'이란 이름이 붙어있고 나름의 스토리텔링이 이곳에 자리한다. 한데 듣는 이는 공감보다는 까르르 웃음이 먼저 나오는 이야기들이다.

조식으로 제공되는 빵과 주스, 커피, 우유 등은 누구나 손만 뻗으면 닿을 수 있는 자리에 풍성하게 준비되어 있다. 말이 조식이지, 배고픈 사람들은 언제든지 먹을 수 있도록 한 주인의 배려다. 시장 골목에 위치해 있어서인지 인심 또한 후하다. 이 정도 되면 이 아리송한 숙소에 묘한 매력을 느끼기 시작한다.

슬리퍼의 가장 큰 매력은 서귀포 매일올레시장을 마음껏 즐길 수 있다는 점이다. 수산물 코너에 가면 싱싱한 활어회가 넘쳐나고 값싼 분식집과 감당할 수 없이 많이 주는 족발집까지. 시장골목을 나서면 밤에도 아름다운 이중섭 문화의 거리다. 서귀포의 야경도 슬쩍 엿보인다.

제주도에 시설 좋고 딱 보기에도 탐나는 게스트하우스들은 부지기수다. 슬리퍼 게스트하우스 정도는 헌 슬리퍼처럼 보일 수도 있겠다. 그럼에도 슬리퍼는 다시 찾고 싶은 묘한 매력을 지닌 게스트하우스다. 그저 동네 마실 나가듯 편하게 가서 쉴 수 있는 곳.

HOST INTERVIEW · 주인장 **잠자는 사람**

"사람들이 슬리퍼라는 이름에 대해 참 재미있어하기도 하고 궁금해 하기도 해요. 사실 저는 록 밴드의 제목인 'Sleeper'에서 이름을 따왔거든요. '잠자는 사람'이란 의미니 게스트하우스의 이름으로 적당하잖아요. 그런데 대부분의 사람들이 발에 신는 슬리퍼로 생각을 하는 거예요. 물론 슬리퍼라는 이름을 정할 때 그런 이중적인 의미를 생각하지 않은 건 아니지만 말이죠. 이왕 발에 신는 슬리퍼라는 이미지로 굳어진 이상 슬리퍼처럼 편한 숙소가 되려고 노력하고 있어요. 리모델링을 다시 할까도 생각해 보았지만, 오래된 시장골목의 매력을 그대로 보여주는 것도 좋을 것 같아서 그대로 사용하고 있습니다. 제 집은 현대적이진 않습니다. 그렇다고 전통적이지도 않죠. 그러나 편합니다. 전통시장의 훈훈한 사람들 냄새도 듬뿍 느낄 수 있고요. 이곳을 찾는 게스트들이 진정으로 행복한 슬리퍼가 될 수 있도록 항상 심혈을 기울인답니다."

여행의 기술

이중섭 미술관으로 가는 길

게스트하우스의 문만 열고나서면 서귀포 매일올레 시장. 이곳에서 빼놓을 수 없는 것은 수산물 코너. 육지에서는 고급 어종에 속하는 황돔도 이곳에서는 1만원의 저렴한 가격으로 즐길 수 있다. 시장에서 유일한 닭강정집도 잊지 말자. 같은 가격에 맛도 비슷하지만 그 양에 있어서는 인천 신포시장보다 훨씬 더 많다. 5천원어치만 사더라도 맥주 10병은 마실 수 있다. 조금 더 럭셔리한 분위기를 원한다면 시장 끝에서 다시 이어지는 이중섭거리로 가보자. 미술관은 닫혔어도 이중섭의 그림이 가로등이 되어 서 있는 밤거리의 정취를 즐길 수 있다. 길가에 제법 맛있는 디저트숍이나 커피집도 있으니 그곳에 앉아 커피 향을 음미하며 서귀포의 달 기우는 소리에 귀를 기울여도 좋겠다.

Check List

객실

객실 타입 도미토리(6인실 1개, 4인실 2개) 2인실(9개) / 온돌( ) 침대(✓)

객실 규모 객실 수(12개) 최대 수용인원(32명)

오래된 상가 건물을 게스트하우스로 개조해서 어수선한 듯하지만 각 객실은 깔끔하며 나름대로의 콘셉트를 가지고 있다

편의시설

화장실 / 샤워실 공용(2개) 2인실 객실마다 별도 1개씩

욕실용품 수건(✓) 샴푸(✓) 치약(✓) 비누(✓)

인터넷 공용 컴퓨터(✓) wi-fi(✓)

기타시설 실내휴게소(✓) 실외휴게소( ) 취사장( ) 매점( )

할인쿠폰 3,000원

규칙

체크인 / 아웃 체크인(15:00) 체크아웃(11:00)

소등 객실 소등(없음) 휴게실 소등(없음)

음주 / 취사 하우스 내 음주(가능) 취사(가능) 흡연(지정된 장소에서 가능)

식사

조식은 빵, 각종 음료.

조식(✓) 가격(무료) 석식( )

기타(게스트들을 위해 빵과 각종 음료가 항상 준비되어 있다. 조식 때가 아니더라도 배고픈 이들은 마음껏 꺼내 먹어도 좋다.)

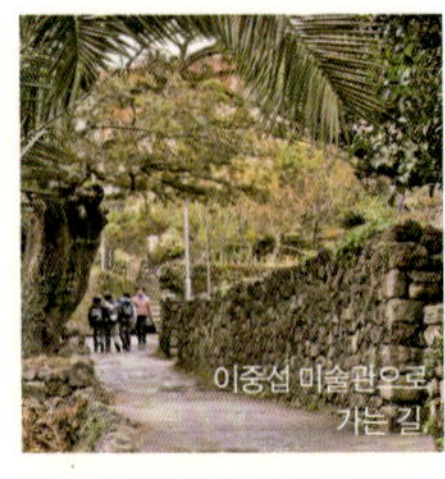

슬리퍼 게스트하우스 휴게실.

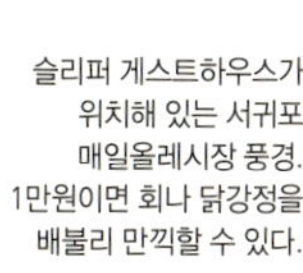

슬리퍼 게스트하우스가
위치해 있는 서귀포
매일올레시장 풍경.
1만원이면 회나 닭강정을
배불리 만끽할 수 있다.

아프리카 게스트하우스

자유로운 영혼들의 안식처,
아게하

게스트하우스 이름을 줄여 '아게하'라 불리는 곳. 애칭이 생길 정도로 수많은 마니아를 거느린 집이다. 특히 제주를 구석구석 여행한 사람들이라면 아게하에 머물러보지 않은 사람이 없다할 정도다. 게스트하우스 이름처럼 아프리카에서 가져온 소품들을 많이 볼 수 있다. 제주 올레 19코스 구간까지 픽업 서비스를 해주는 친절함도 갖췄다. 하지만 이곳의 인기는 이런저런 인테리어나 서비스보다는 분위기에서 비롯된다. 이상하게도 이곳으로 모이는 사람들은 타인을 향해 마음이 항상 열려 있다. 까칠하거나 내성적인 사람일지라도 어느 순간 낯선 사람들 사이에 섞여 이런 저런 제주 여행에 대한 이야기는 물론 자신의 속내를 터놓고 있는 자신을 발견하게 될 것이다. 테라스에서는 부지런히 돌아다니지 않아도 제주 바다의 매력을 한꺼번에 만끽할 수 있다. 시시각각 다른 모습으로 다가오는 그곳에 머물다보면 일출은 물론 일몰의 황홀함까지 즐길 수 있다.

INFO

주소 제주시 조천읍 신흥리 61   **전화번호** 070-7761-4410

홈페이지 http://cafe.naver.com/africaguesthouse   **이메일** sky4411kr@naver.com   **이용료** 도미토리 2만원

교통 제주공항에서 500번 버스(제주대행) 승차 후 '시청' 정류장에서 하차. 길 건너 정류장에서 10번 혹은 20번 버스(함덕해수욕장행) 탑승 후 신흥리 '함덕고등학교 입구' 정류장 하차. 고등학교 사잇길로 바다를 향해 200m 걸어가면 아프리카 게스트하우스(정류장에서 하차하면 픽업 서비스).

테마 ●●●●○   편의시설 ●●●●○   교통편 ●●●○○   주변 환경 ●●●●○   가격 ●●●○○   친절도 ●●●●○

예쁜 인형과
소품으로 가득한
따스한 느낌의
도미토리 거실.

아프리카 게스트하우스 간판 및 전경.

신흥리 바다가
바라다 보이는 테라스

Check List

객실

객실 타입 도미토리 〔6인실 2개, 3인실 1개, 2인실 1개〕 기타 침상 〔7인실 1개〕 /
온돌 〔 〕 침대 〔✓〕

객실 규모 객실 수 〔5개〕 최대 수용인원 〔24명〕

> 도미토리도 좋지만 특히 겨울에
> 난로가 타닥타닥 타들어가는 휴게실
> 겸 침상방에서의 정취가 더없이 좋게
> 느껴지는 곳.

편의시설

화장실 / 샤워실 남녀구분 〔2개〕

욕실용품 수건 〔✓〕 샴푸 〔✓〕 치약 〔✓〕 비누 〔✓〕

인터넷 공용 컴퓨터 〔✓〕 wi-fi 〔✓〕

기타시설 실내휴게소 〔✓〕 실외휴게소 〔✓〕 취사장 〔✓〕 매점 〔 〕

규칙

체크인 / 아웃 체크인 〔자율〕 체크아웃 〔자율〕

소등 객실 소등 〔자율〕 휴게실 소등 〔자율〕

음주 / 취사 하우스 내 음주 〔가능〕 취사 〔가능〕 흡연 〔테라스에서 가능〕

식사

> 조식은 토스트, 음료 등.

조식 〔✓〕 가격 〔무료〕 석식 〔 〕 기타 〔겨울철에는 뜨끈한 만두국이 제공됨.〕

안녕메이 게스트하우스

한적한 제주 바다,
공천포에서 얻는 살뜰한 기쁨

한마디로 흠잡을 데 없는 집이다. 영화에서나 본 듯한 작은 대문을 열고 들어서면 환영하듯 따스한 햇볕이 게스트의 얼굴을 간질인다. 색색의 바람개비와 작은 화분으로 단장한 정겨운 마당, 군더더기 없이 깔끔한 실내. 과하지도 모자라지도 않게 귀여운 인형 소품들로 장식된 인테리어가 여행자를 반긴다. 마당 끝에 위치한 카페는 게스트용이라 믿기지 않을 정도로 고급스럽다. 카페에 들어서면 아예 내 집이었으면 하는 욕심이 절로 솟아난다. 돌담길 따라 바다로 나가면 고요함과 아기자기함을 갖춘 공천포 바다다. 썰물 때면 공천포 검은 모래 해변 곳곳에선 용천수가 퐁퐁 솟아나오니 재미있는 바닷가 산책을 즐길 수 있다. 젊은 신세대 부부가 운영하는 게스트하우스답게 스마트폰용 앱도 준비돼 있다. 스마트폰에서 '안녕메이'를 검색해 설치한다면 이 집의 구석구석을 지금 바로 돌아볼 수 있다.

INFO

주소 서귀포시 남원읍 신례리 81번지 　**전화번호** 070-4146-8757

홈페이지 www.hellomay.co.kr 　**이메일** jarlifa@naver.com 　**이용료** 도미토리 2만원, 2인실 5만원

교통 제주시외버스터미널로에서 남조로행 버스 탑승 후 '공천포' 정류장 하차, 횡단보도 건너 민박간판 골목 안으로 진입 후 길 끝 바닷가 정자에서 오른쪽 골목에 안녕메이 게스트하우스.

테마 ●●●○○　편의시설 ●●●●○　교통편 ●●●○○　주변 환경 ●●●●○　가격 ●●●○○　친절도 ●●●●○

Check List

객실

- **객실 타입** 도미토리 〔4인실 3개〕 2인실 〔1개〕 / 온돌 〔✓〕 침대 〔✓〕
- **객실 규모** 객실 수 〔4개〕 최대 수용인원 〔14명〕

> 4인 도미토리의 경우도 공간이 넉넉한 편이다. 군더더기 없이 깔끔한 점도 장점. 2인실의 경우 온돌.

편의시설

> 남녀로 구분된 샤워실과 화장실의 쾌적성, 넉넉함이 돋보인다.

- **화장실 / 샤워실** 남녀구분 각각 〔2개〕
- **욕실용품** 수건 〔✓〕 샴푸 〔✓〕 치약 〔✓〕 비누 〔✓〕
- **인터넷** 공용 컴퓨터 〔✓〕 wi-fi 〔✓〕
- **기타시설** 실내휴게소 〔✓〕 실외휴게소 〔 〕 취사장 〔 〕 매점 〔 〕

규칙

- **체크인 / 아웃** 체크인 〔16:00〕 체크아웃 〔10:30〕
- **소등** 객실 소등 〔23:00〕 휴게실 소등 〔23:00〕
- **음주 / 취사** 하우스 내 음주 〔가능〕 취사 〔불가능〕 흡연 〔지정된 장소에서 가능〕

> 가스레인지는 없지만 인스턴트 식품 등 간단한 조리는 가능.

식사

> 조식은 베이컨 토스트 등. 저렴한 가격으로 만족스러운 아침식사를 할 수 있다. 참고로 주인장의 음식솜씨가 수준급.

- **조식** 〔✓〕 가격 〔4천원〕 석식 〔 〕 기타 〔 〕

깔끔하면서도 아기자기한 소품들로 가득한 게스트용 카페.

수용 인원 대비 넉넉하면서도 사용하기도 편리한 화장실 및 샤워시설.

도미토리 객실에 위치한 거실.

마당에 놓인 자전거.

정갈한 2인실 온돌방.

예하 게스트하우스

한국관광공사가
인정한 굿스테이

제주시외버스터미널 옆에 위치해 있어 이곳에 묵는다면 서귀포, 중문, 한라산, 성산 등 원하는 지역으로의 이동이 편리하다. 터미널 주변이라 주변에 다양한 식당과 편의점 등이 많다는 것도 장점. 게스트하우스 입구에는 한국관광공사에서 인증한 우수숙박업체(Good Stay) 로고가 선명하다. 객실과 게스트용 카페 어느 곳이든 기본적으로 청결하고 쾌적하다. 여기에 한라산 관음사 코스 등산을 원하는 이들을 위해 7시에 셔틀버스를 운행하며, 제주 자연경관 위주의 데일리 투어를 이용한다면 숙박료를 할인해 주고, 기타 난타공연과 잠수함 할인 서비스도 받을 수 있다. 대형 게스트하우스라 아늑한 분위기는 아니지만 편리한 교통, 여러 가지 할인 혜택과 청결함 때문에 한국인은 물론 외국인 여행자들로 항상 붐비는 곳이다.

INFO

주소 제주시 삼도1동 561-17   **전화번호** 070-4012-0083

홈페이지 www.yehaguesthouse.com   **이메일** yeha@yehatour.com

이용료 도미토리 1만9천~2만2천원, 2인실 6만원

교통 제주시외버스터미널 바로 옆의 다리를 건넌 후 체육관 방향으로 우회전 후 한 블록 지나 작은 골목으로 좌회전 하면 예하 게스트하우스.

테마 ●●●○○   편의시설 ●●●●○   교통편 ●●●●●   주변 환경 ●●●○○   가격 ●●●○○   친절도 ●●●○○

Check List

객실

객실 타입 도미토리 〔6인실 2개, 4인실 5개〕 2인실 〔10개〕 /
온돌 〔 〕 침대 〔✓〕

객실 규모 객실 수 〔17개〕 최대 수용인원 〔52명〕

오래된 건물을 리모델링한 대형 게스트하우스기에 오붓한 맛은 없지만, 방이 확실하게 구분되어 있어 조용하고 차분한 분위기다.

편의시설

각 실별로 화장실이 딸려있어 편리하며, 매점에서는 간단한 물품을 구입할 수 있다.

화장실 / 샤워실 객실마다 별도 1개씩

욕실용품 수건 〔✓〕 샴푸 〔✓〕 치약 〔✓〕 비누 〔✓〕

인터넷 공용 컴퓨터 〔✓〕 wi-fi 〔✓〕

기타시설 실내휴게소 〔✓〕 실외휴게소 〔 〕 취사장 〔 〕 매점 〔✓〕

규칙

체크인 / 아웃 체크인 〔14:00〕 체크아웃 〔11:00〕

소등 객실 소등 〔23:00〕 휴게실 소등 〔23:00〕

음주 / 취사 하우스 내 음주 〔가능〕 취사 〔불가능〕 흡연 〔테라스에서 가능〕

식사

조식은 빵, 음료 등.

조식 〔✓〕 가격 〔무료〕 석식 〔 〕 기타 〔 〕

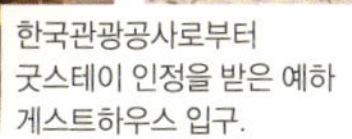

한국관광공사로부터 굿스테이 인정을 받은 예하 게스트하우스 입구.

간단한 음료다 음식은 물론 컴퓨터까지 넉넉하게 갖춰진 게스트용 카페.

안정감 있는 나무 침대를 들여놓은 도미토리.

이레 하우스

스페니시풍 건물에서
즐기는 커피 한 잔의 여유

커피, 베이커리, 펜션이 결합된 이색적인 게스트하우스다. 도미토리의 경우 오로지 여성들만을 게스트로 받고 분위기 또한 여성들이 좋아할 만하게 꾸몄다. 2인실과 패밀리룸은 남녀 모두 사용할 수 있다. ㅁ자형 유럽풍 건물 안으로 들어서면 마치 스페인의 어느 한 거리에 들어선 듯한 느낌이 든다. 사각의 건물 한가운데에는 잘 꾸며진 스페인식 정원이 들어앉아 있어 분위기를 한껏 돋운다. 이레 하우스 내에는 미국에서 직수입한 생두를 사용하는 커피하우스가 자리하고 있다. 카페 아래는 제주의 제빵사들 사이에서도 그 실력을 인정받고 있는 베이커리가 있어 늘 빵 굽는 냄새가 달콤하게 풍긴다. 베이커리에서 취향대로 빵을 고른 후, 스페인식 정원이 바라다보이는 테라스에 앉아 즐기는 커피 맛은 각별할 수밖에 없다. 일요일에는 베이커리와 카페가 휴무이므로 토요일 밤에 묵는 사람들은 다음날에 필요한 먹을거리는 미래 챙기도록 하자. 도미토리의 경우, 취사시설이 따로 갖춰져 있다.

INFO

주소 제주시 이도2동 52번지 **전화번호** 064-723-5150 **홈페이지** www.irehouse.co.kr

이용료 도미토리 1만8천원, 펜션 원룸 6만원, 패밀리룸 4인 기준 9만원(성수기요금 별도문의)

교통 제주공항에서 신제주 로타리로 가는 버스 탑승 후 '신제주 로타리' 정류장에서 하차(5분소요), 길 건너 정류장에서 92번 버스를 타고 '신설동' 정류장에서 하차(15분소요), 정류장에서 하이트 맥주 제주지점이 보이는 골목으로 계속 직진 500m 지점에 이레 하우스.

테마 ●●●●○ 편의시설 ●●●●○ 교통편 ●●●○○ 주변 환경 ●●●●○ 가격 ●●●○○ 친절도 ●●●○○

따스한 분위기의 원룸형 객실 내부.

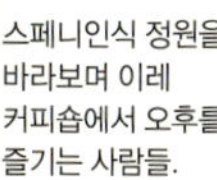

스페니인식 정원을
바라보며 이레
커피숍에서 오후를
즐기는 사람들.

도미토리 휴게실에는 냉장고와
취사도구도 제대로 갖춰져 있다.

Check List

객실

객실 타입   도미토리 〔6인실 1개〕 원룸 〔7개〕 패밀리룸 〔2개〕 /
　　　　　　 온돌 〔　〕 침대 〔✓〕
객실 규모   객실 수 〔10개〕 최대 수용인원 〔28명〕

스페니시풍을 강조한 건물답게
객실 내도 유럽형 인테리어로
단장한 아늑한 분위기다.

편의시설

화장실 / 샤워실   객실마다 별도 1개씩
욕실용품　　　　 수건 〔✓〕 샴푸 〔✓〕 치약 〔✓〕 비누 〔✓〕
인터넷　　　　　 공용 컴퓨터 〔　〕 wi-fi 〔✓〕
기타시설　　　　 실내휴게소 〔✓〕 실외휴게소 〔✓〕 취사장 〔✓〕 매점 〔　〕

규칙

체크인 / 아웃   체크인 〔14:00〕 체크아웃 〔11:00〕
소등　　　　　 객실 소등 〔24:00〕 휴게실 소등 〔없음〕
음주 / 취사　 하우스 내 음주 〔가능〕 취사 〔가능〕 흡연 〔지정된 장소에서 가능〕

식사

조식 〔　〕 가격 〔　〕 석식 〔　〕
기타 〔하우스 내 입점한 베이커리와 커피하우스에서 조식을 사먹을 수 있다.〕

이응
게스트하우스

아무것도
안 하기 연습

INFO

주소 서귀포시 안덕면 창천리 810　　**전화번호** 010-6337-2166

홈페이지 http://blog.naver.com/teafight　　**이메일** teafight@naver.com

이용료 도미토리 2만~2만5천원, 옥탑방 1인 기준 4만원, 2인 기준 5만원, 3인 기준 6만원

교통 제주공항에서 600번 리무진버스 탑승 후 '중문여미지식물원 입구' 정류장에서 하차, 리무진버스
역방향으로 걸어 SK주유소 앞에서 120번 버스 탑승 후 '대평리(종점)' 정류장 하차, 포구 방향으로 50m 직진해
삼거리 슈퍼를 등지면 바로 보임(오후 5~6시 사이 여미지 식물원까지 2천원에 픽업 서비스 가능).

테마 ●●●●○　　편의시설 ●●●●○　　교통편 ●●●○○　　주변 환경 ●●●●○　　가격 ●●●○○　　친절도 ●●●●○

이응. 제주 올레 8코스와 9코스가 중첩되는 아름다운 대평리에 위치한 깔끔하고 고요한 분위기의 게스트하우스다. 그러나 제주의 속살을 헤집고 다니는 제주 올레가 대평리를 지목하고 난 후부터 대평리는 떠들썩한 동네가 되었다. 고요했던 마을에 카페가 생길 정도로 여행자들은 급격히 늘었고, 게스트하우스 밀집동이라 불려도 좋을 만큼 많은 게스트하우스가 들어섰다.

좋은 일일까, 나쁜 일일까? 철학적인 고찰을 떠나 여행자의 입장이라면 묵기 좋은 숙소가 많아졌으니 나쁠 일은 없겠다. 자신에게 알맞은 숙소를 찾고 싶은 것이 사람의 마음. 그래서 선택된 곳이 이응 게스트하우스.

사각의 건물은 투박한 듯하지만 사방을 원목으로 둘러 딱딱한 느낌보다는 단정하게 다가온다. 사각 프레임은 건물 안에서도 이어진다. 그렇잖아도 무채색에 가까울 정도로 정갈하기만 한 방인지라 각박하게 느껴질 만도 하건만, 오히려 단순한 사각 프레임의 연속은 머무는 사람의 마음을 더없이 차분하게 가라앉혀준다.

무수한 색과 빛 공해에서 벗어나 오랜만에 맛보는 무채색감. 오래된 흑백사진 앞에 오랫동안 머물게 되는 순간의 비슷한 감정이 솟아오른다. 이응 게스트하우스는 '아무것도 안 함의 미학'을 지향하는 집이다. 이 단순한 문구에 담긴 수많은 이야기의 실타래는 접어 두고 그저 문자 그대로의 의미만을 따져 본다면 이 집은 테마에 참 충실한 집이다.

이응에서는 무엇을 할 때마다 돈을 내라고 한다. 픽업 서비스, 수건대여, 세탁기 사용, 아침 미니 투어 등에 1천원, 2천원을 부른다. 한데 이 돈을 모아 제주도환경보호와 올레를 후원하는 일에 쓴다고 하니 기꺼이 내준다. 환경론자는 아니지만, 제주도민이 되어 발전이라는 이름으로 제주가 점점 파괴되어가는 것을 보고 있자니 가슴이 아팠다고. 1천원, 2천원이 전혀 아깝지 않다.

이응 게스트하우스는 꼭 그렇게 안으로만 침잠하는 분위기의 게스트하우스만은 아니다. 2층 테라스에 올라보면 아름다운 대평리 마을과 박수기정, 그리고 태평양이 훤히 바라다 보인다. 카페에서는 차 한 잔을 사이에 두고 게스트들 사이에 두런두런 이야기가 오가기도 한다. 이런 분위기에서라면 말이 없어도 깊은 속내가 암암리에 오갈 수 있을 터이다. 그러니 침잠보다는 뭔가를 발견할 수 있는 집이라고 해야 하지 않을까.

HOST INTERVIEW · 주인장 **허준영**

"제주도에는 장소, 서비스, 분위기 등 제각각 다양한 색깔을 가진 게스트하우스가 많이 있습니다. 그 중 이응이 지향하는 건 아무것도 안 하고 조용하고 편안하게 지내는 것입니다. 이응 게스트하우스가 위치한 대평리 마을은 제주의 옛 모습을 그대로 간직한 몇 안 되는 마을 중 하나입니다. 이응 게스트하우스가 이 마을 분위기와 어울리는 그런 곳으로 자리했으면 좋겠습니다. 뭔가 특별한 것을 하지 않아도, 그냥 마을을 둘러보고, 바닷가를 산책하고, 박수기정만 바라보는 것만으로도 무거운 것들을 비워낼 수 있는 그런 곳 말이죠. 새로운 사람들과 만나 술 한 잔 하면서 신나고 떠들썩한 분위기를 원하는 분들에겐 안 맞을 수도 있겠지만, 조용한 곳에서 편하게 쉬기를 원하는 분들이라면 선호하지 않을까 합니다. 그런 분들은 언제든 대환영입니다."

이응 게스트하우스에서 실시하는 아침 미니투어 프로그램을 놓치지 말자. 때에 따라 장소가 달라지기는 하지만, 홀로 가기 힘든 안덕 계곡이나 화순 곶자왈 등을 산책할 수 있는 좋은 기회다. 대평리는 제주 올레 8코스가 끝나고 9코스가 시작되는 요지에 위치한다. 제주 올레 중에서 가장 아름답기로 정평이 난 코스들이니 긴 호흡의 걷기 여행을 해도 좋겠다. 그저 머물기 위한 여행을 즐기려는 사람들이라면 멀리 갈 것도 없이 대평리 마을과 한적한 대평포구를 산책하거나 박수기정에 올라 봐도 좋겠다. 대평리에는 식당이 있긴 하지만 소규모고 숫자도 적다. 저녁 늦게 게스트하우스에 오는 사람이라면 저녁을 미리 든든하게 먹고 오는 것이 좋겠다.

대평포구에서 바라본
아름다운 일몰.

이응 게스트하우스 전경.

두꺼운 나무침대를
들여놓아 안정감 있는
이응 도미토리.

게스트용 서가.

아침 미니투어 프로그램 코스 중 하나인 안덕계곡.

Check List

객실

객실 타입　도미토리 (4인실 2개, 3인실 1개, 2인실 1개, 1인실 1개) / 온돌 (✓) 침대 (✓)

객실 규모　객실 수 (4개) 최대 수용인원 (14명)

편의시설

화장실 / 샤워실　화장실 샤워실 각각 (2개)

욕실용품　수건 ( ) 샴푸 (✓) 치약 (✓) 비누 (✓)

인터넷　공용 컴퓨터 (✓) wi-fi (✓)

기타시설　실내휴게소 (✓) 실외휴게소 (✓) 취사장 ( ) 매점 ( )

규칙

체크인 / 아웃　체크인 (16:00) 체크아웃 (10:30)

소등　객실 소등 (23:00) 휴게실 소등 (23:00)

음주 / 취사　하우스 내 음주 (가능) 취사 (불가능) 흡연 (지정된 장소에서 가능)

식사

조식 (✓) 가격 (무료) 석식 ( )

기타 (사전 신청한다면 5천원의 실비에
보말죽을 먹을 수 있다.)

프로그램

- 아침 미니투어.
- 아날로그적인 감성이 묻어나는 엽서 서비스.

자메이카 게스트하우스

뮤탄트 사람들과 함께 하는
이색 문화체험

INFO

주소 제주시 조천읍 조천리 2396번지　**전화번호** 010-9038-6658

홈페이지 http://cafe.naver.com/jamaicajeju　**이메일** indiannamoo@naver.com

이용료 도미토리 2만원

교통 제주공항에서 38번 버스 탑승 후 '조천읍사무소' 정류장 하차, 읍면순환버스(신촌-봉소-와산-신안동)
환승해 '와산 사거리' 정류장 하차, 와산 사거리에서 와산 슈퍼마켓 쪽으로 올라가 선인동 방면 좌회전 후 1km
거리에 위치.

테마 ●●●●●　편의시설 ●●●●○　교통편 ●●○○○　주변 환경 ●●●●○　가격 ●●●●○　친절도 ●●●●○

한적한 시골길을 달리다 만나게 되는 너른 녹차밭. 그 안으로 들어서면 일상에서는 볼 수 없는 독특한 조형물들이 시선을 사로잡는다. 새가 된 곤충이 녹차 밭을 기어 다니고 집이 된 돼지가 활짝 웃는다. 마치 이상한 나라의 엘리스가 된 듯한 느낌! 순간 '뮤탄트 사람들'이 여행자에게 다가와 인사를 건넨다.

"제주 자메이카 게스트하우스에 오신 것을 환영합니다."

자메이카는 본래 게스트하우스를 위해 만들어진 공간이 아니라 미술, 건축, 음악, 문학, 연극 등 다양한 예술가들의 모임인 '뮤탄트 사람들'의 아지트로 계획된 공간이었다. '뮤탄트'는 호주 원주민들이 문명인들을 일컫는 단어로 돌연변이를 의미한다고. 주어진 것에 자족하고 자연에 기대어 살아가는 원주민의 입장에서 본다면 불필요한 것을 욕심내는 문명인들이 돌연변이처럼 보였을 것이다. 그 의미만으로도 뮤탄트 사람들이 지향하는 바를 짐작할 수 있을 듯하다. 뮤탄트 사람들, 그들이 지향하는 것을 공유하기 위하여 만든 아지트에 게스트하우스를 열어 '문명인'들을 초대하는 셈이다.

자메이카는 머무는 것 자체가 독특한 여행이자 문화 행위다. 뮤탄트 갤러리에 들어서면 이 세상의 풍경과 빛깔, 몸짓이 아니라 별나라의 그것과 같은 초현실적 그림들이 가득하다. 태초의 완벽했던 시대를 상상하며 그린 것은 아닐까! 기둥을 전혀 사용하지 않은 독특한 형태이 건축 기법으로 지어진 기묘한 건축물과 조형물들도 눈여겨볼 만하다. 그 빛깔들은 또 얼마나 오묘한지!

낮에는 햇살이 비치고 밤에는 별빛이 스미도록 설계한 천장이 인상적인 바에서는 문명인과 뮤탄트들이 자유롭게 모여 술 한 잔도 하고 흥겨운 노래를 부르거나 허심탄회한 대화도 할 수 있다. 원한다면 답답한 방 대신 녹차 밭의 푸름이 깃든 대지에 쳐 놓은 텐트에서 하룻밤을 유할 수도 있다.

자메이카 게스트하우스에서 한 달에 한 번 정도 실력 있는 뮤지션들을 초청하여 벌이는 음악공연은 먼 길 마다하시 않고 딜러가 볼 민히더. 세상과는 동떨어진 듯한 뮤탄트 사람들의 공간, 그곳에서 사람들은 나이와 성별을 따지지 않고 같은 음악에 젖노라면 일상의 무게는 절로 덜어진다.

HOST INTERVIEW · 주인장 **뮤탄트 사람들**

"소통이 중요한 시대. 우리가 계획한 이상이나 지향하는 바를 우리끼리만 향유한다면 그건 어쩌면 '유리알 유희' 혹은 '우리만의 리그'에 지나지 않을 수도 있다는 생각이 들었습니다. 그래서 대중과 허심탄회한 만남을 위해 준비한 곳이 자메이카 게스트하우스입니다. 꼭 게스트하우스에 묵지 않아도 저희가 운영하고 있는 뮤탄트 갤러리는 무료로 개방하고 있습니다. 또 한 달에 한 번 정도 실력 있는 뮤지션들을 초청해서 누구나 와서 즐길 수 있는 공연도 벌이고요. 저희 뮤탄트 사람들은 우리만의 리그를 벌이고자 하는 게 아닙니다. 대중과 호흡하기를 원합니다. 게스트로 찾아오셔도 좋고, 그저 호기심 삼아 방문하셔도 좋습니다. 제주 자메이카의 문은 언제든 활짝 열려 있으니까요."

여행의 기술 자메이카 게스트하우스는 버스 노선에서 제법 멀리 떨어져 있어 뚜벅이 여행자가 찾아가기에는 힘든 면이 있다. 그러나 푸른 녹차 밭에서의 이색적인 조형물들과 독특한 건축물, 자메이카에 머무는 사람들과의 즐거운 만남을 생각한다면 한 번 정도 어려운 걸음을 해도 좋을 것 같다. 자메이카에서 바다 방향으로 차를 달린다면 환상적인 에메랄드 바다와 백사장으로 유명한 함덕 해수욕장이 자리하고 있다. 자메이카에서 1km정도 떨어진 곳에는 호박칼국수와 순두부찌개로 유명한 방주 할머니집도 있으니 잊지 말고 한번 맛볼 것. 자메이카 인근에는 물건 살 곳이 마땅찮으니 사전에 필요한 물건들을 꼼꼼히 챙기는 것도 잊지 말자.

서우봉오름에서 바라본 에메랄드빛 함덕 해변.

할인쿠폰 1,000원

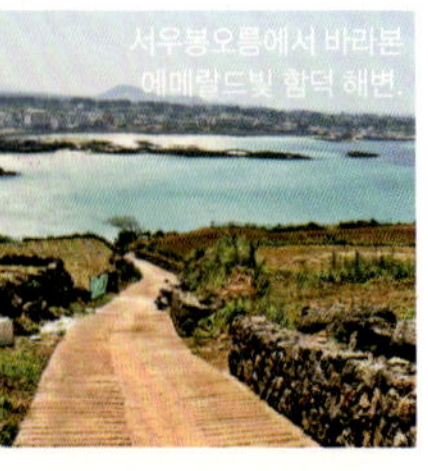

Check List

객실

객실 타입 도미토리(4인실 4개, 2인실 2개) / 온돌(✓) 침대( )

객실 규모 객실 수(6개) 최대 수용인원(20명)

모두 온돌방으로 이뤄져 있지만 방의 규모가 커서 넉넉한 잠자리를 보장받을 수 있다.

편의시설

각각의 방마다 화장실이 딸려 있다는 점이 특히 편리하다. 취사장은 2곳으로 사용이 용이하다.

화장실 / 샤워실 객실마다 별도 1개씩

욕실용품 수건(✓) 샴푸(✓) 치약(✓) 비누(✓)

인터넷 공용 컴퓨터( ) wi-fi(✓)

기타시설 실내휴게소(✓) 실외휴게소(✓) 취사장(✓) 매점(✓)

규칙

체크인 / 아웃 체크인(12:00) 체크아웃(12:00)

소등 객실 소등(없음) 휴게실 소등(없음)

음주 / 취사 하우스 내 음주(가능) 취사(가능) 흡연(야외에서 가능)

예술인 마을이라 특별한 규제가 있는 것은 아니다. 자율, 모든것은 그것에 따라 진행된다.

식사

조식은 토스트와 빵 등.

조식(✓) 가격(무료) 석식( )

기타(주변에 식당은 없지만 게스트하우스 내에는 간단한 음료나 음식을 먹을 수 있는 바가 있어 간단한 식사 정도는 해결할 수 있다.)

프로그램

- 뮤탄트 갤러리 상시 개방.
- 월별로 뮤지션 초청 공연.

싱그러운 녹차밭 끝에 자리잡은
자메이카 게스트하우스 전경

누구에게나 개방하는
뮤탄트 미술관.

자메이카
게스트하우스의
독특한 조형물들.

게스트용 카페.

치엘로 게스트하우스

동화책 속에나
있을 법한 예쁜 집

제주의 전형적인 세거리 집을 빨강, 노랑, 파랑, 주황 등의 원색으로 칠했기에 무수한 게스트하우스들이 모인 대평리에서도 가장 눈에 띄는 집이다. 자극적인 칠은 자칫 촌스러울 듯도 하지만 오히려 앙증맞다. 대문 안으로 들어서노라면 동화 속의 주인공이 된 듯한 기분이 든다. 치엘로는 이태리어로 '하늘'이란 뜻이다. 남향인지라 햇볕 잘 드는 이 집 마당에 앉아 있노라면 강렬한 원색의 지붕 위로 하늘이 유독 파랗게 다가온다. 무엇을 하지 않고 그저 머물기만 해도 색색으로 물든 마음은 밝고 강렬해진다. 화려한 외관에 견주자면 의외로 단정한 도미토리는 티끌 하나 없는 깨끗함을 자랑한다. 머물면 절로 차분해지고 창으로 스며든 햇볕이 속삭이니 심심하지는 않다. 예쁘장한 자전거까지 무료로 대여해주니 인근의 유명한 물고기카페로 가서 차 한 잔의 시간을 가져도 좋겠고, 저녁 무렵 대평포구에서 황금빛으로 젖어드는 바다를 바라봐도 좋겠다.

INFO

주소 서귀포시 안덕면 창천리 856-2   전화번호 070-8147-0951   홈페이지 www.jejucielo.com

이메일 kyddyk79@naver.com   이용료 도미토리 2만2천원, 2인실 6만원, 4인실 10만원.

교통 제주공항에서 600번 리무진 탑승 후 중문관광단지 '여미지 식물원 입구' 정류장에서 하차. 중문관광 안내소 쪽 방향의 SK주유소 옆 정류장에서 100번 혹은 120번 버스 탑승 후 '대평리(종점)' 정류장에서 하차, 마을 안길로 들어오면 치엘로 게스트하우스.

테마 ●●●○○   편의시설 ●●●●●   교통편 ●●●○○   주변 환경 ●●●●○   가격 ●●●○○   친절도 ●●●○○

정성들여 꾸며놓은 게스트용 치엘로 카페.

도미토리 거실 벽면을 장식한 예쁜 책장.

원색적인 색감이 인상적인 치엘로 전경.

Check List

객실

객실 타입 도미토리 (8인실 1개) 4인실 (1개) 2인실 (1개) /
온돌 ( ) 침대 (✓)

객실 규모 객실 수 (3개) 최대 수용인원 (14명)

> 제주 돌집의 아담한 분위기 그대로를 느낄 수 있다. 유별난 정갈함 또한 장점.

편의시설

> 제주 돌집의 옛스러움에 정성들인 인테리어가 잘 어우러진 게스트용 거실과 카페가 아름답다.

화장실 / 샤워실 공용 (2개)

욕실용품 수건 (✓) 샴푸 (✓) 치약 (✓) 비누 (✓)

인터넷 공용 컴퓨터 (✓) wi-fi (✓)

기타시설 실내휴게소 (✓) 실외휴게소 ( ) 취사장 ( ) 매점 ( )

규칙

체크인 / 아웃 체크인 (16:00) 체크아웃 (11:00)

소등 객실 소등 (23:00) 휴게실 소등 (23:00)

음주 / 취사 하우스 내 음주 (가능) 취사 (불가능) 흡연 (지정된 장소에서 가능)

식사

> 조식은 시리얼, 빵, 우유, 주스 등. 셀프바 형식으로 운영된다.

조식 (✓) 가격 (무료) 석식 ( ) 기타 ( )

쿨쿨 게스트하우스

쿨쿨 잠자기 좋은
게스트하우스

도미토리식 게스트하우스가 매우 드문 서귀포 시내에서 존재감이 두드러지는 곳이다. '쿨쿨'이라는 이름에서 짐작할 수 있듯이 이곳의 핵심 포인트는 편한 잠자리 제공이다. 그래서인지 네모반듯한 게스트하우스는 화려한 인테리어 대신 정갈함을 선택했다. 삐걱거리는 철제 침대 대신 밝은 느낌의 원목을 사용한 나무 침대를 들여놓았다. 서귀포 시내권이 지척인데도 불구하고 숲으로 둘러 싸여 풀벌레 소리와 청정한 공기 속에서 잠을 청할 수 있다. 뚜벅이 여행자에겐 교통이 불편하지만 시간을 정해 서귀포 시내 주요 정류장에서 픽업 서비스를 해준다. 오전에는 한라산 등반을 원하는 이들을 위해서 성판악까지도 차량을 운행한다. 여기에 무거운 배낭을 메는 번거로움을 덜어주기 위해 서귀포시외버스터미널의 한 장소에 짐을 맡겨놓을 장소도 마련해 두는 등 여행자를 위한 주인장의 세심한 배려가 깃들어 있다.

INFO

주소 제주 서귀포시 동홍동 819-5   **전화번호** 010-7145-2850

홈페이지 http://cafe.naver.com/jejucoolcool   **이메일** red7829@naver.com

이용료 도미토리 2만원, 바다방&하늘방 2인 기준 5만원, 3인 기준 7만원, 구름방 1인 기준 3만5천원, 2인 기준 4만5천원(인원 추가 불가)

교통 제주공항 600번 리무진 버스 탑승 후 '서귀포 뉴경남호텔' 정류장 하차, 전화 후 픽업 서비스를 이용할 것. 서귀포 오일장에서 도보로 찾아올 경우, 천지연 육가공 큰 간판 아래 쿨쿨 이정표를 따라 올라가면 곳곳에 이정표를 설치해 놓아 찾는 데 어렵지 않다.

테마 ●●●○○　　편의시설 ●●●○○　　교통편 ●●●○○　　주변 환경 ●●●○○　　가격 ●●●○○　　친절도 ●●●○○

Check List

객실

- **객실 타입** 도미토리 [12인실 1개, 8인실 1개] 3인실 [1개] 2인실 [2개] / 온돌 [✓] 침대 [✓]
- **객실 규모** 객실 수 [5개] 최대 수용인원 [27명]

> 게스트하우스 전용으로 지어진 건물이라 전체적으로 불편함 없이 깔끔하다. 2, 3인실은 온돌.

편의시설

> 각 실별로 인원에 맞는 규모의 화장실과 샤워실이 갖춰져 있음.

- **화장실 / 샤워실** 객실마다 별도 1개씩
- **욕실용품** 수건 [ ] 샴푸 [✓] 치약 [✓] 비누 [✓]
- **인터넷** 공용 컴퓨터 [✓] wi-fi [✓]
- **기타시설** 실내휴게소 [✓] 실외휴게소 [✓] 취사장 [ ] 매점 [ ]

규칙

- **체크인 / 아웃** 체크인 [16:00] 체크아웃 [11:00]
- **소등** 객실 소등 [23:00] 휴게실 소등 [23:00]
- **음주 / 취사** 하우스 내 음주 [가능] 취사 [가능] 흡연 [지정된 장소에서 가능]

> 할인쿠폰 2,000원

식사

> 조식은 빵, 음료, 커피 등.

- **조식** [✓] 가격 [무료] 석식 [ ] 기타 [ ]

프로그램

서귀포 시내권, 및 한라산 성판악 코스 픽업 서비스.

거실에는 게스트들이 자유롭게 사용할 수 있도록 컴퓨터와 문구류, 제주여행에 대한 정보를 갖춰 놓았다.

서귀포에 위치한 외돌개.

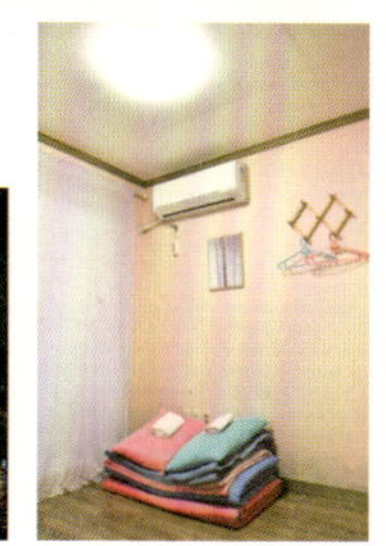

묵는 사람의 기분을 밝게 만드는 파스텔 톤 도미토리.

티벳풍경 게스트하우스

티벳에서
머무는 하루

제주에서 가장 독특한 개성을 가진 곳. 이 집의 테마는 바로 티벳풍경이다. 이곳의 주인장 부부는 티벳에서 카페를 운영했던 경험을 갖고 있다. 2008년 한국으로 돌아온 후 안식처로 삼은 곳이 대평리다. 이곳에 그들이 만나고 사랑했던 티벳의 풍경을 그대로 담은 게스트를 오픈한 것. 게스트하우스 곳곳은 쉴 틈 없이 티벳 풍경으로 가득 차 있다. 들어서는 입구의 수레부터 시작해서 하늘 가득 날리는 색색의 천, 처마 끝에 매달려서 바람 따라 돌아가는 이국적인 인형 등등. 심지어 침대마저도 티벳의 침상을 그대로 가져온 듯하다. 그저 하룻밤 묵어가는 게스트하우스지만, 머무는 것 자체가 또 하나의 여행으로 남는 곳, 티벳풍경이다.

INFO

주소 서귀포시 안덕면 대평리 789-1   전화번호 070-4234-5836

홈페이지 http://cafe.naver.com/tibetscenery   이메일 eeyo@naver.com

이용료 도미토리 2만원, 2인실 4만~5만원

교통 제주공항 5번 게스트에서 600번 리무진 버스 탑승 후 '중문 여미지 식물원 입구' 정류장에서 하차. 중문관광안내소 교차로 방향으로 나온 후 SK주유소 앞 좌측 버스정류장에서 120번 버스 탑승 후 대평리 종점 하차, 마을 안길로 들어서면 티벳풍경 게스트하우스.

테마 ●●●●●   편의시설 ●●●○○   교통편 ●●●○○   주변 환경 ●●●●○   가격 ●●●○○   친절도 ●●●●●

Check List

객실

객실 타입 도미토리 〔7인실 1개, 4인실 1개〕 2인실 〔2개〕 /
　　　　　온돌 〔✓〕 침대 〔✓〕

객실 규모 객실 수 〔4개〕 최대 수용인원 〔15명〕

편함과 불편함을 떠나 티벳풍의 인테리어가 독특해 머무는 재미가 쏠쏠하다. 2인실 온돌.

편의시설

화장실 / 샤워실 공용 〔2개〕

욕실용품 수건 〔✓〕 샴푸 〔✓〕 치약 〔✓〕 비누 〔✓〕

인터넷 공용 컴퓨터 〔 〕 wi-fi 〔✓〕

기타시설 실내휴게소 〔✓〕 실외휴게소 〔✓〕 취사장 〔✓〕 매점 〔 〕

규칙

체크인 / 아웃 체크인 〔15:00〕 체크아웃 〔11:00〕

소등 객실 소등 〔없음〕 휴게실 소등 〔없음〕

음주 / 취사 하우스 내 음주 〔가능〕 취사 〔가능〕 흡연 〔지정된 장소에서 가능〕

식사

조식은 빵, 달걀프라이, 주스 등. 조식의 경우 시간 구애 없이 아무때나 즐길 수 있다.

조식 〔✓〕 가격 〔무료〕 석식 〔 〕 기타 〔 〕

2인실과 도미토리실 사이의 거실. 어느 곳에나 티벳스러운 무늬와 인테리어로 가득하다.

티벳풍경의 특징은 창이 많고 넓다는 점. 해서 어느 방이든 자연광이 그대로 방안으로 스민다.

포도 게스트하우스

방 안에서 맞는
성산일출봉의 일출

성산일출봉 바로 아래 위치한 쾌적한 게스트하우스. 덕분에 야외 휴게실에 앉아 있노라면 성산일출봉을 안마당 삼은 것처럼 느껴진다. 앞뒤 다른 말로 들릴지 모르지만, 성산일출봉을 가장 아름답게 만끽할 수 있는 곳은 밖이 아닌 포도 게스트하우스 안에서다. 게스트들을 위해 마련된 카페와 객실에 난 넓은 창을 통해 성산일출봉과 바다, 푸른 초원이 액자 속의 그림처럼 한눈에 들어오기 때문이다. 덕분에 마치 풍경 사진을 벽에 걸어둔 듯 갤러리 같은 분위기다. 특히 침대에 누워 객실 창을 통해 일출봉 위로 떠오르는 아침 해를 맞이할 수 있다. 이곳에서 묵는 게스트들만의 특권이라 할 수 있겠다. 우도로 향하는 성산항과 제주 올레 1코스와 2코스를 아우르는 광치기 해변, 3코스의 시작이 오평리, 우도로 향하는 성산항이 지척이다. 여기에 하룻밤 묵어가기에는 나무랄 데 없는 게스트하우스 시설과 주변에 식당과 편의시설이 밀집되어 있다는 것도 큰 장점.

INFO

주소 서귀포시 성산읍 성산리 299-1   **전화번호** 010-2844-6434

홈페이지 http://cafe.naver.com/seongsanguesthouse   **이메일** gun900@naver.com

이용료 도미토리 2만원

교통 제주시외버스터미널에서 동일주버스 타고 '성산리 취락구조' 정류장에서 하차(안내방송이 안 나오는 정류장이니 '성산항입구' 정류장 다음이니 유의할 것), '푸른제주 흑돼지' 맞은 편 건물이 포도 게스트하우스.

테마 ●●●○○   편의시설 ●●●●●   교통편 ●●●●●   주변 환경 ●●●●●   가격 ●●●○○   친절도 ●●●●○

포도 게스트하우스 카페.

객실 창을 통해 바라본 우도.

Check List

객실

객실 타입 도미토리 〔8인실 4개〕 / 온돌 〔 〕 침대 〔✓〕
객실 규모 객실 수 〔4개〕 최대 수용인원 〔32명〕

> 8인실 도미토리지만 공간이 넉넉한 편이다.

편의시설

> 간단한 물품을 살 수 있는 매점이 갖춰져 있다.

화장실 / 샤워실 객실마다 별도 1개씩
욕실용품 수건 〔 〕 샴푸 〔 〕 치약 〔✓〕 비누 〔✓〕
인터넷 공용 컴퓨터 〔✓〕 wi-fi 〔✓〕
기타시설 실내휴게소 〔✓〕 실외휴게소 〔✓〕 취사장 〔 〕 매점 〔✓〕

규칙

체크인 / 아웃 체크인 〔15:00〕 체크아웃 〔10:00〕
소등 객실 소등 〔23:00〕 휴게실 소등 〔23:00〕
음주 / 취사 하우스 내 음주 〔가능〕 취사 〔불가능〕 흡연 〔지정된 장소에서 가능〕

식사

> 조식은 토스트, 주스 등.

조식 〔✓〕 가격 〔무료〕 석식 〔 〕 기타 〔 〕

> 할인쿠폰
> 2,000원

하쿠나마타타 게스트하우스

근심 걱정
모두 떨쳐 버려

'하쿠나 마타타(Hakuna Matata)'는 아프리카 공용어인 스와힐리어로 '걱정거리가 없다'는 뜻이다. 제주를 여행하는 사람들이 걱정과 근심을 잠시 내려놓고 석양을 바라보며 하루를 정리할 수 있는 작은 공간을 마련하고자 했던 주인장의 마음이 담긴 이름이다. 하쿠나마타타 게스트하우스에 묵노라면 주인장의 마음이 절로 읽혀진다. 넓은 집 2층 전체를 게스트하우스로 꾸몄으나 받을 수 있는 총 인원은 열 넷뿐이다. 식사나 음주를 할 수 있는 카페는 살림집이 붙어 있는 1층에 따로 준비돼 있다. 홀로 고요한 시간을 보내길 원하는 게스트들을 위한 세심한 배려일 터이다. 제주 옛 포구의 체취를 여전히 간직하고 있어 아무리 머물러도 물리지 않는다. 정적인 아름다움을 간직한 고내포구의 하쿠나마타타다. 관광이 아니라 여유로운 휴식을 위해 떠난 이들이라면 먼 길을 마다하지 않고 찾아갈 만한 가치가 있는 집이다.

INFO

주소 제주시 애월읍 고내리 570-5   **전화번호** 010-4760-6675

홈페이지 http://cafe.daum.net/hakunajeju   **이메일** lisacoco@hanmail.net   **이용료** 도미토리 2만원

교통 제주시외버스터미널에서 서일주 버스 탑승 후 '고내리' 정류장 하차(탑승할 때 기사님께 고내리라 말할 것), 정류장에서 고내리 7길이라 쓰인 이정표를 따라 마을로 내려오면 고내포구 도착, 고내포구에서 제주 올레 16코스 시작점인 우주물을 지나 오른쪽 방향으로 가다보면 '하쿠나마타타 표시판'이 보임.

테마 ●●●○○   편의시설 ●●●●○   교통편 ●●●○○   주변 환경 ●●●●○   가격 ●●●●○   친절도 ●●●●●

Check List

객실

객실 타입 도미토리 〔4인실 1개, 3인실 2개, 2인실 1개〕 / 온돌 〔 〕 침대 〔✓〕

객실 규모 객실 수 〔4개〕 최대 수용인원 〔12명〕

넓은 집 2층 전체를 도미토리로 사용하여 공간이 넓고 다양한 휴게공간 및 감각적인 인테리어가 돋보임

편의시설

화장실 / 샤워실 공용 화장실 〔4개〕 공용 샤워실 〔2개〕

욕실용품 수건 〔✓〕 샴푸 〔✓〕 치약 〔✓〕 비누 〔✓〕

인터넷 공용 컴퓨터 〔✓〕 wi-fi 〔✓〕

기타시설 실내휴게소 〔✓〕 실외휴게소 〔✓〕 취사장 〔✓〕 매점 〔 〕

규칙

체크인 / 아웃 체크인 〔14:00〕 체크아웃 〔11:00〕

소등 객실 소등 〔23:00〕 휴게실 소등 〔23:00〕

음주 / 취사 하우스 내 음주 〔가능〕 취사 〔불가능〕 흡연 〔야외에서 가능〕

할인 쿠폰 2,000원

식사

조식은 한식, 또는 크림스프 등 양식. 전날 게스트들의 의견을 모아 한식 또는 양식을 결정하며, 음식의 맛과 양 모두 흐뭇할 수준.

조식 〔✓〕 가격 〔무료〕 석식 〔 〕 기타 〔 〕

게스트들 간의 친목을 도모하며 조식을 먹을 수 있는 1층 게스트용 카페.

고요하고 깔끔한 분위기가 돋보이는 2층 게스트용 카페.

한라산 게스트하우스

에코 힐링 여행의
베이스캠프

한국은 지금 힐링 열풍. 뮤직 힐링, 푸드 힐링 등 종류도 다양하지만 그중 최근 주목받고 있는 것은 에코 힐링이다. 에코 힐링은 합성어로 청정한 자연 속에서 치유력을 회복하여 몸과 마음이 건강한 삶을 누리는 것을 의미한다. 차로 10분 거리에 사려니숲길, 삼다수길, 에코랜드, 산굼부리, 거문오름, 절물자연휴양림 등 제주의 자연을 만끽할 수 있는 명소들이 자리하고 있다. 가히 에코 힐링 여행의 베이스캠프와 같은 곳이다. 특히 한라산으로의 등산을 원하는 게스트를 위해 매일 아침과 오후 성판악과 관음사로 픽업 서비스를 하고 있다. 도미토리의 경우 2층 형태이기는 하지만 성인 두 명이 누워도 될 정도로 넓은 공간에 프라이버시가 보장되는 개인방 형태다. 전기장판이 아니라 전자파의 우려가 없는 온돌 형태를 채택했다. 산행으로 노곤한 여행자들의 피로를 풀어주기 위한 것. 홈페이지를 통해서는 주변 여행지와 한라산에 대한 상세한 정보를 제공하고 있으며, 많은 시간이 필요한 제주 여행 일정까지 상담해 주는 등 친절함도 한라산만큼 넉넉하게 갖췄다.

주소 제주시 조천읍 교래리 464-1　**전화번호** 064-784-8488

홈페이지 http://cafe.naver.com/hallasanguesthouse　**이메일** 1991bada@naver.com　**이용료** 도미토리 2만5천원

교통 제주시외버스터미널에서 남조로행 버스 탑승 후 '교래 사거리' 정류장 하차, 말고기 전문점인 녹산장 입구로 들어가면 한라산 게스트하우스.

테마 ●●●●●　편의시설 ●●●○○　교통편 ●●●●●　주변 환경 ●●●○○　가격 ●●●○○　친절도 ●●●●●

도미토리. 2층 형태라는 점은 같지만 다른 게스트하우스와는 달리 성인 둘이 누워도 될 정도로 넉넉하며, 바닥은 전자파가 발생하지 않는 온돌형 난방을 채택했다. 각각 독립된 방 형태여서 프라이버시를 보장한다.

Check List

객실

객실 타입 도미토리 〔12인실 4개, 6인실 2개〕 / 온돌 〔 〕 침대 〔✓〕

객실 규모 객실 수 〔6개〕 최대 수용인원 〔60명〕

편의시설

남녀구분된 대형 화장실과 샤워실이 갖춰져 있고, 샤워실의 경우 큐비클로 칸이 구분되어 있어 프라이버시 보장, 사물함도 두개.

화장실 / 샤워실 남녀구분 공용 화장실, 공용 샤워실 각각 1개씩

욕실용품 수건 〔✓〕 샴푸 〔✓〕 치약 〔✓〕 비누 〔✓〕

인터넷 공용 컴퓨터 〔✓〕 wi-fi 〔✓〕

기타시설 실내휴게소 〔✓〕 실외휴게소 〔✓〕 취사장 〔✓〕 매점 〔 〕

규칙

체크인 / 아웃 체크인 〔16:00〕 체크아웃 〔10:00〕

소등 객실 소등 〔23:00〕 휴게실 소등 〔23:00〕

음주 / 취사 하우스 내 음주 〔가능〕 취사 〔가능〕 흡연 〔지정된 장소에서 가능〕

할인쿠폰
2,000원

식사

조식은 김밥 또는 토스트. 김밥의 경우 인근에서 맛있다 소문난 김밥집에서 아침에 공수하며 한라산을 등반하는 사람의 경우 김밥 한 줄을 더 줌.

조식 〔✓〕 가격 〔무료〕 석식 〔 〕 기타 〔 〕

함피디네 돌집 게스트하우스

옛 제주돌집의 미학을
갈무리한 럭셔리 하우스

옛 돌집의 매력을 그대로 살리면서 현대적인 편리함을 도모한 멋진 게스트하우스. 이 집으로 들어서는 길, 긴 선을 그리며 돌집으로 들어가는 곱상한 올레에 한번쯤 반하지 않을 사람이 없다. 객실 내도 마찬가지다. 과거의 흔적 위에 모던함을 더한 정갈한 인테리어에 감탄사가 절로 나온다. 도미토리도 깔끔하지만 특히 한국 전통의 반닫이와 화장대를 비치한 2인실 온돌방의 매력은 거부하기 힘들다. 독채로 마련된 돌집은 가족 단위 여행자들이나 4인 이상의 여행객에게 적당하다. 한국적인 소품들로 가득한 독채의 경우 취사도구는 물론 여유롭게 차 한 잔을 즐길 수 있는 다기 세트까지 완벽하게 갖춰져 있다. 성산일출봉처럼 화려하진 않지만 아늑한 돌담 마을 너머로 펼쳐진 파란 제주 바다는 이생진 시인의 '그리운 성산포'의 한 구절처럼 오랫동안 여운으로 남을 것이다.

INFO

주소 제주시 구좌읍 한동리 8-2   전화번호 010-8790-2010

홈페이지 www.hampdnedolzip.com   이메일 kiwi050221@naver.com

이용료 도미토리 2만원, 2인실 5만원, 독채 4인실 12만원

교통 제주시외버스터미널에서 동일주 노선버스 탑승 후 계룡동 버스 정류장 하차, 정자가 보이는 길로 직진 후 바다에서 좌회전, 다시 정자에서 좌회전 한 후 5m 직진 후 오른쪽 올레길 끝이 함피디네 돌집.

테마 ●●●●○   편의시설 ●●●●○   교통편 ●●●○○   주변 환경 ●●●●○   가격 ●●●○○   친절도 ●●●●○

Check List

객실

- 객실 타입 도미토리 〔4인실 2개〕 2인실 〔2개〕 독채 4인실 〔1개〕 / 온돌 〔V〕 침대 〔V〕
- 객실 규모 객실 수 〔5개〕 최대 수용인원 〔16명〕

할인 쿠폰
1,000원

편의시설

바다가 한눈에 들어오는 멋진 돌집 카페가 있으며, 돌집 카페 밖에는 파라솔과 나무그늘 아래 바람을 즐길수 있는 나무데크 자리가 따로 마련되어 있음.

- 화장실 / 샤워실 공용 〔3개〕
- 욕실용품 수건 〔 〕 샴푸 〔V〕 치약 〔V〕 비누 〔V〕
- 인터넷 공용 컴퓨터 〔V〕 wi-fi 〔V〕
- 기타시설 실내휴게소 〔V〕 실외휴게소 〔V〕 취사장 〔 〕 매점 〔 〕

규칙

- 체크인 / 아웃 체크인 〔16:00〕 체크아웃 〔11:00〕
- 소등 객실 소등 〔23:00〕 휴게실 소등 〔23:00〕
- 음주 / 취사 하우스 내 음주 〔가능〕 취사 〔불가능〕 흡연 〔지정된 장소에서 가능〕

전자레인지를 이용한 긴단한 조리는 가능.

식사

조식은 토스트, 잼, 커피, 주스 등.

조식 〔V〕 가격 〔무료〕 석식 〔 〕 기타 〔 〕

프로그램

여행전문가와 함께 하는 제주여행(사전 신청자에 한함).

전통 한옥의 멋을 살린 온돌방.

창으로 바다가 훤히 보이는 게스트용 카페. 장식품들과 더불어 벽난로와 전자오르간, 컴퓨터 등 게스트들을 위한 다양한 물건들이 갖춰져 있다.

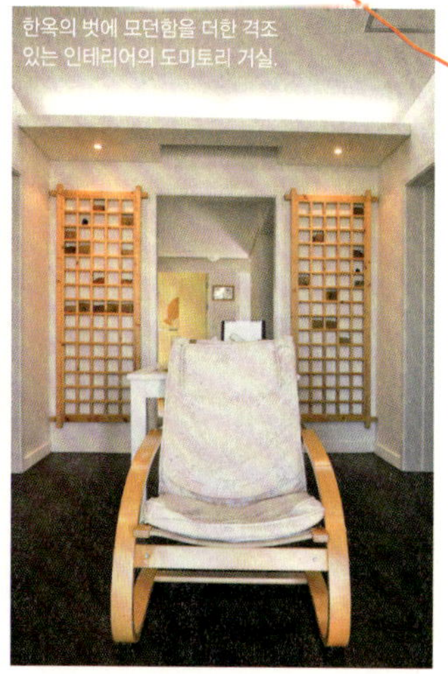

한옥의 벗에 모던함을 더한 격조 있는 인테리어의 도미토리 거실.

MAP
of Busan
해운대구
해운대역
호스텔
더뉴데이
BEST
미스터에그
호스텔
오렌지
게스트하우스
게스트하우스
인
헬로우
게스트하우스
WOW
게스트하우스
BEST
하이코리아
호스텔
게스트하우스
코리아 해운대점
해운대
그랜드호텔
해운대
해수욕장

더 게스트하우스

타임 게스트하우스

스토리
게스트하우스

포비
게스트하우스

BEST

게스트하우스
601

파라다이스
호텔 부산

부산
아쿠아리움

BEST of 부산

게스트하우스 601

호텔 스위트룸을 그대로 가져왔다. 그것이 전부가 아니다. 호텔의 최고급 서비스까지 함께 가져와 여행자는 게스트하우스 가격으로 호사스러운 하룻밤을 누릴 수 있다. 1층, 객실에서 타고 내려온 엘리베이터 문이 열린다. 곧장 펼쳐진 해운대해변, 천천히 걷는 꿈 속 그곳.

미스터에그 호스텔

화려한 해운대에 어울리지 않을법한 낮은 주택가에 가정집을 개조한 게스트하우스. 좁은 골목을 들어서면 흰자에 노른자를 얹어 놓은 듯 하얀색 건물에 노란색 현관문이 인상적이다. 게스트가 직접 만들어 두고 간 소품들로 가득해 깜찍한 휴게실은 작지만 있을 건 다 있다.

하이코리아 호스텔

외관이 평범하다고? 그 내용은 어느 곳보다 특별하다. 내국인보다 외국인이 더 즐겨 찾는 게스트하우스 1번지. 영어소통이 자유로운 다국적 직원이 상시 대기하고 있기 때문이다. 국내여행에서 만나기 어려운 외국인 친구도 덤으로 얻을 수 있는 작은 지구촌 게스트하우스.

WOW 게스트하우스

또 다른 여행이
내게로 오다

하얀 색의 WOW 게스트하우스 건물은 해운대 백사장에서 1분 거리이다. 해운대역에서도 도보로 5분이면 수월하게 찾아갈 수 있는 곳으로 게스트하우스로서의 입지는 최적이다. 공동 사용 공간인 욕실이나 화장실이 수용인원 대비 적절히 배분되어 있어 사용하기에 불편함이 없다. 욕실에도 샤워부스가 있지만 세면대를 추가로 두어 간단히 세안을 할 수 있도록 했다. 샤워가 필요 없는 게스트들은 번잡한 시간에 효율적으로 사용할 수 있다. 여성 게스트라면 이런 부분은 감동의 요소가 된다. 게스트하우스에 들어서면 카페에 온 듯한 분위기를 느낄 수 있다. 휴게실 공간은 널찍하고 여행안내 가판대를 따로 두어 게스트가 여행정보를 편하게 접할 수 있도록 배려했다. 느긋하게 해운대 해수욕장을 산책하거나 아쿠아리움 관람도 이곳의 묘미.

INFO

주소 부산시 해운대구 우동 1380 3층 **전화번호** 010-3564-1509, 010-8951-0959

홈페이지 cafe.naver.com/wowgeniehouse **이메일** myidis00@naver.com

이용료 도미토리 2만5천~3만원, 2인실 8만원

교통 지하철 2호선 해운대역 하차 후 5번 출구로 나와 올리브영 건물에서 우회전 하여 훼미리마트 옆 골목 3층 건물. 도보로 5분.

테마 ●●●○○　편의시설 ●●●●○　교통편 ●●●○○　주변 환경 ●●●●○　가격 ●●●○○　친절도 ●●●○○

Check List

객실

객실 타입 도미토리 (8인실 2개, 6인실 2개, 4인실 4개) 2인실 (4개) /
온돌 ☑ 침대 ☑

객실 규모 객실 수 (12개) 최대 수용인원 (59명)

전체적으로 깨끗하고 모던한 카페 분위기이며 객실마다 예술 작품을 보는 듯 벽에 그려진 그림이 예쁘다. 2인실의 경우 최대 4인까지 수용 가능하며 1인 추가 시 2만원이다.

편의시설

화장실 / 샤워실 공용 (4개)

욕실용품 수건 ☑ 샴푸 ☑ 치약 ☑ 비누 ☑

인터넷 공용 컴퓨터 ☑ wi-fi ☑

기타시설 실내휴게소 ☑ 실외휴게소 ☑ 취사장 ☑ 매점 ( )

할인쿠폰
3,000원

규칙

체크인 / 아웃 체크인 (14:00) 체크아웃 (11:00)

소등 객실 소등 (없음) 휴게실 소등 (24:00)

음주 / 취사 하우스 내 음주 (가능) 취사 (가능) 흡연 (불가능)

식사

조식 ☑ 가격 (무료)

석식 ( ) 기타 ( )

조식은 토스트, 잼, 버터, 간단한 음료 등.

벽면의 예쁜 그림이 그려진 4인실.
객실마다 다른 그림이 그려져 있다.

호텔급 화장실.
고급스럽고
깨끗하다.

분위기 좋은 카페를 연상하게 하는
WOW 게스트하우스의 휴게실.

게스트하우스의 복도.

게스트하우스 601

프리미어
게스트하우스의 모든 것

최고급 콘도미니엄 팔레드시즈 내의 두 동을 사용하고 있다. 부산에 있는 게스트하우스 가운데 위치나 시설 면에서 볼 때 단연 최고급을 자랑한다. 게스트하우스의 내부 거실 공간은 호텔 스위트룸을 그대로 가져왔다. 고급스러움은 물론이고 감각적이기까지 하다. 게스트하우스에서 엘리베이터를 타고 내려가면 1층 도착부터 해운대 비치가 시작된다. 수영복을 입은 채 객실에서 곧장 해운대 비치로 떨어지는 셈이다. 프리미엄급 시설과 서비스를 자랑하는 게스트하우스지만 조식은 포함되어 있지 않다. 팔레드시즈 앞의 전망대는 영화 〈무적자〉에서 송승헌이 서 있던 장소이고, 〈우리 결혼했어요〉에서 서인영과 크라운제이가 데이트를 즐겼던 장소이기도 하니 이곳에 머문다면 한번 찾아볼 만하다. 해운대 비치로 나가면 무료로 사용할 수 있는 족욕 시설도 있다.

INFO

주소 부산시 해운대구 중동 팔레드시즈 내 **전화번호** 051-755-0601, 010-6577-0601

홈페이지 www.gh601.com **이메일** gh102601@gmail.com

이용료 평일요금 도미토리 3만원 **주말요금** 도미토리 5만원(성수기요금 별도문의)

교통 지하철 2호선 해운대역 하차 후 3번 출구로 나와 해운대 해수욕장 방면으로 직진 후 파라다이스 호텔 옆 팔레드시즈 건물 내.

테마 ●●●●○ 편의시설 ●●●●● 교통편 ●●●●○ 주변 환경 ●●●●○ 가격 ●●○○○ 친절도 ●●●●○

Check List

원두커피
1인 1회
무료제공

객실

- **객실 타입** 도미토리 (8인실 1개, 6인실 2개, 4인실 4개) / 온돌 ( ) 침대 (√)
- **객실 규모** 객실 수 (7개) 최대 수용인원 (36명)

게스트하우스 비용으로 호텔 서비스를 누릴수 있는 곳. 건물을 나서는 순간부터 곧장 해운대 해수욕장이라 전망과 입지가 좋다.

8인실과 일부 4인실은 객실 내 개별욕실이 있다. 건물 내 수영장 이용이 가능(1인 5천원)하다. 1일 1회 무료 세탁 서비스가 있으며, 욕실용품은 린스, 샤워젤, 클린징 폼 등 호텔 수준으로 준비되어 있다. 무료로 주차 가능하다.

편의시설

- **화장실 / 샤워실** 공용 (6개)
- **욕실용품** 수건 (√) 샴푸 (√) 치약 (√) 비누 (√)
- **인터넷** 공용 컴퓨터 (√) wi-fi (√)
- **기타시설** 실내휴게소 (√) 실외휴게소 (√) 취사장 (√) 매점 ( )

규칙

- **체크인 / 아웃** 체크인 (15:00) 체크아웃 (11:00)
- **소등** 객실 소등 (없음) 휴게실 소등 (없음)
- **음주 / 취사** 하우스 내 음주 (가능) 취사 (가능)
  흡연 (흡연실에서 가능)

식사

- 조식 (√) 가격 (1만원) 석식 ( ) 기타 ( )

조식은 주문 시 베이글, 햄, 달걀프라이, 주스 등 간단한 음료 제공.

바다가 바라다보이는 객실.

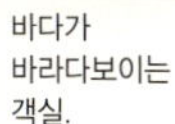

게스트하우스 인

무늬만 게스트하우스,
내용은 호텔!

건물의 5층과 6층을 사용하는 게스트하우스는 로비부터 시원하다. 순백의 물감을 풀어놓은 듯한 내부 인테리어가 영화 〈브루스 올마이티〉의 순백색 하느님 집무실을 연상케 한다. 게스트하우스는 객실의 수용인원이 다양하여 나홀로 여행자도, 친구와 함께 하는 그룹 여행자도 무난하게 수용할 수 있다. 객실의 내부로 들어서면 침구류가 호텔처럼 정갈하게 정돈되어 있어 기분까지 말끔해진다. 규칙은 엄격한 편이지만 쉬어가는 여행자에겐 그만큼 쾌적한 공간이 된다. 욕실용품과 비데가 완비된 것도 돋보인다. 해운대역에서 내려 게스트하우스를 찾아가는 데 도보로 3분이 채 걸리지 않을 만큼 수월한 것도 장점이다. 게스트하우스 자체로 해운대 요트투어 프로그램을 운영하고 있다. 걸어서 즐겨볼 수 있는 해운대 해수욕장에서는 e파란공원과 전망대가 있으니 느긋하게 산책 삼아 둘러보는 것도 좋을 일이다. e파란공원 뒤편에 자리한 포장마차 촌은 영화 〈해운대〉가 촬영된 곳이기도 하다.

INFO

주소 부산시 해운대구 구남로 12번길 11 5, 6층　**전화번호** 051-744-7740, 051-744-7715

홈페이지 www.innguesthouse.com　**이메일** soulgold@naver.com

이용료 도미토리 2만5천~3만원, 2인실 8만원(성수기요금 별도문의)

교통 지하철 2호선 해운대역 하차 후 5번 출구로 나와 해운대 해수욕장방면으로 직진 후 첫 번째 골목에서 우회전 후 50m 가면 왼편에 위치.

테마 ●●●○○　편의시설 ●●●●●　교통편 ●●●●●　주변 환경 ●●●●●　가격 ●●●○○　친절도 ●●●○○

공용 컴퓨터가 여러
대 있어 여행정보를
검색하거나 필요한
것을 찾을 때 기다리지
않아도 된다.

특이하게 길쭉한
직사각형 형태로
만들어진 도미토리.

Check List

할인쿠폰
3,000원

객실

객실 타입 도미토리 〔10인실 1개, 6인실 7개〕 4인실 〔2개〕 2인실 〔4개〕 /
온돌 〔√〕 침대 〔√〕

2인실 온돌방의 경우 최대
4인까지 수용가능하다.

객실 규모 객실 수 〔14개〕 최대 수용인원 〔72명〕

여자 게스트를 위한
파우더룸이 있고 욕실
용품에 추가로 린스와
샤워젤이 무료제공된다.
화장실변기는 모두
비데로 비치되어 있다.

편의시설

화장실 / 샤워실 공용 〔2개〕

욕실용품 수건 〔√〕 샴푸 〔√〕 치약 〔√〕 비누 〔√〕

인터넷 공용 컴퓨터 〔√〕 wi-fi 〔√〕

기타시설 실내휴게소 〔√〕 실외휴게소 〔√〕 취사장 〔√〕 매점 〔 〕

규칙

체크인 / 아웃 체크인 〔15:00〕 체크아웃 〔11:00〕

소등 객실 소등 〔없음〕 휴게실 소등 〔23:00〕

음주는 23:00까지만
가능하다.

음주 / 취사 하우스 내 음주 〔가능〕 취사 〔가능〕 흡연 〔불가능〕

식사

조식 〔√〕 가격 〔무료〕
석식 〔 〕 기타 〔 〕

조식은 토스트, 잼, 버터,
간단한 음료 등

프로그램

해운대 요트 투어로 해운대부터 광안리까지 부산바다를 럭셔리하게
즐겨볼 수 있다. 〔1인 3만원, 소요시간은 1시간20분, 5인이상 출발, 코스는
수영만 요트경기장 출발-마린시티-해운대 해수욕장-광안대교-광안리
해수욕장-광안대교-해운대 해수욕장-마린시티-수영만요트경기장도착〕

게스트하우스
코리아 해운대점

사람은 문화다,
코리아 게스트하우스

2012년 7월에 정식 오픈했다. 부산에서 오픈한 기간 대비 여행자가 가장 많이 찾은 게스트하우스 중 하나이다. 한번 다녀간 사람들이 앞다투어 소개를 아끼지 않는 데는 그만한 이유가 있다. '사람은 문화'라는 주인장의 모토가 게스트에게 그대로 전해지기 때문. 특히 개별 여행자들에게 무한 관심 쏟아주는 주인장의 배려로 나홀로 여행 시 적극 추천하는 숙소이기도 하다. 이곳은 한 건물의 4층부터 6층까지 게스트하우스로 사용하고 있다. 4층은 로비이기도 하지만 아기자기한 카페테리아로 꾸며져 있다. 이곳에서 부담 없이 간단한 맥주나 커피를 즐길 수 있다. 5층과 6층은 객실로 이루어져 있는데, 한실이나 개인룸은 5층에, 도미토리는 6층에 있다. 객실마다 비치된 뽀송한 이불과 청결한 화장실과 욕실에서 주인장의 부지런함을 엿볼 수 있다.

INFO

주소 부산시 해운대구 중동 1394-84 혜영빌딩 4, 5, 6층　**전화번호** 070-7379-3936, 010-6657-9934

홈페이지 www.guesthousehaeundae.co.kr　**이메일** reservation@guesthousehaeundae.co.kr

이용료 **평일요금** 도미토리 2만5천~2만8천원, 2인실 7만원　**주말요금** 도미토리 2만8천~3만원, 2인실 9만원

교통 지하철 2호선 해운대역 하차 후 1번 출구로 나와 50m 직진. 해운대 해수욕장 방면으로 우회전 후 직진 200m 오른편에 위치.

테마 ●●●●○　편의시설 ●●●●●　교통편 ●●●●○　주변 환경 ●●●●○　가격 ●●○○○　친절도 ●●●●●

할인 쿠폰
3,000원

Check List

객실

객실 타입 도미토리 (8인실 2개, 6인실 2개, 4인실 1개) 2인실 (5개) / 온돌 (✔) 침대 (✔)

객실 규모 객실 수 (10개) 최대 수용인원 (46명)

전국 체인의 게스트하우스로써
부산에는 해운대 외에 자갈치점도
운영하고 있다. 자체 시설은 넓고
쾌적한 공간으로 꾸며져있다.

편의시설

부분적으로 개별욕실이
갖추어진 객실이 있으며,
자체 카페테리아를
운영하고 있다.

화장실 / 샤워실 공용 (3개)

욕실용품 수건 (✔) 샴푸 (✔) 치약 (✔) 비누 (✔)

인터넷 공용 컴퓨터 (✔) wi-fi (✔)

기타시설 실내휴게소 (✔) 실외휴게소 ( ) 취사장 (✔) 매점 ( )

규칙

체크인 / 아웃 체크인 (15:00) 체크아웃 (11:00)

소등 객실 소등 (24:00) 휴게실 소등 (23:00)

음주 / 취사 하우스 내 음주 (가능) 취사 (가능) 흡연 (불가능)

식사

조식 (✔) 가격 (무료)

석식 ( ) 기타 ( )

조식은 토스트, 시리얼, 잼,
버터, 간단한 음료.

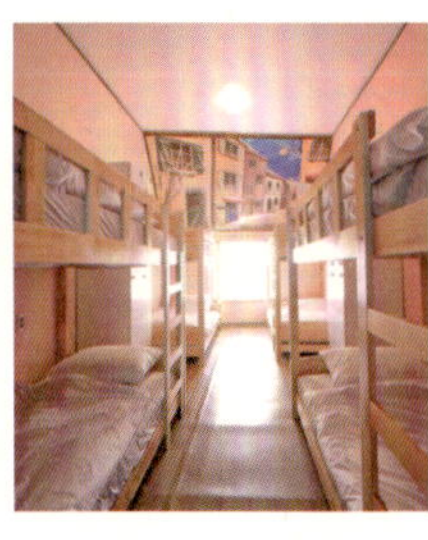

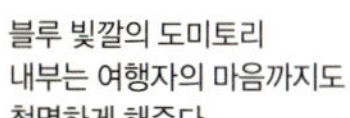

블루 빛깔의 도미토리
내부는 여행자의 마음까지도
청명하게 해준다.

마치 예쁜 펜션에 머무는 듯하다.

2인실 레드.

더 게스트하우스 여자들의 아지트

더 게스트하우스는 여자들을 위한 여행공간으로 시작했다. 그러다 입소문을 타기 시작해 2012년 11월부터 남녀구분 없이 모두를 수용할 수 있는 공간을 새로 마련했다. 그러나 주인은 "여성전용 공간은 그대로 사용할 거예요. 그 부분이 좋아서 다시 찾아주는 분들이 많기도 하고, 제가 게스트하우스를 처음 오픈하면서 애정을 각별히 쏟은 곳이거든요."라며 여성전용 공간에 애착을 보인다. 파스텔 핑크의 침구가 놓인 공간, 폭신한 개인 슬리퍼는 여성 게스트들에게 안락한 감수성을 자극한다. 휴게실은 소파와 테이블 공간이 분리되어 있다. 조용한 휴식은 소파를, 다른 여행자들과 소통을 원한다면 테이블 공간을 택한다. 게스트하우스에서 해운대역 3분, 해운대 바닷가는 5분 거리.

INFO

주소 부산시 해운대구 우동 599-4 3층   **전화번호** 051-909-9049

홈페이지 www.theguesthousekorea.com   **이메일** tghjmk@gmail.com

이용료 **평일요금** 도미토리 2만2천~2만5천원 **주말요금** 도미토리 2만5천~2만8천원(성수기요금 별도문의)

교통 지하철 2호선 해운대역 하차 후 1번 출구로 나와 직진 후 해운대우체국 방면으로 우회전, 유가네와 네이처 리퍼블릭 사이 골목으로 진입 후 무봤나촌닭 해운대점 건물 3층.

테마 ●●●○○   편의시설 ●●●●●   교통편 ●●●○○   주변 환경 ●●●●○   가격 ●●●○○   친절도 ●●●●●

Check List

객실

객실 **타입** 도미토리 [6인실 2개, 4인실 3개] / 온돌 [ ], 침대 [✓]
객실 **규모** 객실 수 [5개] 최대 수용인원 [24명]

> 깔끔하고 안락한 공간을 제공하는 게스트하우스이다.
> 다른 게스트하우스와는 달리 여성을 위한 용품들이 추가로 무료제공되고 있어 편리하다.

> 기타 무료제공 용품에는 클렌징 폼, 샤워젤, 헤어드라이기, 바비리스, 네일아트 용품, 족욕기, 스팀다리미, 다리미, 세븐라이너가 있다.

편의시설

화장실 / 샤워실 화장실 [1개] 샤워실 [1개]
욕실용품 수건 [✓] 샴푸 [✓] 치약 [✓] 비누 [✓]
인터넷 공용 컴퓨터 [✓] wi-fi [✓]
기타시설 실내휴게소 [✓] 실외휴게소 [ ] 취사장 [✓] 매점 [ ]

규칙

체크인 / 아웃 체크인 [14:00] 체크아웃 [11:00]
소등 객실 소등 [24:00] 휴게실 소등 [24:00]
음주 / 취사 하우스 내 음주 [가능] 취사 [가능] 흡연 [불가능]

> 음주는 23:00까지만 가능하다.

> 조식은 토스트, 시리얼, 달걀프라이, 잼, 버터, 우유 등 간단한 음료.

식사

조식 [✓] 가격 [무료]
석식 [ ] 기타 [ ]

안락하고 포근한 느낌의 객실.

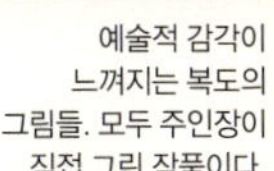
예술적 감각이 느껴지는 복도의 그림들. 모두 주인장이 직접 그린 작품이다.

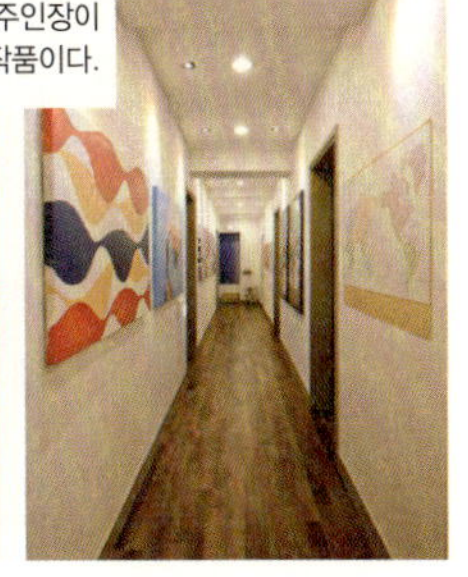

미스터에그 호스텔

감성 여행 공간

테마 ●●●●○ 편의시설 ●●●●○ 교통편 ●●●○○ 주변 환경 ●●●●○ 가격 ●●○○○ 친절도 ●●●●○

단층집을 개조하여 게스트하우스를 만들었다. 흰 우유를 쏟아 엎은 것 같은 하얀 색 외관의 단층집 위에는 이곳의 마스코트인 'Mr. Egg.'가 깜찍하게 미소 지으며 게스트에게 먼저 인사를 건넨다. 간판인지 인형인지 분간되지 않을 만큼 사랑스럽다.

유리로 된 현관문은 자동번호입력키를 누르고 들어가야 한다. 나지막한 천장이 작은 단층짜리 가정집을 리모델링한 흔적을 보여준다. 입구의 오른편으로 주방 겸 휴게실 공간이 있다. 아담한 테이블에 소파가 놓인 이곳은 아기자기한 소품으로 꾸며져 있다. 현관 쪽으로 열린 휴게실 창에는 창문이 없다. 대신 클레이로 만들어진 소품들이 허공을 메우고 있다. 모두 게스트가 만들어두고 간 것을 진열해 놓은 것. 이곳은 공간의 작은 틈조차 감성을 자극하는 게스트하우스이다. 휴게실을 지나 양 옆으로 난 작은 복도를 따라가면 방들이 나온다. 모두 '프라이빗 룸'으로 이루어져 있고, 객실마다 2층 침대가 있다. 객실은 2인실, 3인실, 4인실로 총 세 개다. 객실마다 최대 한 명까지만 인원 추가가 가능하다. 이곳에 도미토리는 없다. 친구끼리 연인끼리 와서 즐기기에 딱 좋은 곳이다. 나홀로 여행자라면 2인실을 싱글룸 가격(5만원)에 이용할 수 있다.

도미토리는 없지만 미스터에그 호스텔은 분명히 게스트하우스이다. "게스트하우스란 단순히 객실의 형태만 가지고 분류할 수 있는 것은 아니죠. 게스트하우스는 여행의 문화입니다. 미스터에그 호스텔은 그런 여행 문화를 공급하는 곳이랍니다." 주인장이 내리는 게스트하우스의 정의다. 사실 미스터에그 호스텔은 그런 여행 문화를 알고 있는 외국인 여행자들 사이에서 더 인기 있는 게스트하우스다. 이곳을 찾는 게스트들의 50% 이상이 외국인 여행자라는 점이 그 사실을 말해준다. 게스트가 묵는 오밀조밀한 객실들 사이로 빠져나오면 오며가며 게스트끼리 눈인사라도 하지 않을 수 없다. 게스트들로 가득 채워진 작은 휴게실에서 함께 아침을 먹고 차를 마시노라면 방금 전까지 서로 몰랐던 사이라는 것이 믿기지 않을 만큼 친밀해져 다가올 헤어짐이 아쉬울 정도.

HOST INTERVIEW · 주인장 노시현 ───────────

"어릴 때부터 '타조알'이라는 별명을 가졌어요. 나를 만나면 누가 뭐라 할 것도 없이 바로 게스트하우스 이름이 어디서 비롯된 것인지 곧장 짐작할 수 있을 정도죠. 대학생 때 유럽 배낭여행을 다니며 언젠가 게스트하우스를 해보리라고 다짐했었지만, 남들처럼 학교 다니고 졸업을 하고 취직을 했죠. 그러다 돌연 6개월 만에 직장생활에 회의를 느끼고 그만두게 되었어요. 다시 여행을 떠났고 잊었던 꿈이 되살아났죠. 여행을 마치고 게스트하우스를 오픈하기 위해 2년간 여러 게스트하우스를 벤치마킹했죠. 꼼꼼하게 준비했고 그 덕분에 미스터에그 호스텔에 이어 미스에그 호스텔이라는 외국인 전용 게스트하우스도 오픈하게 되었어요. 홍보는 거의 하지 않았어요. 소문나는 것이 싫어서 오히려 검색어 등록도 하지 않았는데 어떻게 알고 찾아오는지 신기해요. 여행은 사람이죠. 사람 속에 여행이 더 풍요로워지잖아요. 사람이 좋으면 여행지가 좋게 기억에 남더라고요. 부산을 찾는 여행자들에게 좋은 추억을 남겨주고 싶어요. 그것이 제가 여기에 있는 이유입니다."

미스터에그 호스텔은 사람의 공간, 여행의 공간이다. 게스트하우스에서 마주치는 여행자들과 서로 눈인사부터 시작하자. 함께 아침을 만들어 먹고 나서 느린 하루를 시작한다. 게스트하우스에서 도보로 4분이면 해운대 해수욕장에서 느긋한 산책을 즐길 수 있다. 아쿠아리움부터 해운대 해수욕장을 천천히 둘러보았다면 부산의 별미인 밀면으로 점심식사를 해보는 것은 어떨까. 해운대 시장 입구의 맞은편에 위치한 춘하추동밀면은 해운대에서 밀면으로 소문난 집이다. 밀면의 짝꿍인 만두도 잊지 말자. 넉넉히 채운 배를 두드리며 미소 짓고 나오는 마음이 행복하다. 한낮의 뜨거운 태양을 잠시 피해 늦은 오후쯤엔 게스트하우스에서 낮잠을 즐긴다. 땅거미가 내리면 삼삼오오 모인 게스트들과 함께 저녁 산책을 나가보자. 달맞이고개나 광안대교의 야경은 부산에서의 낭만적인 추억을 만들어주기에 모자람이 없을 것이다.

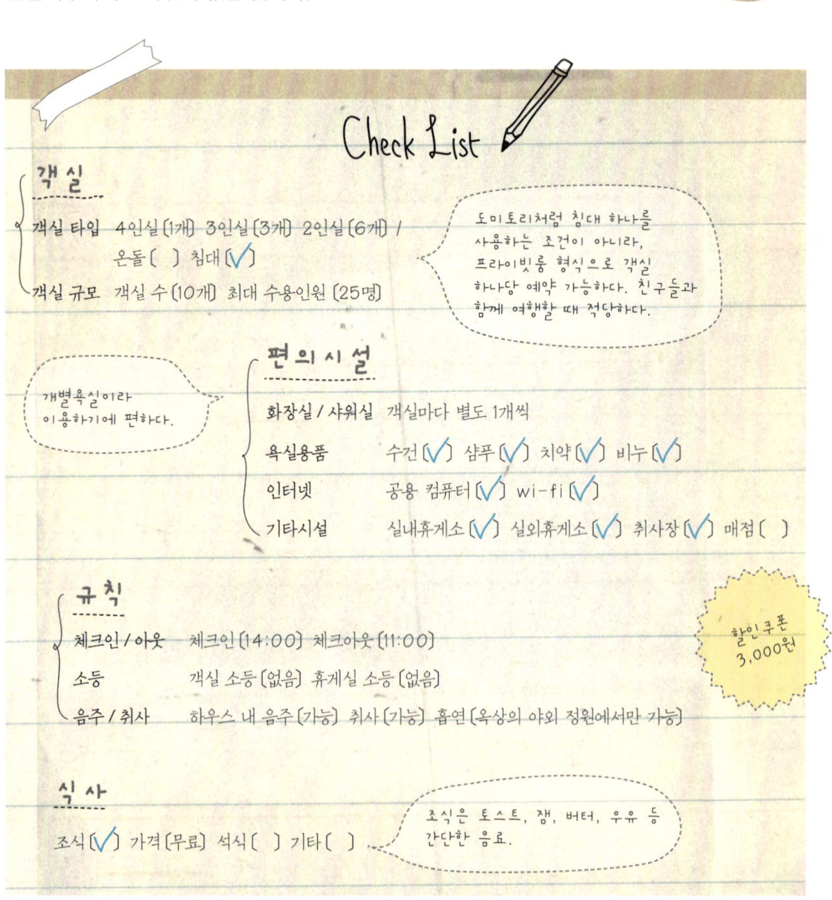

아담한 거실 공간은 게스트들로
금세 채워지고 부산여행은 그렇게
추억이 된다.

스토리
게스트하우스

향긋한 에스프레소 커피가
언제나 제공된대요

해운대역에서 게스트하우스까지 거리는 가깝지만 초행길이라면 골목을 잘 찾아가야 하는 어려움이 있다. 일단, 게스트하우스에 도착하면 떡 벌어질만한 시설과 규모에 놀란다. 총 140명 수용이 가능하며 사우나실을 비롯해 세탁실, 파우더룸 등의 기타 편의시설도 돋보인다. 여름철 해운대 해수욕장을 찾는 게스트라면 세탁실은 무척 요긴하게 쓰인다. 때문에 2012년 9월에는 한국관광공사가 선정한 우수 숙박업소의 상징 '굿스테이'에 선정되기도 했다. 대한민국 공식 인증 업소인 셈. 신선한 원두를 갈아서 바로 마실 수 있는 에스프레소 커피도 상시 무료로 제공하고 있다. 누리마루 APEC하우스, 달맞이고개, 신세계 센텀시티가 인근에 있어 편안히 둘러볼 수 있다. 달맞이고개는 벚나무와 송림이 울창하게 들어찬 오솔길인데 드라이브 코스로 훌륭하다.

INFO

<u>주소</u> 부산시 해운대구 중동 1398-7 마린타워 5층　<u>전화번호</u> 051-744-9500　<u>홈페이지</u> www.storyguesthouse.com

<u>이용료</u> 도미토리 2만5천~3만원, 2인실 7만~10만원(성수기요금 별도문의)

<u>교통</u> 지하철 2호선 해운대역 하차 후 1번 출구로 나와 해운대 해수욕장방향으로 150m 직진 후 왼쪽 부산은행 골목으로 좌회전 20m, 중1동 주민센터 지나 우회전 후 좌측 마린타워 건물 5층.

테마 ●●●○○　편의시설 ●●●●○　교통편 ●●●○○　주변 환경 ●●●●○　가격 ●●●○○　친절도 ●●●○○

Check List

객 실

객실 타입 도미토리 (8인실 4개, 6인실 6개, 4인실 5개) 2인실 (9개)
　　　　　온돌 [✓] 침대 [✓]
객실 규모 객실 수 (24개) 최대 수용인원 (120명)

게스트하우스로서는 상당히 규모가 큰 편에 속한다. 게다가 부대시설도 호텔급. 투숙 게스트에게 맥주 한잔씩 무료로 제공하고 있다.

할인쿠폰
3,000원

편의시설

화장실 / 샤워실 공용 (4개)
욕실용품 수건 [✓] 샴푸 [✓] 치약 [✓] 비누 [✓]
인터넷 공용 컴퓨터 [✓] wi-fi [✓]
기타시설 실내휴게소 [✓] 실외휴게소 [ ] 취사장 [✓] 매점 [✓]

규 칙

체크인 / 아웃 체크인 (15:00) 체크아웃 (11:00)
소등 객실 소등 (없음) 휴게실 소등 (24:00)
음주 / 취사 하우스 내 음주 (가능) 취사 (가능) 흡연 (불가능)

식 사

조식 [✓] 가격 (무료)
석식 [ ] 기타 [ ]

조식은 토스트, 잼, 버터, 간단한 음료.

조식을 먹거나 자유로운 시간을 보낼 수 있는 휴게실.

야외의 하늘정원에서는 밤하늘 예쁜 별을 마주할 수 있다.

오렌지 게스트하우스

오렌지처럼 상큼한
게스트하우스

젊고, 신선하고, 새로운 문화가 함께하는 공간이다. 오픈마인드인 주인과 현역 도예가들이 뭉쳐 도자기 갤러리나 도자기 체험을 할 수 있도록 작은 이벤트를 비정기적으로 마련하기도 한다. 문화와 여행이 공존하는 공간을 만들고 싶어하는 주인장의 욕심이 드러난다. 해운대에서는 비교적 찾아보기 어려운 착한 가격대의 게스트하우스이기도 하다. 그렇다고 시설이 나쁘거나 위치가 외진 것도 아니다. 수월하게 둘러볼 수 있는 황령산은 금정산과 더불어 부산의 대표적인 명산으로 꼽히며 경치가 좋아서 부산 시민들 사이에서는 이미 오래된 드라이브 코스로 잘 알려져 있다. 특히 밤에는 부산 시내의 야경을 한눈에 조망할 수 있다. 천체 관측을 하기에도 좋아 운이 좋으면 '별'을 볼 수 도 있으니 놓치지 말자. 게스트하우스의 객실은 방마다 색을 달리해 굳이 내가 머무는 방이 아니어도 구경하는 재미가 쏠쏠하다. 최근 부산역 근처에 부산역점을 오픈했다.

INFO

주소 부산시 해운대구 우동 팔레스 오피스텔 2층　**전화번호** 051-747-5171, 010-9816-1590

홈페이지 busanorange.blog.me　**이메일** busanorange@naver.com

이용료 평일요금 도미토리 1만9천~2만3천원, 2인실 5만5천~6만원
주말요금 도미토리 2만4천~2만8천원, 2인실 7만~7만5천원

교통 지하철 2호선 해운대역 하차 후 5번 출구로 나와 직진 한신포차 골목으로 우회전, 20m 가면 오른편 팔레스오피스텔 건물 2층.

테마 ●●●○○　편의시설 ●●●●○　교통편 ●●●●○　주변 환경 ●●●●○　가격 ●●●○○　친절도 ●●●●○

이름만큼이나 예쁜 주황색 2인실.

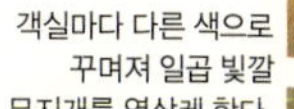

객실마다 다른 색으로
꾸며져 일곱 빛깔
무지개를 연상케 한다.

Check List

객실

객실 타입 도미토리 〔12인실 1개, 10인실 1개, 8인실 1개, 6인실 1개, 4인실 2개〕 2인실 〔5개〕 /
온돌 〔 〕 침대 〔✓〕

객실 규모 객실 수 〔11개〕 최대 수용인원 〔54명〕

할인 쿠폰
2,000원

편의시설

2인실 일부는
개별욕실이다.

화장실 / 샤워실 공용 〔2개〕

욕실용품 수건 〔✓〕 샴푸 〔✓〕 치약 〔✓〕 비누 〔✓〕

인터넷 공용 컴퓨터 〔✓〕 wi-fi 〔✓〕

기타시설 실내휴게소 〔✓〕 실외휴게소 〔 〕 취사장 〔✓〕 매점 〔 〕

규칙

체크인 / 아웃 체크인 〔15:00〕 체크아웃 〔11:00〕

소등 객실 소등 〔없음〕 휴게실 소등 〔없음〕

음주 / 취사 하우스 내 음주 〔가능〕 취사 〔가능〕 흡연 〔불가능〕

식사

조식 〔✓〕 가격 〔무료〕 석식 〔 〕 기타 〔 〕

조식은 토스트, 시리얼, 잼,
버터, 우유 등 간단한 음료.

큐브
게스트하우스

작지만 옹골찬
게스트하우스

부산역에서 5분 거리, 차이나타운에 있다. 전체적으로 아담한 게스트하우스이지만 다양한 객실이 준비되어 있어 인원에 구애받지 않고 이용하기에 편하다. 도미토리 내의 공간은 웬만한 곳보다 살짝 넓은 공용 공간을 자랑한다. 개인 사물함이 마련되어 있고 침대마다 머리맡에 작은 선반을 두어 휴대폰 같은 작은 소지품을 올려둘 수 있어 편하다. 또한 개인 콘센트가 침대마다 있어 전자기기 이용이 편리하다. 파랑, 노랑, 주황색의 예쁜 싱크대가 있는 주방은 간단한 조리가 가능한 주방용품들이 구비되어 있다. 또 드럼 세탁기도 놓여 있어 언제든 편하게 이용할 수 있다. 휴게실 공간은 HD TV와 공용 컴퓨터가 함께 비치되어 있다. 바 형태의 테이블과 사각 테이블이 적절히 배치되어 있어 공간 활용이 높고 홀로 책을 보기에도 편하다.

INFO

주소 부산시 동구 초량동 562-2 초원빌딩 2, 3층   전화번호 070-7171-8582, 010-3099-6890

홈페이지 www.guesthousecube.com   이메일 khahahahaha@hanmail.net

이용료 평일요금 도미토리 1만8천~2만원   주말요금 도미토리 2만~2만3천원(성수기요금 별도문의)

교통 부산역에서 길을 건너 차이나타운으로 들어간 후 50m 지점, 오른편에 화교 중학교 맞은편 건물. 도보로 5분.

테마 ●●●○○   편의시설 ●●●●○   교통편 ●●●●●   주변 환경 ●●●●○   가격 ●●●●○   친절도 ●●●●●

Check List

객실

객실 타입 도마토리 (8인실 1개, 6인실 3개) / 온돌 ( ) 침대 (✓)
객실 규모 객실 수 (4개) 최대 수용인원 (26명)

소규모 게스트하우스로
아늑하고 편안한 분위기이다.

편의시설

화장실 / 샤워실 샤워실 (2개)
욕실용품 수건 (✓) 샴푸 (✓) 치약 (✓) 비누 (✓)
인터넷 공용 컴퓨터 (✓) wi-fi (✓)
기타시설 실내휴게소 (✓) 실외휴게소 ( ) 취사장 (✓) 매점 ( )

게스트하우스 내에 따로
화장실이 없다. 건물 자체에
층층이 비치되어 있는
건물입주자 공용 화장실을
이용해야 한다.

규칙

체크인 / 아웃 체크인 (15:00) 체크아웃 (11:00)
소등 객실 소등 (없음) 휴게실 소등 (23:00)
음주 / 취사 하우스 내 음주 (가능) 취사 (가능) 흡연 (불가능)

식사

조식 (✓) 가격 (무료)
석식 ( ) 기타 ( )

조식은 토스트, 시리얼, 잼,
버터, 간단한 음료.

할인 쿠폰
3,000원 (비수기)
2,000원 (성수기)

갖은 세안용품이 갖춰져 있는 샤워실.

창이 넓은
휴게실 공간.

타임 게스트하우스

시간이
멈추는 그 곳

타임 게스트하우스는 2012년 6월에 오픈했다. 주인장은 "게스트들이 내 집 같은 느낌이 들면 좋 겠더라고요. 왜 있잖아요? 부산에 내 집이 하나 더 있는 그런 느낌이죠. 그냥 집에서 몸만 '툭'하 고 부산에 떨어지면 되게끔 해주고 싶었어요. 그래서 가능한 풀옵션 게스트하우스로 만들어 보 려고 했지요."하고 게스트하우스의 의도를 말했다. 욕실용품은 '내 집'에서 사용하던 그대로 샤워 젤부터 린스까지 모두 살뜰히 준비되어 있다. 파우더룸을 두어 여성 게스트가 편리하게 이용할 수 있도록 했고 헤어드라이어, 바비리스 세팅기까지 헤어도구도 없는 것이 없다. 세탁실에는 다 림실까지 갖추어져 있어 세탁뿐만 아니라 옷매무새를 말끔히 다듬을 수 있도록 했다. 주방은 기 본용품 외에 전기압력밥솥까지 구비해두어 밥을 찾는 게스트들은 쌀만 준비하면 끝!

INFO

주소 부산시 해운대구 중1동 1379-9 3층, 4층　**전화번호** 070-8826-6914, 010-4913-6914

홈페이지 www.timeguesthousebusan.com　**이메일** timehaeundae@gmail.com

이용료 도미토리 2만5천~2만7천원, 2인실 10만원

교통 지하철 2호선 해운대역 하차 후 1번 출구로 나와 50m 직진 후 왼편.

테마 ●●●○○　편의시설 ●●●●●　교통편 ●●●○○　주변 환경 ●●●●○　가격 ●●●○○　친절도 ●●●●○

Check List

할인 쿠폰
3,000원

객실

객실 타입 도미토리 (12인실 1개, 10인실 1개, 6인실 1개) 2인실 (1개) /
온돌 ( ) 침대 (✓)

객실 규모 객실 수 (4개) 최대 수용인원 (30명)

> 깔끔한 인테리어에 전체적으로 넓고 쾌적한 공간을 자랑한다. 여성전용 층을 두고 있어 여성 게스트들의 편의를 제공하고 있다.

편의시설

> 수용인원에 비해 욕실이 부족한 편이다. 붐비는 시간대를 잘 피해서 이용하도록 하자.

화장실 / 샤워실 공용 (2개)

욕실용품 수건 (✓) 샴푸 (✓) 치약 (✓) 비누 (✓)

인터넷 공용 컴퓨터 (✓) wi-fi (✓)

기타시설 실내휴게소 (✓) 실외휴게소 ( ) 취사장 (✓) 매점 ( )

규칙

체크인 / 아웃 체크인 (15:00) 체크아웃 (10:00)

소등 객실 소등 (없음) 휴게실 소등 (24:00)

음주 / 취사 하우스 내 음주 (가능) 취사 (가능) 흡연 (불가능)

식사

조식 (✓) 가격 (무료) 석식 ( )

기타 (원하는 경우 칵테일 파티 가능)

> 조식은 토스트, 시리얼, 베이컨, 잼, 버터, 간단한 음료.

해운대의 햇살을 그대로 머금은 휴게실.

깔끔하고 뽀송뽀송한 침구들.

포비
게스트하우스

부산 속 작은
지구촌을 여행하다

INFO

주소 부산시 해운대구 중동 1394-328 2층

전화번호 051-746-7990

홈페이지 www.pobihouse.com

이메일 pobihouse@gmail.com

이용료 도미토리 2만~4만원,
2인실 3만5천~6만원
(주말, 성수기요금 별도문의)

교통 지하철 2호선 해운대역 하차 후 3번
출구로 나와 해운대 해수욕장 방면으로
직진. 두 번째 사거리(해운대 시장)에서
좌회전, 직진 50m 후 우회전하면 오른편
건물 2층.

테마 ●●●●○ 편의시설 ●●●●○ 교통편 ●●●○○ 주변 환경 ●●●●○ 가격 ●●●○○ 친절도 ●●●●●

2010년 6월 초고층 펜트하우스에서 처음 시작한 포비 게스트하우스는 작년 5월 해운대 해수욕장으로 확장이전하면서 주변의 다른 게스트하우스에 비해 입지로나 시설 면에서 볼 때 가장 저렴한 게스트하우스가 되었다. 상가건물의 2층을 전부 게스트하우스로 사용하고 있어 최대 수용인원이 70명일 정도로 규모가 있다.

프런트에서 체크인 후 들어서면 처음 마주하게 되는 공간인 거실 겸 휴게실은 웬만한 소규모 게스트하우스 전체 크기만 할 정도로 넓고 크다. 왼편 벽으로는 짐을 맡아주는 사물함이 있고, 그 옆으로 늘어지기 딱 좋은 푹신한 소파와 테이블이 있다. 사람보다 더 큰 곰인형이 떡하니 앉아 있지만 어른 한 명이 늘어지기에 충분한 공간이 확보되는 소파는 게으른 여행자들의 아지트이다. 내 집보다 더 안락한 공간인 듯 게스트를 편안하게 해주는 것도 모두 이 소파 덕분이라고. 또한 거실의 한 가운데는 너른 탁자와 의자가 있어 여행자 간 소통의 공간으로 더할 나위가 없다. 현관으로 가려면 이렇게 뻥 뚫린 거실을 통과해야 하기 때문에 이곳에 머무는 동안은 게스트끼리 미우나 고우나 곧잘 마주치게 된다. 덕분에 규모 있는 게스트하우스에서는 찾아보기 힘든 가족적인 분위기를 함께 누려볼 수 있다는 것도 장점이다.

"서로 마주치면 누가 먼저랄 것도 없이 인사하길 권해드려요. 저희 게스트하우스를 찾는 분들은 50% 이상이 외국인인데 금세 친구가 되죠. 그렇게 삼삼오오 여행도 함께 다니고 국적이나 나이에 관계없이 모두 친구가 되어 함께 나누는 그런 공간이 되도록 해드리고 싶어요."라며 주인장은 이곳에 머무르는 동안은 굳이 비행기를 타고 해외를 나가지 않아도 세계여행이 가능하다고 조언한다. 어쩌면 포비 게스트하우스는 부산 속 지구촌여행의 베이스캠프일는지도 모를 일이다.

거실 한 쪽은 공용 컴퓨터 사용공간이 마련되어 있는데 의자를 두어 여행자들이 수월하고 편안하게 인터넷을 즐길 수 있도록 배려했다. 작년 5월 막 이전했을 때의 게스트하우스는 지금처럼 전 층을 사용하진 못했다. 야금야금 객실을 늘여 오늘날 상가 2층 전부를 모두 게스트하우스로 사용하게 된 덕분에 게스트하우스는 미로처럼 구석구석 객실이 숨어있다.

HOST INTERVIEW · 주인장 **이정은** ————

"광고 편집 관련 일을 했었어요. 매일 반복되는 마감에 쫓기던 생활이 너무 힘들었죠. 좀 쉬면서 일하려고 강원도에 위치한 어느 크지 않은 콘도미니엄에 갔어요. 그 곳에서 우연히 일하게 되었는데, 의외로 제 적성에 잘 맞더라고요. 재미도 있고요. 젊은 나이에 강원도 첩첩산중에서 일을 하려니 좀 무료하긴 했지만, 전체적으로는 재미도 있으니 포기할 수는 없고. 고민하다가 고향인 부산에서 게스트하우스를 오픈하게 되었어요. 포비라는 게스트하우스 이름은 제 고양이 이름이에요. 요즘은 우리 게스트하우스 뒤에 있는 모텔 건물을 리모델링하는 중이에요. 2호점을 내려고요. 24시간 일하는 직업이라 힘들어요. 그런데 아이러니하게도 너무 행복하죠. 세계 각지에서 찾아오는 분들 덕분에 저는 세계를 여행한답니다. 안방에서 하는 세계여행이죠. 비행기를 타지 않아도 그냥 외국인 친구가 생기잖아요. 최근 생기는 게스트하우스는 다 호텔 같아요. 게스트하우스는 게스트하우스만의 문화가 있는데 그게 좀 안타까워요. 포비 게스트하우스는 여행 문화를 지켜갈 겁니다. 저렴한 가격으로 누리는 값진 여행자 문화 말이죠."

해운대를 충분히 만끽했다면 부산의 명소 중의 명소인 남포동 국제시장(051-245-2594)을 둘러보자. 한국전쟁 이후 피난민들의 생활이 시작된 곳이며 지금은 약 650여 개 이상의 상점이 들어서 있다. 서울 남대문 시장과 비슷한 분위기지만, 다른 재래시장과는 다르게 공산품, 농수산물, 식용품이 한데 모여있다는 점이 특이하다. 시장을 둘러보며 군것질하는 맛만큼 또 즐거운 일은 없다. 부산에 왔다면 설탕보다 씨앗이 듬뿍 들어가 있는 부산 명물 씨앗호떡을 꼭 먹어봐야 한다는 주인장의 귀띔을 상기할 것.

안락한 소파는 게으른
여행자를 부른다.

삼삼오오 모여앉아 여행이야기를 나누기 좋은 테이블.

탁 트인 거실 공간.

Check List

객실

객실 타입 도미토리 [12인실 1개, 10인실 2개, 7인실 1개, 6인실 1개, 4인실 2개]
3인실 [2개] 2인실 [2개] / 온돌 [ ] 침대 [✓]

객실 규모 객실 수 [11개] 최대 수용인원 [65명]

> 2인실은 더블 베드와 싱글 베드로 마련되어 있고 최대 3인까지 수용가능하다.

편의시설

> 거실 겸 휴게소 외에 세미나룸 형식의 휴게실도 마련되어 있다.

화장실 / 샤워실 공용 [4개]

욕실용품 수건 [✓] 샴푸 [✓] 치약 [✓] 비누 [✓]

인터넷 공용 컴퓨터 [✓] wi-fi [✓]

기타시설 실내휴게소 [✓] 실외휴게소 [ ] 취사장 [✓] 매점 [ ]

규칙

체크인 / 아웃 체크인 [14:00] 체크아웃 [11:00]

소등 객실 소등 [없음] 휴게실 소등 [24:00]

음주 / 취사 하우스 내 음주 [가능] 취사 [가능] 흡연 [불가능]

식사

> 조식은 토스트, 시리얼, 달걀프라이, 잼, 버터, 간단한 음료.

조식 [✓] 가격 [무료] 석식 [ ]
기타 [주말 상시 막걸리 파티 혹은 맥주 파티가 있다. 가격은 인원 수와 주종에 따라 그때그때 다르다]

하이코리아 호스텔

외국인 친구도 얻고
해운대도 즐기자

하이코리아는 내국인보다 외국인이 더 많이 찾는 게스트하우스이다. 프런트는 24시간 오픈되어 있다. 영어 소통이 자유로운 다양한 국적의 직원들이 상시 대기하고 있어 외국인들이 찾기 편리하다. 덕분에 이곳을 방문하는 게스트들은 마치 해외여행을 하는 듯하다. 게스트하우스에 머무는 것만으로도 국내여행에서는 만나기 어려운 외국인 친구를 덤으로 얻을 수 있기 때문. 게스트 중 참가자 인원이 5명이 넘으면 바비큐 파티를 하기도 한다. "게시판에 부산의 주요 관광 명소와 월별 부산 및 해운대의 주요 행사를 붙여두었어요. 볼거리들은 넘쳐나는데 몰라서 못가는 경우가 태반이거든요." 주인장의 배려가 흠뻑 느껴지는 게시판이다. 기타 편의시설로 세탁기와 건조기가 비치되어 있는데, 1천원의 세탁비와 2천원의 건조비를 내면 언제라도 이용할 수 있다.

INFO

주소 부산시 해운대구 우1동 877-1 대성빌딩 6층   **전화번호** 070-4409-3132

홈페이지 www.hikoreahostel.com   **이메일** hikoreahoste@naver.com

이용료 **평일요금** 도미토리 2만5천~3만5천원, 2인실 8만원 **주말요금** 도미토리 3만5천~4만원, 2인실 9만원

교통 지하철 2호선 해운대역 하차 후 7번 출구로 나와 500m 직진, 오른편에 자동차 전시장과 정면에 한솔파크가 보이면 신호등 건너 왼쪽으로 50m.

테마 ●●●○○   편의시설 ●●●●●   교통편 ●●●○○   주변 환경 ●●●●●   가격 ●●○○○   친절도 ●●●○○

Check List

객실

객실 타입 도미토리 (8인실 1개, 6인실 1개, 4인실 7개, 2인실 4개) /
온돌 ( ) 침대 (✓)

객실 규모 객실 수 (13개) 최대 수용인원 (31명)

전체적으로 넓찍한 공간이다. 거실 및 주방 뿐만 아니라 도미토리도 침대를 비좁게 붙여놓지 않고 너른 공간으로 사용할 수 있도록 배치해 두어 답답함을 줄였다. 2인실은 친구끼리 왔을 때 객실 당 요금으로 받는다.

편의시설

화장실 / 샤워실 공용 (2개)

욕실용품 수건 (✓) 샴푸 (✓) 치약 (✓) 비누 (✓)

인터넷 공용 컴퓨터 (✓) wi-fi (✓)

기타시설 실내휴게소 (✓) 실외휴게소 (✓) 취사장 (✓) 매점 (✓)

할인쿠폰
3,000원

야외 휴게소는 24시간 오픈되어 있어 외부에 방해만 되지 않는다면 언제나 이용 가능하다.

조식은 토스트, 삶은 달걀, 잼, 버터, 간단한 음료.

규칙

체크인 / 아웃 체크인 (14:00) 체크아웃 (12:00)

소등 객실 소등 (없음) 휴게실 소등 (23:30)

음주 / 취사 하우스 내 음주 (가능) 취사 (가능) 흡연 (불가능)

식사

조식 (✓) 가격 (무료)

석식 ( ) 기타 ( )

원목으로 만들어진 깨끗하고 여행자스러운 휴게실 공간.

뽀송뽀송한 침구는 보기만 해도 피로가 풀릴 것만 같다.

헬로우 게스트하우스

언제나 여행 같은
일상으로의 초대

주소 부산시 해운대구 우동 635-6 2층, 3층   전화번호 010-5585-8590

홈페이지 cafe.naver.com/hell0house   이메일 dlgiddal@naver.com

이용료 도미토리 3만원, 2인실 7만원

교통 지하철 2호선 해운대역 하차 후 5번 출구로 나와 해운대 해수욕장 방면으로 직진 후 첫 번째 사거리에서
우회전 후 직진 50m. 오른편에 위치.

테마 ●●●○○   편의시설 ●●●●●   교통편 ●●●○○   주변 환경 ●●●●○   가격 ●●○○○   친절도 ●●●●○

'여행은 반복되는 일상에서 벗어나 특별한 경험을 안겨준다. 낯선 곳, 낯선 사람들 사이에서 '새로운 나'를 만나게도 해준다.' 이국명 작가의 〈해봤어〉의 한 구절이다. 헬로우 게스트하우스는 바로 이런 특별한 경험 속으로 여행을 가능하게 하는 여행자의 방이다. 창으로 들어오는 햇살 가득한 게스트하우스의 객실은 낯선 여행지에서 더욱 따스하게 다가온다.

현관을 들어서자마자 보이는 것은 작은 운동장만한 거실 공간. 탁 트인 넓은 거실에서 마주치는 낯선 여행자들과의 눈인사는 그들 사이에 말없는 소통을 불러일으킨다. 자연스럽게 소파에 앉아 부산에 대한 이야기를 함께 나누고 점심 때 먹을 맛집 탐방 멤버가 조성된다. 나홀로 여행 와서 외로운가? 주인장은 여행자에게 그럴 틈조차 허락하지 않는다. 아무 생각 없던 여행자들에게도 여행의 '꺼리'를 부지런히 제공하는 주인은 이곳을 찾는 게스트에게 뜻밖의 선물이 된다. 예비 게스트를 위해 홈페이지에 수시로 올리는 게스트하우스 할인 이벤트를 잘 이용해보자. 저렴한 가격으로 알뜰한 여행이 가능하다. 투숙객을 위해 준비한 다양한 부산 관광지 할인 쿠폰에서는 가난한 여행자를 위한 주인의 따스한 마음이 느껴진다. 기간 별로 카약체험, 요트체험 등 다양한 체험을 부담 없는 금액에 이용할 수 있는 것도 이곳에 묵는 게스트의 특권이다. 저녁에 게스트끼리 나누는 크고 작은 파티는 누가 먼저랄 것도 없이 준비된다. 소등시간 이후까지 소담한 시간을 갖기 원하는 게스트들은 옥상에 마련된 휴게실을 이용하면 된다. 하늘의 별을 지붕 삼아 낭만의 해운대 해수욕장을 조망할 수 있다. 그 자체로 낭만 여행이 된달까.

게스트하우스의 전체 면적을 놓고 보면 객실이 많지 않은 편이다. 객실 수를 늘이는 대신 거실, 주방 겸 휴게실을 넓은 공간으로 빼서 게스트 간의 소통을 최대화했다. 객실 내의 공간도 여유롭다. 수용인원에 중심을 두고 운영하지 않는다는 뜻이다. 부대시설이나 편의시설은 두 말할 나위가 없다. 그냥 몸만 달랑 와도 될 정도로 잘 갖추어져 있다. 주인과 직원들은 부지런하고 친절하다. 게스트의 마음을 살뜰히 읽고 입 속의 혀처럼 챙겨주는 까닭에 외국인이고 내국인이고 재방문율이 매우 높다. 부산 해운대는 낮에 바닷가에서 휴식을 취하고, 밤에는 화려한 나이트 라이프를 즐기기에 더없이 좋은 여행지이다. 헬로우 게스트하우스는 그런 해운대를 찾는 여행자에게 최고의 장소가 된다. 해운대 해수욕장이 걸어서 3분, 해운대 시장은 걸어서 2분, 유명 클럽들은 걸어서 5분 이내에 갈 수 있다.

HOST INTERVIEW · 주인장 이향미

"처음에는 작게 시작했어요. 여행자들과 소통하는 걸 좋아해서 한 거죠. 늘 여행을 그리워하다 생각해냈죠. 내가 여행을 할 수 없다면 그들이 날 여행하게 하자고. 그렇게 시작한 것이 하나 둘 저를 찾는 게스트들이 늘어나고, 감사하게도 다시 찾아주는 게스트도 많아지면서 2011년 겨울에 이곳으로 확장 이전했어요. 프랑스에서 온 친구들은 이전 소식을 듣고 축하해 주러 오기도 했어요. 너무 고맙고 소중한 인연이죠. 제가 꿈꾸던 것처럼 매일 여행하게 되었죠. 헬로우 게스트하우스를 찾는 게스트들과 함께 여행하는 거죠. 부산에 계신 분들도 간혹 머물다 가시는데요, 그 분들이 그래요. 이런 곳이 있는 줄 몰랐다며 우리 게스트하우스에 하룻밤 머무는 것만으로도 즐거운 여행이 되었다고. 꼭 멀리 떠나는 것만이 여행은 아니니까요. 헬로우 게스트하우스는 언제나 여행입니다."

밤과 낮이 확연히 다른 부산 해운대를 즐기는 법은 간단하다. 늦잠을 자고 일어나 간단히 브런치를 먹고 해운대에서 느린 산책을 즐기는 것도 특별하다. 부첼라 해운대(051-746-7338)에서는 부첼라샌드위치, 연어샌드위치 등 치아바타 빵으로 만든 샌드위치와 신선한 샐러드를 만나볼 수 있고, 가야밀면(051-747-9405)에서는 부산의 대표음식, 밀면을 사시사철 맛볼 수 있다. 리베라 호텔 앞에 늘어선 국밥집들은 어느 한 곳 맛집이 아닌 곳이 없으니 마음에 드는 곳으로 골라 들어가면 된다. 해운대에 밤이 내리면 다시 하루의 시작이다. 낮과는 완전히 다른 해운대의 화려한 밤을 누릴 수 있다. 지석진이 운영하는 임팔라(051-744-3633), 클럽 247(051-746-8247)에서 만나는 해운대의 밤은 웬만한 유명 휴양지보다 더 이색적이고 화려하다.

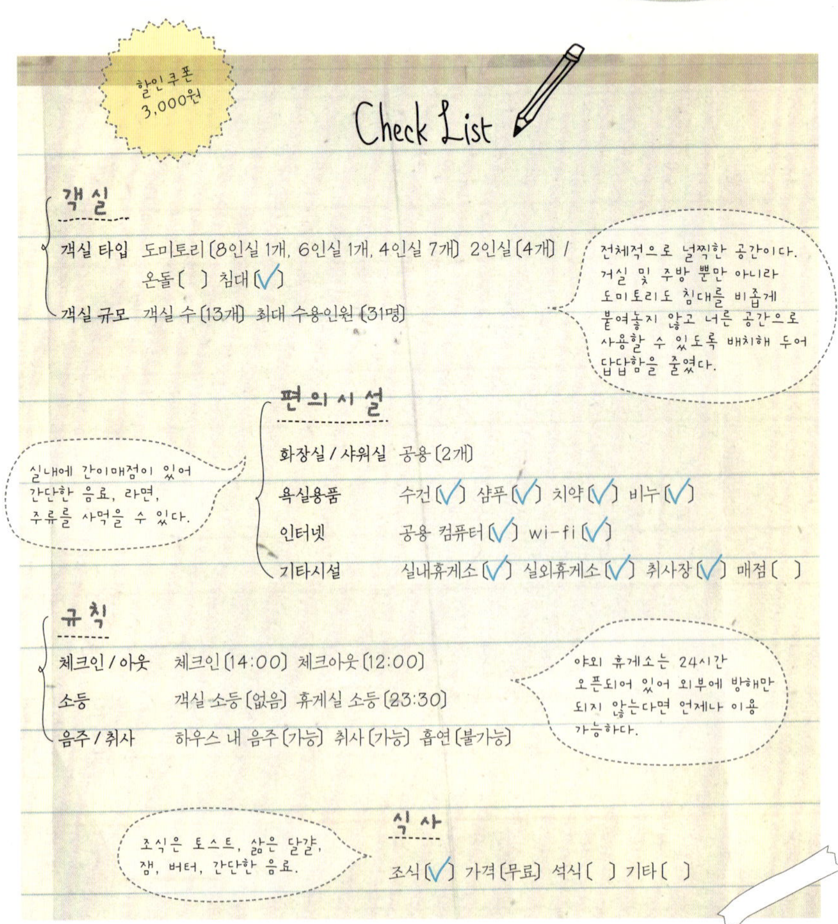

HELLO GUEST HOUSE라는 심플한 간판 뒤에는 수없이 많은 인연들이 녹아 있다.

주방에는 에스프레소 머신이 있어 언제든 맛있는 커피를 내려 먹을 수 있다.

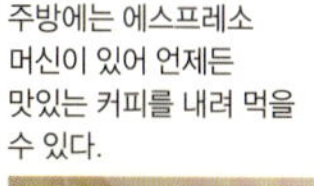

호스텔 더뉴데이

비밀 정원에
숨겨진 달콤한 휴식

호스텔 더뉴데이하면 가장 먼저 떠오르는 것이 바로 예쁜 야외 정원이다. 어떻게 보면 숨은 정원이기 때문에 휴게실을 부러 찾지 않는 나홀로 은둔 여행자들은 놓치기 십상. 예쁜 야외 정원을 보기 위해서는 휴게실을 먼저 찾아야 한다. 휴게실은 크게 두 곳으로 나뉜다. 현대적인 인테리어의 실내 휴게실은 둥근 테이블과 의자, 소파와 소파 높이에 맞는 테이블을 따로 두었다. 한 층을 올라가면 나타나는 야외 정원이 이곳의 하이라이트. 초록 식물과 알록달록한 꽃들로 예쁘게 꾸며져 있는 야외 휴게실은 통 유리로 실내와 실외가 나누어져 있다. 안에서는 예쁜 야외 정원을 조망하며 럭셔리한 분위기로 휴식을 즐긴다. 야외 정원에서는 나무와 잔디가 깔려 있어 자체로 치유의 시간을 누릴 수 있다. 시외버스터미널과 가까워 경주, 통영 등 당일여행도 가능하다.

INFO

주소 부산시 해운대구 해운대로 632　**전화번호** 051-741-8200　**홈페이지** www.hostelthenewday.com

이용료 평일요금 도미토리 2만4천~3만원, 2인실 7만원, 3인실 10만원, 4인실 12만원
주말요금 도미토리 2만2천~3만원, 2인실 9만9천원, 3인실 12만원, 4인실 14만원

교통 지하철 2호선 센텀시티역 하차 후 1번 출구로 나와 30m 직진, 오른쪽.

테마 ●●●○○　편의시설 ●●●●○　교통편 ●●●●○　주변 환경 ●●●●○　가격 ●●○○○　친절도 ●●●○○

할인쿠폰
2,000원

Check List

객실

객실 타입 도미토리 [10인실 1개, 8인실 1개, 6인실 3개, 4인실 4개]
　　　　　4인실 [1개] 3인실 [1개] 2인실 [2개] / 온돌 [ ] 침대 [✓]

객실 규모 객실 수 [13개] 최대 수용인원 [31명]

객실에 비해 수용인원이 적은 편이다. 주인과 직원들이 친절하여 가족적인 분위기이다.

2인실 일부는 개별욕실이다. 매점이랄 것까지는 없지만 게스트를 위해 맥주나 간단한 음료를 판매하고 있다.

편의시설

화장실 / 샤워실 공용 [3개]

욕실용품 수건 [✓] 샴푸 [✓] 치약 [✓] 비누 [ ]

인터넷 공용 컴퓨터 [✓] wi-fi [✓]

기타시설 실내휴게소 [✓] 실외휴게소 [✓] 취사장 [✓] 매점 [ ]

규칙

체크인 / 아웃 체크인 [14:00] 체크아웃 [11:00]

소등 객실 소등 [없음] 휴게실 소등 [24:00]

음주 / 취사 하우스 내 음주 [가능] 취사 [가능] 흡연 [불가능]

식사

조식 [✓] 가격 [무료]

석식 [ ] 기타 [ ]

조식은 토스트, 잼, 달걀프라이, 간단한 음료.

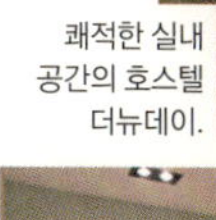

쾌적한 실내 공간의 호스텔 더뉴데이.

질 좋은 매트리스의 편안한 도미토리.

뽈락 하우스

당신의 여행을
이야기하는 곳

초록색으로 우뚝 서있는 게스트하우스에 들어서면 아기자기한 공간들이 동화처럼 펼쳐진다. 바 형태의 테이블과 일반 테이블이 있는 아담한 거실 공간은 휴게실로 사용된다. 도미토리의 2층짜리 침대 중 1층 침대에는 커튼이 달려 있는데, 덕분에 좀 더 개인적인 느낌이 든다. 머리맡에는 개인 독서등과 개인 콘센트도 설치되어 있다. 조식은 고성 쌀로 지은 밥과 통영 미역과 홍합으로 끓인 국, 간단한 반찬이 함께 제공된다. 식사를 마친 후에 개인 식기는 게스트가 직접 설거지한다. 무엇보다 이곳이 매력 있는 이유는 여행작가가 직업인 주인장이 여행 상담을 해준다는 점이다. 여행에 대한 궁금증을 서로 이야기 나누며 소통할 수 있기 때문에 어찌 보면 여행 속 또 다른 여행이 만들어지는 꿈의 게스트하우스다.

INFO

주소 경상남도 통영시 산양읍 남평리 1302　전화번호 010-3893-5761

홈페이지 www.bbollak.com　이메일 j1446@naver.com

이용료 도미토리 2만3천원, 2인실 5만5천원

교통 통영버스터미널에서 500번대 버스를 타고 '철둑입구' 정류소에서 하차. 펜션 표지판이 가리키는 곳의 내리막길로 10걸음 정도 걷다 왼편 의자가 있는 골목으로 들어가면 초록색 집이 보인다. 도보 3분.

테마 ●●●○○　편의시설 ●●●○○　교통편 ●●●●○　주변 환경 ●●●○○　가격 ●●●●○　친절도 ●●●●○

Check List

객실

- **객실 타입** 도미토리〔4인실 2개〕2인실〔1개〕/ 온돌〔✓〕 침대〔✓〕
- **객실 규모** 객실 수〔3개〕 최대 수용인원〔10명〕

깨끗한 분위기의 아담한 게스트하우스이다.
도미토리는 침대마다 개인 콘센트와 개인
독서등을 제공하고 있어 객실 소등 후에도 간단히
개인 용무를 볼 수 있다.

편의시설

취사장은 따로
없지만 전자레인지,
전기포트를
간단히 사용할 수
있다. 객실마다
헤어드라이어가
비치되어 있다.

- **화장실 / 샤워실** 공용 샤워실〔1개〕 공용 욕실〔1개〕
- **욕실용품** 수건〔✓〕 샴푸〔✓〕 치약〔✓〕 비누〔✓〕
- **인터넷** 공용 컴퓨터〔 〕 wi-fi〔✓〕
- **기타시설** 실내휴게소〔✓〕 실외휴게소〔 〕 취사장〔 〕 매점〔 〕

규칙

- **체크인 / 아웃** 체크인〔16:00〕 체크아웃〔10:30〕
- **소등** 객실 소등〔없음〕 휴게실 소등〔23:00〕
- **음주 / 취사** 하우스 내 음주〔가능〕 취사〔불가능〕 흡연〔불가능〕

식사

조식은
가정식 백반

- **조식**〔✓〕 가격〔무료〕
- **석식**〔 〕 기타〔 〕

안주인의 웰빙 영양
가정식 백반.

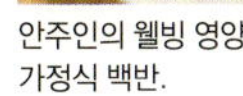

깔끔한 4인실 도미토리.

슬로비 게스트하우스

그림 같은
풍경 속 느림보 여행

주소 경상남도 통영시 산양읍 남평리 1312-5 세포마을

전화번호 010-3943-1178

홈페이지 slobbies.com

이메일 sinmj779@naver.com

이용료 도미토리 2만5천원, 4인실 10만원(성수기요금 별도문의)

교통 통영시외버스터미널에서 500~543번까지의 버스를 탑승, '철뚝입구' 정류장 하차 후 풍화일주로를 따라 50m 직진, 첫 번째 나오는 횡단보도에서 우회전 하여 50m 직진 후 우측.

테마 ●●●●○　편의시설 ●●●●○　교통편 ●●●○○　주변 환경 ●●●○○　가격 ●●●○○　친절도 ●●●●○

슬로비 게스트하우스는 통영에서 흔히 볼 수 있는 다른 민박형 게스트하우스와는 달리 특별한 매력이 있다. 이곳은 네팔의 포카라에 와 있는 듯 아름다운 풍경을 자랑한다. 게스트하우스에 머문다면 호수 같은 바다를 머금은, 그림처럼 특별한 하룻밤을 선물받을 수 있다. 어느 객실에 머물러도 창문 밖으로 모두 바다 전망이 펼쳐진다. 외부만 보자면 딱 휴양지 리조트를 닮았다. 총 4층으로 이루어진 게스트하우스는 1층에는 카페테리아, 2층부터 3층은 도미토리. 4층은 패밀리룸으로 되어 있다. 가족, 친구, 연인, 개별 여행자까지 다양하게 수용할 수 있는 곳이다.

세포마을의 예쁜 바다를 닮아 있는 카페테리아에서는 아침 식사로 충무김밥이 나온다. 토스트나 시리얼이 일반적인데 비해 통영 특산품으로 준비되는 조식은 여행자의 아침을 혀끝으로 먼저 깨운다. 카페를 함께 운영하고 있기 때문에 게스트하우스에 머무는 동안 바리스타가 직접 내린 훌륭한 커피도 즐길 수 있다. 카페의 외부 테라스는 예쁜색의 파라솔 테이블이 비치되어 있다. 전망 테라스라는 별칭이 있을 만큼 바다 전망이 좋아 기념사진 장소로 사랑받는 곳이다. 실내로 들어가면 제법 높은 천장의 넓은 카페 공간이 나온다. 오른편으로 다락방 형식의 낮은 공간으로 올라가는 나무 계단이 보이는데 그 계단을 올라가면 작은 좌식 공간이 나타난다. 삼삼오오 오붓하게 앉아 담소를 나누거나 혼자 책 읽기에 좋다. 그래서인지 그곳은 항상 사람들로 붐빈다. 2012년 7월에 문을 열었기 때문에 제반 시설은 모두 새 것이다. 깔끔하고 깨끗하고 청결하다.

게스트하우스는 산양관광 일주도로와 풍화 일주도로의 시작 지점에 위치해 있다. 덕분에 세포마을에서 출발해 미륵산 정상을 경유하는 등산로가 엎어지면 코 닿을 곳에 있어 미륵산을 둘러보는 데 어려움이 없다. 주변 관광지로 통영 케이블카 타는 곳까지는 10분, 욕지도 선착장까지 5분, 동피랑, 남망산 공원과 문화마당은 20분미만, 망일봉 이순신공원은 20분 거리로 차량 이동 가능한 곳에 위치해 있어 이동하기 편리하다. 그 유명한 달아공원과 수산과학관은 걸어서 15분이면 충분하다. 게스트하우스에서는 자전거여행을 추천한다. 2가지 코스로 미수동 해안로를 따라가 도남동 쪽으로 오는 코스와 봉평동 해안로로 동피랑 벽화마을까지 훑어보고 오는 코스가 있다. 자전거는 1일 5천원의 대여료를 주면 게스트하우스에서 빌릴 수 있다.

HOST INTERVIEW · 주인장 신명진 —————————

"여행이란 그런 거잖아요. 쉼이요. 요즘 사람들 너무 바쁘고 정신없게 살잖아요. 천천히 느리게 느리게 살면 좋을 텐데 그만한 삶의 여유가 잘 없죠. 그래서 저희 게스트하우스에 머무는 동안만이라도 시간이 멈춘 듯 느리게 여행하시라고 이름도 슬로비라고 지었어요. '느림이 행복한 사람들'이란 뜻이죠. 아무것도 안 해도 그저 행복한 여행을 선물해드리고 싶었어요. 게스트하우스에서 다 해결할 수 있으면 좋겠다 싶었죠. 게스트하우스에서 멍 때리며 하염없이 바다만 바라봐도 좋을 일입니다. 그래서 전망이 좋은 게스트하우스로 만들었죠. 어디 찾아다닐 것 없이 게스트하우스에서 느긋하게 커피 한 잔 제대로 마시면 좋을 것 같아서 카페도 함께 오픈했고요. 다행히 제 의도대로 저희 게스트하우스를 찾는 분들이 그런 점을 높이 평가해주세요. 그렇게 느림보 여행을 하고 가시죠. "

슬로비 게스트하우스가 있는 산양관광 일주도로를 따라 일주하는 통영 테마여행 코스를 추천한다. 이 코스는 현지인들만 아는 숨은 비밀 코스기도 하다. 산양관광 일주도로를 따라 달아공원을 들러 통영수산과학관으로 가보자. 가는 길 자체에서 경치가 수려하고 주변의 섬들이 한 폭의 그림처럼 펼쳐져 통영의 매력을 그대로 느낄 수 있다. 통영수산과학관에 들렀다면 그곳과 연결되는 ES리조트는 필수이다. 회원전용 리조트라 일반인이 이용하기 힘든 곳이지만 산책하는 것은 무리가 없다. 숲 속에서 느끼는 바다 풍경이 절묘한 것도 흥미롭지만 리조트 내의 야외 수영장은 백미가 아닐 수 없다. 미륵산을 보고는 싶은데 등산을 좋아하지 않고, 케이블카를 타기 싫은 여행자라면 미래사를 추천한다. 미래사의 주변 풍광과 편백림의 향긋한 피톤치드에 샤워할 수 있는 코스로 미래사부터 미륵산 정상까지 느린 걸음으로 30분이면 충분하다.

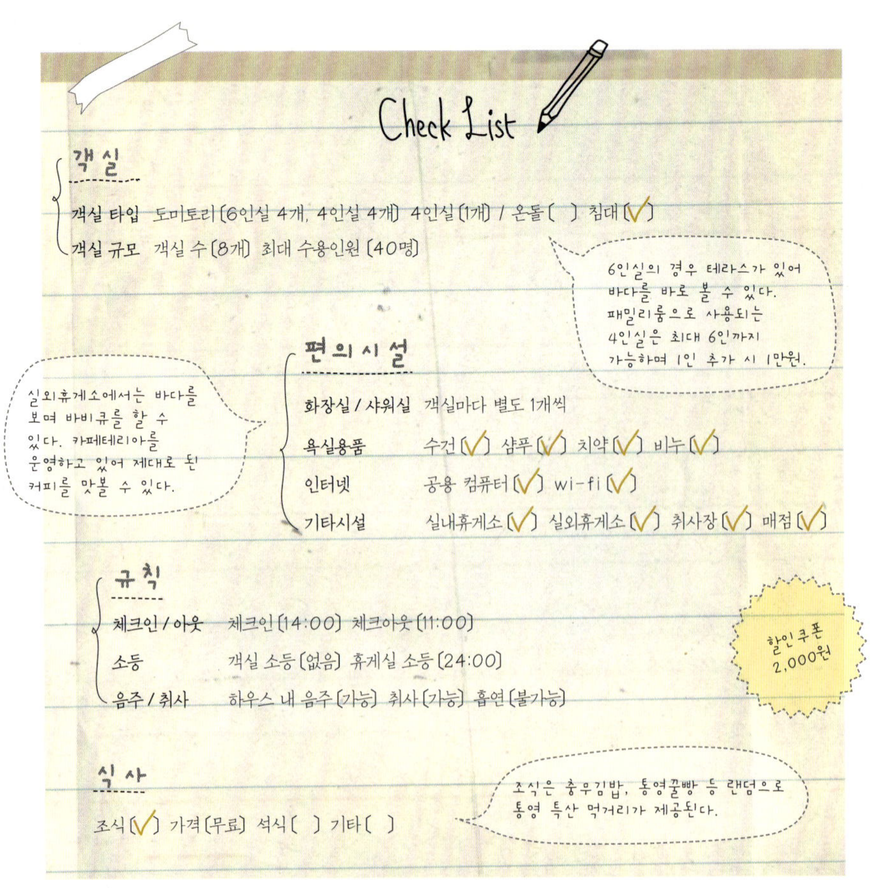

휴양지 리조트 같은
슬로비 게스트하우스 전경.

웬만한 카페 수준
이상의 카페테리
아, 한쪽에는 좌식
공간이 다락방처
럼 마련되어 있다.

전망 테라스라는 별칭의 야외 테라스에서는
호수 같은 바다를 음미할 수 있다.

통 게스트하우스

통영에서
그리스를 느끼다

통 게스트하우스를 찾는다면 그리스의 전형적인 하얀 집들이 연상될지도 모른다. 아니면 영화 〈맘마미아〉를 연상하게 되거나. 통영이라 더 예쁜 하얀색의 게스트하우스는 주택가에 있어 조용하지만 교통이 편리하고 주변 관광지들과 접근성이 좋아 숙박지의 입지로선 훌륭한 편이다. 객실도 적지 않은 규모이고 시설도 전체적으로 깔끔하다. 가격이 저렴하면 시설을 걱정하게 마련인데, 이곳은 그렇지 않다. 무엇하나 소홀함이 없고 오픈한지 몇 개월 되지 않아 깔끔해서 좋다. 주인장이 여행을 워낙 좋아하는지라 여행 이야기라면 밤을 새도 모자랄 정도다. 2인실 온돌방은 한국 정서가 물씬 풍기는 병풍과 한지 장판에 도자기로 꾸며져 있고, 4인실은 복층 구조로 되어 있다. 도미토리는 깔끔하기도 하지만 순면 침구를 사용하여 여러 사람이 사용함에 있어 위생을 신경 쓴 흔적이 역력히 보인다. 방마다 조명 등이 은은하고 예뻐서 등만 보면 카페에 온 기분을 느낄 수 있다.

INFO

주소 경상남도 통영시 봉평동 296-12 　전화번호 010-5027-2281

홈페이지 www.tongguesthouse.me 　이메일 welcometong@naver.com

이용료 도미토리 1만7천원, 1인실 3만원, 2인실 4만원, 4인실 10만원

교통 통영시외버스터미널에서 200번대 용화사행 버스탑승 후 '봉평 주공 아파트' 정류장 하차 후 직진, GS25편의점 골목으로 직진 후 왼편에 위치. 버스 하차 후 도보 2분.

테마 ●●●○○ 　편의시설 ●●●●● 　교통편 ●●●●● 　주변 환경 ●●●○○ 　가격 ●●●●● 　친절도 ●●●○○

지중해 그리스를 연상케 하는
통 게스트하우스 전경.

내 집같이 편안한 휴게실 공간.

4인실의 히든공간,
다락방으로 오르는 사다리.

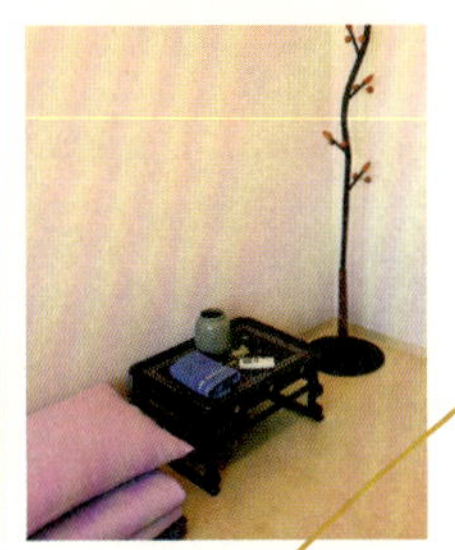

Check List

객실

객실 타입 도미토리 〔6인실 3개〕 4인실 〔1개〕 2인실 〔3개〕 1인실 〔1개〕 /
온돌 〔✓〕 침대 〔✓〕

객실 규모 객실 수 〔8개〕 최대 수용인원 〔34명〕

> 깨끗한 하얀색의 건물에 전체적으로 깔끔한 시설이며 가격대비 만족도가 높은 곳이다. 객실 타입이 여러 종류라 나홀로 여행족부터 친구나 가족여행 등 다양한 여행층을 수용할 수 있다.

편의시설

화장실 / 샤워실 객실마다 별도 1개씩, 공용 화장실 〔2개〕

욕실용품 수건 〔✓〕 샴푸 〔 〕 치약 〔 〕 비누 〔✓〕

인터넷 공용 컴퓨터 〔✓〕 wi-fi 〔✓〕

기타시설 실내휴게소 〔✓〕 실외휴게소 〔✓〕 취사장 〔✓〕 매점 〔 〕

규칙

체크인 / 아웃 체크인 〔15:00〕 체크아웃 〔10:00〕

소등 객실 소등 〔없음〕 휴게실 소등 〔23:00〕

음주 / 취사 하우스 내 음주 〔가능〕 취사 〔가능〕 흡연 〔불가능〕

식사

조식 〔✓〕 가격 〔무료〕 석식 〔 〕 기타 〔 〕

> 조식은 토스트, 잼, 버터, 간단한 음료.

통영 게스트 하우스 1호점

중독성 강한 나른한
여행자의 쉼터

아름다운 노을이 찬연한 달아공원을 찾는 사람이라면 그냥 지나치지 못한다는 연명마을, 그 곳에 통영 게스트하우스 1호점이 있다. 버스에서 내려 게스트하우스를 찾아가노라면 바닥에 그려진 빨간색 화살표를 따라가면 된다. 통영 게스트하우스의 마니아인 한 투숙객이 그려 놓았다고 한다. 엉성하고 나지막한 울타리같이 생긴 문이 통영 게스트하우스의 대문이다. 아담한 마당에는 하얀색 진돗개 통이가 나른하게 누워 있고, 어촌 마을의 작은 집답게 마당 한가운데를 빨랫줄이 가로지르고 있다. 그 마당에서 밤이면 바비큐 파티도 하고 겨울이면 고구마도 구워먹는다. 게스트하우스의 내부는 크게 두 곳으로 나누어져 있는데 주방을 가운데 두고 쪽방이 하나씩 있다. 한쪽은 여성전용 도미토리, 다른 쪽은 남성전용 도미토리이다. 실내는 오래된 어촌의 낡은 집 구조를 그대로 사용하고 있기 때문에 깔끔한 느낌보다 산골마을의 할머니 댁을 방문한 듯 구수하다.

INFO

주소 경상남도 통영시 산양읍 연화리 370 전화번호 070-4216-0004, 010-4236-0004

홈페이지 www.tyguesthouse.com 이용료 도미토리 2만원

교통 통영시외버스터미널에서 513, 530, 536번 버스를 타고 연명마을 '연명어촌계회관' 정류장 하차 후 연명어촌계회관과 연명구판장 사이로 직진 100m 지점 왼편에 위치.

테마 ●●●○○ 편의시설 ●●●○○ 교통편 ●●●○○ 주변 환경 ●●●●○ 가격 ●●●●○ 친절도 ●●●○○

Check List

객실

- 객실 타입 도미토리 [6인실 1개, 4인실 1개, 3인실 1개, 2인실 1개] / 온돌 [✓] 침대 [✓]
- 객실 규모 객실 수 [4개] 최대 수용인원 [17명]

> 방 사이를 커튼으로 연결한 오픈형 도미토리가 있어 게스트 간의 친목을 도모하기에 좋다. 단층으로 된 가정집 구조를 그대로 사용하여 내 집처럼 편안한 분위기가 난다.

편의시설

> 마당 외에 옥상에도 소담한 티테이블과 벤치가 마련되어 있다. 연남마을의 바다 풍경을 즐길 수 있다.

- 화장실 / 샤워실 공용 [2개]
- 욕실용품 수건 [✓] 샴푸 [✓] 치약 [✓] 비누 [✓]
- 인터넷 공용 컴퓨터 [✓] wi-fi [✓]
- 기타시설 실내휴게소 [✓] 실외휴게소 [✓] 취사장 [✓] 매점 [ ]

규칙

- 체크인 / 아웃 체크인 [15:00] 체크아웃 [10:00]
- 소등 객실 소등 [24:00] 휴게실 소등 [23:00]
- 음주 / 취사 하우스 내 음주 [가능] 취사 [가능] 흡연 [실내 불가능]

> 할인 쿠폰
> 2,000원

식사

- 조식 [✓] 가격 [무료] 석식 [✓]
- 기타 [다과 파티, 1인당 5천원, 메뉴는 생선구이, 과자류, 과일, 간단한 음료. 게스트가 원할 경우 바비큐 파티 가능, 그릴과 참숯 준비 1만원]

> 조식은 토스트, 달걀프라이, 잼, 음료 등. 석식은 백반.

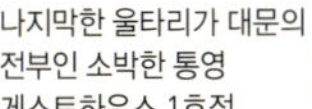

나지막한 울타리가 대문의 전부인 소박한 통영 게스트하우스 1호점.

통영게스트하우스의 마스코트 통이.

통영대교 게스트하우스

사랑하는 사람들과
추억을 남기다

INFO

주소 경상남도 통영시 미수동 654-20   **전화번호** 070-7737-5568, 010-6390-5568

홈페이지 tongyeonghouse.co.kr   **이용료** 도미토리 2만원

교통 통영시외버스터미널에서 100번대, 200번대, 300번대, 500번대 버스를 타고 충무교 건너 바로 '진남초등학교' 정류장 하차. 진남초등학교에서 우회전하여 직진 100m 후 바다가 보이는 막다른 길에서 우회전 후 직진 50m, 첫 번째 나오는 횡단보도 건너서 왼쪽 첫 번째 건물(초행길에는 헤맬 수 있다. 하차 후 게스트하우스로 전화해 문의하는 것이 좋다).

테마 ●●●○○   편의시설 ●●●●○   교통편 ●●●○○   주변 환경 ●●●○○   가격 ●●●●○   친절도 ●●●●○

통영에는 제승당 앞바다, 매물도, 사량도 옥녀봉, 미륵사에 올라 바라보는 한려수도 등 아름다운 관광지가 많다. 또한, 통영한산대첩축제, 통영예술제, 통영마라톤대회, 옥녀봉 전국등반 축제 등 계절마다 다양한 축제가 열리니 여행기간이 맞으면 함께 즐겨보는 것도 좋을 일이다.

여행은 언제나 사람과 함께 하고 추억을 남긴다. 진한 여행의 추억은 일상에서 또 다른 에너지를 남긴다. 통영대교 게스트하우스는 그런 에너지를 주는 게스트하우스다. 홍셰프와 마님으로 불리는 두 주인은, 여행은 사랑하는 사람들과의 추억 만들기라고 단언한다. "낯선 사람들과의 추억이든, 친구나 연인, 가족과의 추억이든 사람과의 추억이죠. 여행이 남기는 것은 그런 추억들이니까요." 이렇듯 분명한 여행의 철학을 가진 게스트하우스답게 이곳을 찾는 사람들은 모두 이곳에서 행복한 여행의 추억을 만들어 돌아간다. 그 추억은 마치 숲 속에 있어야 할 것 같은 오두막집이 도심 속에, 그것도 바다 옆에 떡하니 들어선 것부터 시작된다. 따뜻한 빨간색 바탕에 귀여운 글씨체로 새겨진 '추억여행 통영대교 게스트하우스' 간판과 바로 아래 작은 집 모양의 우편함이 현관에서 게스트의 발걸음을 잠시 멈추게 한다. 추억여행 할 준비가 되었냐고 묻고 있는 듯. 그 대답을 해야 하는 듯. 잠시 멈추어 섰던 현관문을 열고 들어가면 게스트는 추억 여행 속으로 들어가는 것이다.

입구부터 뭔가 따뜻하고 끈끈한 친밀함이 물씬 느껴지는 게스트하우스는 두 주인이 마치 가족처럼 따스하게 맞아주면서 통영의 또 다른 내 집으로 온 착각마저 들게 한다. 조식은 자신이 알아서 해먹는 것이 원칙이지만 선착순 10명까지는 주인장이 직접 만들어주는 이벤트를 할 때도 있고, 주인장의 저녁 식사 시간과 겹쳐서 들어오는 게스트가 있을 때에는 숟가락 하나 더 올려 같이 식사를 하기도 한다. 소극적인 게스트이거나 나홀로 게스트가 머물 때면 혹시나 심심한 밤을 보낼까 그들의 여행을 더 풍요롭게 만들어 줄 수 있을 만한 기회를 제공한다. 덕분에 '회 파티'를 가장해 게스트 간 소통의 시간을 마련하기도 한다. 그 안에서 여행자들은 그들의 여행에 공감하고 새로운 것을 찾으니 추억이 몽글몽글 만들어신다. 통영대교 게스트하우스는 도미토리, 공용 화장실, 휴게실 등 있을 것은 다 있고 없을 것은 없다. 다만, 진한 여행의 추억을 남길 수 있는 게스트하우스임에는 분명하다.

HOST INTERVIEW · 주인장 **김재향** ─────────

"사람이 없으면 여행도 없지요. 여행하고 나면 남는 게 뭐 있나요? 추억이 남는 거지요. 추억은 사람이 만드는 거고요. 사랑하는 사람들하고 함께 하는 여행에서 좋은 추억이 생기는 이유도 그런 거지요. 우리 통영대교 게스트하우스는 그런 여행이 될 수 있는 공간이고 싶어요. 다 똑같잖아요. 여행 와서 자고 먹고 그러고 또 일상으로 가잖아요. 게스트하우스도 다 똑같지요. 그런데 우리 통영대교 게스트하우스에 오면 다른 게 있어요. 시골집 같은 편안함이 있고요. 낯선 사람(게스트들)하고도 가족이 되는 거지요. 우리(호스트)하고도 가족이 되는 것이고요. 그게 사람 사는 것 아니겠어요? 그게 또 여행이고요. 그래서 다녀가신 분들이 통영에 언니, 오빠, 동생 있다고 생각하고 다시 오시곤 하지요. 그게 우리 보람이에요."

여행의 기술

통영에 오면 아름다운 섬들을 둘러볼 기회를 놓치지 말 것. 매물도도 좋지만 사량도를 가보는 것도 좋을 일이다. 바다 위에 해무가 끼면 신기루처럼 환상적인 분위기를 연출하는 사량도는 하늘에서 내려다보면 뱀이 기어가는 모양이라 해서 '뱀사'자를 써 사량도라 했다. 통영에서 뱃길로 약 20km에 있으며 3개의 유인도와 8개의 무인도로 구성되어 있다. 사량도는 주섬인 윗섬과 아랫섬이 마주 보고 그리 멀리 떨어져 있지 않다. 호수처럼 잔잔한 윗섬에 금평항이 있고, 윗섬의 중앙을 가로지르는 지리산, 가마봉, 옥녀봉이 능선으로 연결되어 함께 산행을 즐길 수 있다.

Photo

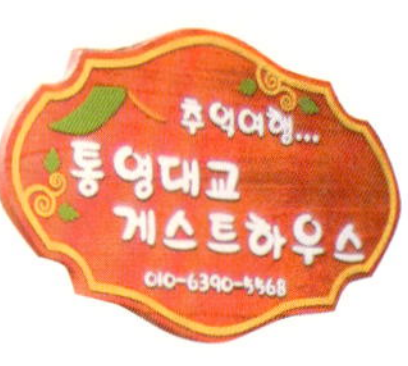

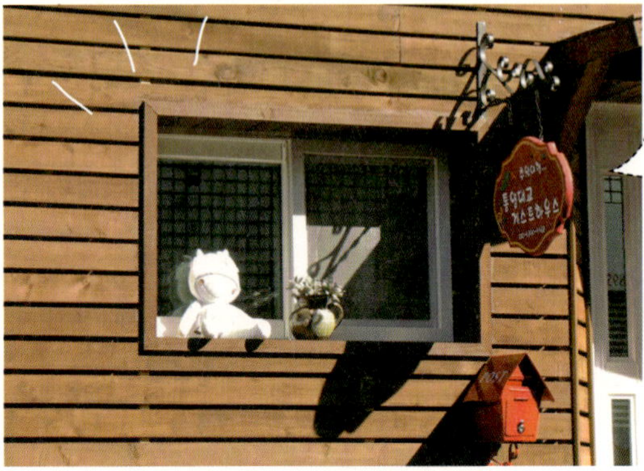

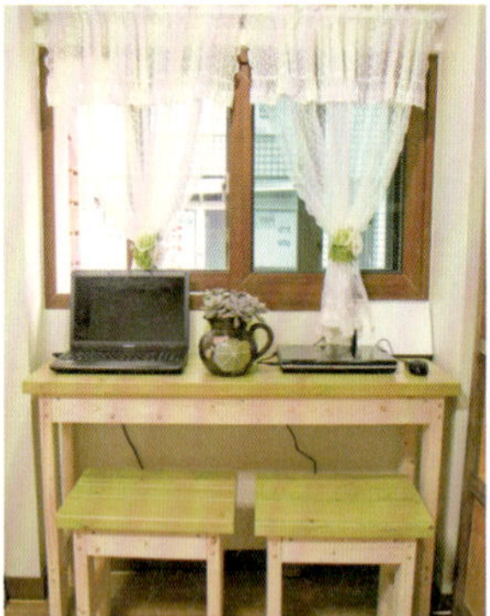

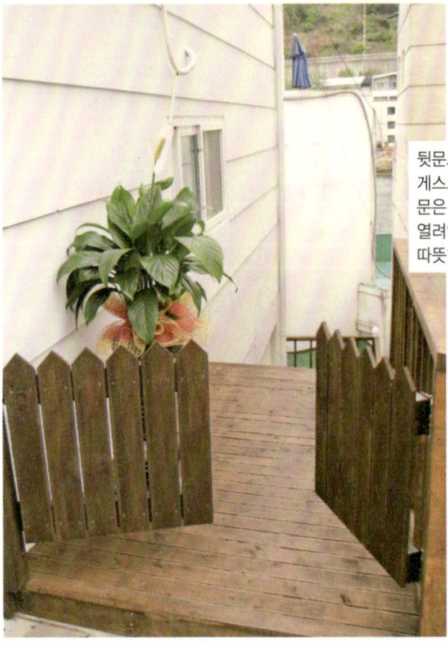

뒷문으로 연결되는 게스트하우스의 낮은 문은 누구에게라도 열려있는 주인장의 따뜻한 마음 같다.

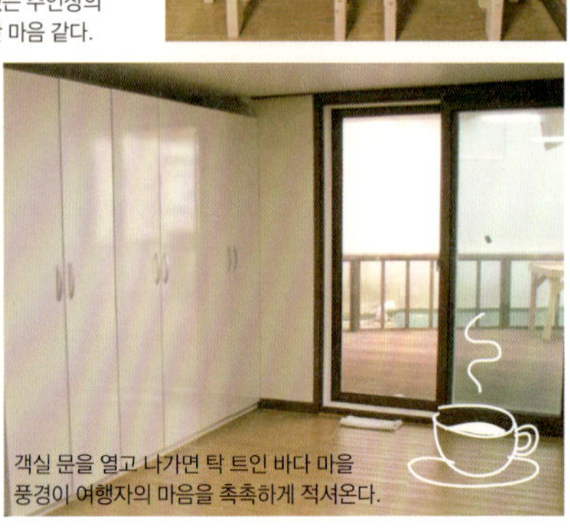

객실 문을 열고 나가면 탁 트인 바다 마을 풍경이 여행자의 마음을 촉촉하게 적셔온다.

빨간 우체통, 빨간 간판은
마치 동화 속 어느 페이지를
보는 듯 사랑스럽다.

Check List

객실

객실 타입   도미토리 (8인실 2개, 6인실 3개) / 온돌 ( ) 침대 (V)
객실 규모   객실 수 (5개) 최대 수용인원 (34명)

> 교통이 편리한 곳에 위치하고
> 있어 이동이 자유롭다.
> 숲 속에 있는 오두막처럼 생긴
> 외관은 자연 속에 들어온 듯
> 평온함을 준다.

편의시설

화장실 / 샤워실   공용 (2개)
욕실용품   수건 (V) 샴푸 (V) 치약 (V) 비누 (V)
인터넷   공용 컴퓨터 (V) wi-fi (V)
기타시설   실내휴게소 (V) 실외휴게소 (V) 취사장 (V) 매점 ( )

> 편의시설을 호텔급으로
> 제공하고 있어 편리하다.

규칙

체크인 / 아웃   체크인 (14:00) 체크아웃 (11:00)
소등   객실 소등 (24:00) 휴게실 소등 (24:00)
음주 / 취사   하우스 내 음주 (가능) 취사 (가능) 흡연 (불가능)

식사

조식 (V) 가격 (무료) 석식 ( )
기타 (회 파티, 1인 1만원, 매일저녁 21:00-23:30)

> 조식은 토스트, 스프,
> 잼, 버터, 간단한 음료.

하이버디 게스트하우스

우리는 한 가족,
하이버디로 오세요

핑크색의 공주풍이 두드러지는 예쁜 게스트하우스이다. 객실은 3개로 소규모 게스트하우스이지만 그만큼 가족적인 분위기가 강하다. 2012년 7월에 오픈한 따끈따끈한 게스트하우스로, 깔끔하고 사랑스러운 느낌도 넘친다. 통영항이 마주보이는 곳에 자리하고 있어 외부 관광지와 접근성도 좋은 편이다. 객실은 8인실과 4인실로 나뉘어 있는데 객실에 비해 공용 욕실이나 화장실이 넉넉하여 사용하기에 편리하다. 조식은 무료제공 되고 석식은 제공되지 않는데, 주변이 주택가라서 때를 놓치면 끼니를 거를 수 있다. 때문에 저녁 식사는 외부에서 하고 들어오는 것이 좋다. 홈페이지에서 수시로 게스트하우스 이벤트를 진행하고 있어 부지런한 여행자라면 더 저렴한 가격으로 이용할 수도 있다. 이곳에서는 주변 관광지를 편안히 둘러볼 수 있도록 자전거를 무료대여해 주고, 세탁기도 무료로 이용할 수 있다. 게스트하우스를 이용하는 기본적인 규칙은 있지만 가족적인 분위기를 지향하는 정 많은 곳이라 게스트의 불편함은 바로바로 해결된다.

INFO

주소 경상남도 통영시 봉평동 22-3　전화번호 010-8514-5051

홈페이지 cafe.naver.com/hibuddyguesthouse　이메일 hibuddyguesthouse@naver.com

이용료 도미토리 2만원

교통 통영시외버스터미널에서 100번대 버스를 타고 '통영고등학교 앞' 정류장에서 하차 후 전화로 상세문의.

테마 ●●●○○　편의시설 ●●●○○　교통편 ●●●○○　주변 환경 ●●●○○　가격 ●●●●●　친절도 ●●●●●

여행정보들이 가득한 거실 공간.

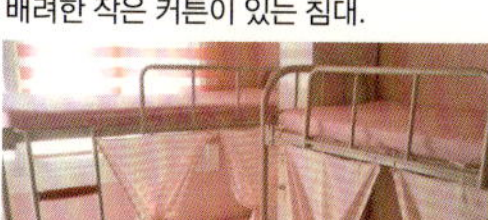
1층 게스트의 공간을
배려한 작은 커튼이 있는 침대.

Check List

객실

- **객실 타입** 도미토리 (8인실 1개, 4인실 2개) / 온돌 ( ) 침대 (✓)
- **객실 규모** 객실 수 (3개) 최대 수용인원 (16명)

할인 쿠폰
2,000원

2층짜리 가정집의 1층을 게스트하우스로
만들어놓은 형태이다. 전체적으로 파스텔톤
인테리어가 돋보이며 아늑한 공간을 연출한다.

편의시설

샤워겔과 클렌징 폼이
추가로 제공된다.
남자 4인실은 개별욕실이
딸려있어 편리하다.

- **화장실 / 샤워실** 공용 (2개)
- **욕실용품** 수건 (✓) 샴푸 (✓) 치약 (✓) 비누 (✓)
- **인터넷** 공용 컴퓨터 (✓) wi-fi (✓)
- **기타시설** 실내휴게소 (✓) 실외휴게소 ( ) 취사장 (✓) 매점 ( )

규칙

- **체크인 / 아웃** 체크인 (13:00) 체크아웃 (11:00)
- **소등** 객실 소등 (없음) 휴게실 소등 (23:00)
- **음주 / 취사** 하우스 내 음주 (가능) 취사 (가능) 흡연 (불가능)

간단한 맥주는 가능.

식사

- **조식** (✓) 가격 (무료) 석식 ( ) 기타 ( )

조식은 시리얼,
카레, 우유, 간단한
음료와 과일.

게스트하우스 바람곳

바람도 쉬어가는
그 곳

경주역에서 남자 걸음으로 5분, 여자 걸음으로 10분이면 닿을 수 있는 거리의 게스트하우스이다. 조용한 주택가에 위치하고 있으며 안압지, 첨성대는 대로변을 따라 자전거를 이용하면 10분, 도보로도 20분이면 갈 수 있다. 게다가 그 두 곳은 낮보다 밤이 더 아름다운 관광지라 밤에 찾는 사람이 더 많은 편. 덕분에 찾아가는 길이 밝고 안전하게 잘 되어 있다. 게스트하우스의 외관은 현대적이지만 내부로 들어가면 조선시대로 돌아간 듯 전통의 분위기가 물씬 풍긴다. 로비는 대청마루로 꾸며져 있고 창문 역시 들쇠로 걸어 열어 두었다. 우리나라 양반 댁의 반상기인 1인상이 같은 모양 하나 없이 가지런히 마루에 쌓아져 있는 것도 독특하다. 이 반상기들은 주인장이 오래 동안 모아온 것들로 식사를 하거나 책을 볼 때 이용할 수 있다. 주방과 침실, 욕실은 널찍널찍하게 서구적으로 꾸며 편리성을 더했다.

INFO

주소 경상남도 경주시 황오동 287   **전화번호** 054-771-2589

홈페이지 cafe.naver.com/baramgot   **이메일** cripine@naver.com   **이용료** 도미토리 2만원

교통 경주역을 등지고 왼쪽으로 대로변 300m 직진 후 왼편 대명약국이 보이면 길을 건너 세븐일레븐 편의점 골목으로 50m 직진해서 오른편 하얀색 깃발이 보이는 곳. 도보로 5분.

테마 ●●●●○   편의시설 ●●●●○   교통편 ●●●○○   주변 환경 ●●●○○   가격 ●●●●○   친절도 ●●●●●

Check List

할인 쿠폰
2,000원

객실

- **객실 타입** 도미토리 〔6인실 6개, 4인실 4개〕 / 온돌〔 〕 침대〔✓〕
- **객실 규모** 객실 수〔10개〕 최대 수용인원〔52명〕

외부 건물은 현대적으로 깔끔하고 내부는
한국의 미가 잘 드러나 매력적이다. 1층
로비의 대청마루는 편안한 시골집에 온 듯
휴식을 취하기 좋다.

실내휴게소는 우리나라의
1인상과 4~5인용 겸상이
다양하게 마련되어 있어
한국적 문화를 흠뻑 느끼며
혼자 책을 보거나 여럿이
다과를 즐기기에 좋다.

편의시설

- **화장실 / 샤워실** 공용〔2개〕
- **욕실용품** 수건〔 〕 샴푸〔 〕 치약〔 〕 비누〔✓〕
- **인터넷** 공용 컴퓨터〔✓〕 wi-fi〔✓〕
- **기타시설** 실내휴게소〔✓〕 실외휴게소〔✓〕 취사장〔✓〕 매점〔 〕

규칙

- **체크인 / 아웃** 체크인〔15:00〕 체크아웃〔09:00〕
- **소등** 객실 소등〔23:00〕 휴게실 소등〔24:00〕
- **음주 / 취사** 하우스 내 음주〔가능〕 취사〔가능〕 흡연〔야외에서 가능〕

식사

- **조식**〔✓〕 가격〔무료〕
- **석식**〔 〕 기타〔 〕

조식은 시리얼, 토스트, 달걀프라이,
잼, 우유 등 간단한 음료.

현관으로 들어서는 입구에 실외휴게실이 있어 스쿠터
이용 시 주차장으로 용도변경이 가능하다.

천으로 가려진 현관으로
가는 길이 예스럽다.

경주
게스트하우스

무엇이든 다 퍼주는
여행자의 '친정집'

INFO

주소 경상남도 경주시 황오동 138-2   **전화번호** 054-745-7100, 011-783-8162

홈페이지 www.gjguesthouse.com   **이메일** guesthouse1@hanmail.net

이용료 도미토리 1만6천~1만8천원, 2인실 4만5천원

교통 경주역을 등지고 왼쪽으로 걸어서 직진 200m 후 좌측 또는 경주시외버스터미널에서 '경고 지하도' 정류장 하차 후 도로 맞은편에 위치. 도로 변에 간판이 크게 있음.

테마 ●●●○○   편의시설 ●●●●●   교통편 ●●●●●   주변 환경 ●●●●○   가격 ●●●●●   친절도 ●●●●○

경주 게스트하우스는 경주역에서 걸어서 10분, 경주시외버스터미널에서 버스 타고 걷는 시간 포함 15분이면 닿는다. 또한, 걸어서 15분 거리 이내에 첨성대, 안압지, 분황사가 있고 버스 정류장이 바로 앞이라 다른 관광지로 이동도 편리하다. 특히 첨성대나 안압지는 낮보다 밤이 더 아름답기로 명성이 자자한 곳. 왕복 20분이면 충분한 거리니, 이곳에 머문다면 그야말로 아름다운 신라의 달밤을 안전하고 수월하게 즐길 수 있다.

경주 게스트하우스는 전국 4만개의 숙박업소 중 한국관광공사가 지정하는 '굿 스테이'에 등록된 몇 안 되는 게스트하우스 중 하나로 경주에서 가장 큰 규모이기도 하다. 부지만 큰 것이 아니다. 주머니 사정 뻔한 가난한 여행자를 대하는 주인의 마음 또한 대한민국 최대 사이즈다. 게스트하우스의 가격이 주말, 주중, 비수기, 성수기 구분 없이 동일한 것부터 남다르다. 또한 퍼주는 게스트하우스의 하이라이트는 24시간 휴게실 오픈이라는 점. 24시간 하루 종일 식사도 무료 제공된다. 무료제공되는 식사 메뉴는 조식 메뉴와 동일한 토스트, 달걀프라이, 커피, 간단한 음료 등. "여행할 때는 돈이 없잖아요. 여행하는 청춘들은 돈이 없으니까 항시 배가 고프다고. 또 돈이 많으면 배도 안 고파. 사람 마음이 그런 거라고. 그래서 그냥 휴게실에 언제라도 배고프면 허기 채우라고 24시간 개방했어요. 그랬더니 또 자기들끼리(게스트) 돈 더 있는 사람은 라면도 사오고 시장 가서 음식 재료도 사와서 없는 친구들하고 같이 만들어 먹고 그래요."라고 호스트는 넉넉한 인심을 말한다. 그렇다고 왁자지껄 야밤에 시끄럽게 떠드는 것을 허락하는 것은 아니다. 허기를 달래주는 공간으로서의 휴게실이라는 것을 기억할 것.

경주 게스트하우스는 하얀색 타일의 3층 건물이다. 모텔로 사용하던 건물을 게스트하우스로 리모델링했다. 주차장이 넓어 차를 가져오는 게스트의 걱정을 덜어준다. 넓은 주차장 한쪽에는 대여용 자전거가 줄지어 있고, 그 옆에 바비큐를 할 수 있는 공간도 마련되어 있다. 객실마다 욕실이 갖추어져 있는 것도 장점이다. 객실을 올라가는 복도 계단은 빼곡하게 적힌 게스트들의 사연으로 점령했다. 이곳에서 만나 결혼까지 하게 된 커플의 사연은 보는 이의 마음까지 달달하게 녹여준다. 무엇이든 다 퍼주는 아빠 같은 사장님 때문에 주말이나 방학마다 내려오는 게스트는 모두 사장님의 딸이고 아들이다.

HOST INTERVIEW · 주인장 허필경 ─────────────

"게스트하우스를 하고 싶다는 생각은 몇 십 년이 되었지요. 그러다 이 건물을 사둔 것은 또 5년이 넘었고요. 근데 게스트하우스를 차리고 싶어도 가장이니까 쉽사리 할 수가 없었어요. 어느 날부터 건강이 나빠졌어요. 그렇게 힘들다보니 문득 생각이 들더라고요. 세상에는 두 종류의 사람이 있다. 돈을 벌다 죽는 사람, 돈을 쓰다 죽는 사람. 그 둘 중에 나는? 그 때부터 준비해서 시작한 거예요. 젊을 때는 많이 보고 많이 겪어야 하는데 돈이 없어 여행을 포기하는 청춘들이 많더라고요. 마음이 아팠죠. 그래서 저희 집은 주중주말, 비수기성수기 요금이 따로 없습니다. 장사하려고 시작한 게 아니니까요. 찜질방 갈 돈 조금 더 보태서 여기서 편하게 자고 먹고 그러라고요. 여행?! 집 떠나면 개고생이죠. 청춘들은 그래도 세상을 봐야지. 이런 거 저런 거 겪으면서 함께 어울리는 공간이길 바랍니다."

경주에 가면 놓치지 말아야 할 것, 황남빵. 천안에 호두과자가 있다면 경주에는 황남빵이 있다. 1935년 한 할아버지가 처음 만들기 시작한 황남빵은 경주시 향토 명과로 지정되었다. 이제는 그 아들들이 맛을 이어나가고 있는데 매우 얇은 밀가루피 안에 국내산 팥소를 채웠다. 따뜻할 때 우유와 함께 먹으면 잊지 못할 최고의 추억이 될 것이다. 경주 황오동에 있는 '황남빵(054-749-7000)' 가게는 황남빵 20개입에 1만4천원, 25개짜리는 2만1천원에 경주의 맛을 만나 볼 수 있다.

야외휴게실에서 삼삼오오 모여든 여행자들의 소담한 파티가 열린다.

1층 리셉션. 경주 게스트하우스와의 만남이 시작된다.

모텔을 개조해 만들었기 때문에 객실마다
욕실이 있어 편리하다.

Check List 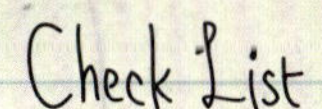

할인 쿠폰
2,000원

객실

객실 타입 도미토리 (10인실 1개, 4인실 15개), 2인실 (2개) /
온돌 ( ) 침대 (√)

객실 규모 객실 수 (18개) 최대 수용인원 (76명)

2인실은 최대 3인을 수용할 수
있다. 24시간 주방 겸 휴게실이
오픈되어 있다.

편의시설

수건, 샴푸 등 개인
세면도구는 필히 준비해야
한다. 24시간 오픈되어 있는
휴게실에서는 언제나 셀프
조리로 허기진 배를 채울 수
있다. 세탁기는 세제와 함께
무료로 이용할 수 있다.

화장실 / 샤워실 객실마다 별도 1개씩

욕실용품 수건 ( ) 샴푸 ( ) 치약 (√) 비누 (√)

인터넷 공용 컴퓨터 (√) wi-fi (√)

기타시설 실내휴게소 (√) 실외휴게소 (√) 취사장 (√) 매점 ( )

규칙

체크인 / 아웃 체크인 (14:00) 체크아웃 (11:00)

소등 객실 소등 (없음) 휴게실 소등 (없음)

음주 / 취사 하우스 내 음주 (가능) 취사 (가능) 흡연 (실내불가능)

식사

조식 (√) 가격 (무료) 석식 ( ) 기타 ( )

조식은 토스트,
달걀프라이, 잼, 음료 등.

경주여행 게스트하우스

내 마음대로
골라 갖는 여행자의 방

경주여행 게스트하우스는 찾아가기도 쉽지만 근처에 성동시장이 있어 걸어서 재래시장을 구경하러 갈 수 있는 것이 장점이다. 도미토리 4인실 1만8천원, 6인실 1만7천원에 이용할 수 있다. 객실 수용인원 대비 이용료에 차등을 두어 최소한의 조건으로 최고의 숙박시설을 이용할 수 있도록 선택권을 주었다. 가격이 더 저렴하다고 공동시설 이용에 차이가 있는 것도 아니다. 삼삼오오 친구와 함께 하는 여행자를 위한 페밀리룸도 저렴한 가격에 따로 준비되어 있다. 넓은 실내휴게실은 24시간 개방해 언제라도 헝그리 여행자의 허기를 달래주며, 외부의 야외휴게실은 주인에게 미리 부탁하면 1만원에 참숯에 그릴을 준비해주기 때문에 게스트끼리 마음이 맞는다면 즉석으로 바비큐 파티도 할 수 있다. 게스트하우스의 위치가 경주 교통의 중심인 경주역 바로 옆이라 경주 여행 시 대중교통 이용이 수월하다는 것도 장점이다.

INFO

주소 경상남도 경주시 성동동 84-1 **전화번호** 010-2291-5364

홈페이지 www.gtguesthouse.net **이용료** 1인 1만7천~1만8천원, 2인실 5만원, 3인~4인실 6만~7만원

교통 경주역에서 경주성모 메디컬센터 방향으로 도보 3분, 경주성모 메디컬센터에서 좌회전 후 왼쪽 첫 번째 건물.

테마 ●●●○○　편의시설 ●●●●○　교통편 ●●●●○　주변 환경 ●●●○○　가격 ●●●●●　친절도 ●●●○○

넓고 깔끔하기도 하지만 24시간 개방되는 휴게실에서는 언제나 주린 배를 달랠 수 있다.

넉넉한 인심의 올데이 브런치 메뉴.

Check List

할인쿠폰
2,000원

객실

- 객실 타입 도미토리 (6인실 4개) 4인실 (6개) 3인실 (2개) 2인실 (4개) / 온돌 ( ) 침대 (✓)
- 객실 규모 객실 수 (18개) 최대 수용인원 (62명)

2012년 6월 오픈한 곳이라 객실이 전체적으로 깔끔한 편이다.

체크인 시 객실 및 락커 열쇠와 수건 제공 등의 이유로 보증금(1만원)이 있다. 보증금은 퇴실 시 100% 돌려 받는다.

편의시설

- 화장실 / 샤워실 객실마다 별도 1개씩
- 욕실용품 수건 (✓) 샴푸 (✓) 치약 (✓) 비누 (✓)
- 인터넷 공용 컴퓨터 (✓) wi-fi (✓)
- 기타시설 실내휴게소 (✓) 실외휴게소 (✓) 취사장 (✓) 매점 ( )

규칙

- 체크인 / 아웃 체크인 (15:00) 체크아웃 (09:00)
- 소등 객실 소등 (없음) 휴게실 소등 (없음)
- 음주 / 취사 하우스 내 음주 (가능) 취사 (가능) 흡연 (실내불가능)

식사

조식은 토스트, 달걀프라이, 잼, 음료 등.

- 조식 (✓) 가격 (무료)
- 석식 ( ) 기타 (게스트가 원하는 경우 바비큐 준비 가능, 참숯과 그릴 준비 비용 1만원)

MAP
of Jeonju
한옥마을
전일슈퍼
풍년제과
왱이집
베가
게스트하우스
새와 나무
전주
게스트하우스
경기전길
경기전
최명희
문학관
풍남문
태조로
전동성당
풍남문로
성심여고
학인당
남부시장 정문
나무그늘
게스트하우스
교동소방서

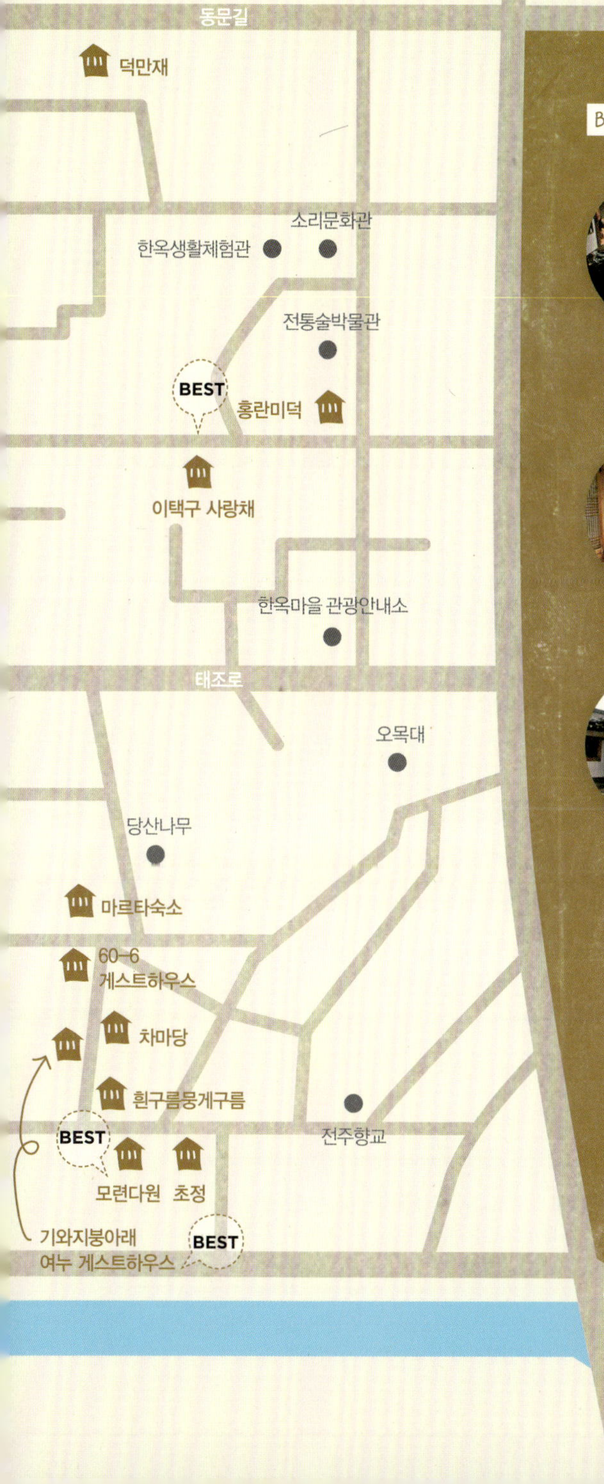

동문길

덕만재

소리문화관
한옥생활체험관

전통술박물관

BEST
홍란미덕

이택구 사랑채

한옥마을 관광안내소

태조로

오목대

당산나무

마르타숙소

60-6
게스트하우스

차마당

흰구름뭉게구름

BEST

전주향교

모련다원 초정

기와지붕아래
여누 게스트하우스 **BEST**

모련다원

꾸밈없고 자연스러운 정원과 전체적으로 편안한 분위기가 한옥마을의 정서와 잘 어울리며 외할머니 댁에 놀러온 듯 친근하다. 골목을 내다볼 수 있는 티테이블에서 곁들이는 차 한 잔도 운치 있고 여주인의 살뜰한 친절이 돋보인다.

이택구 사랑채

소담한 정원과 아기자기하게 꾸민 마루가 매력적이다. 방 안의 정감 가는 소품들과 한옥 다락방 등이 이집에 더 머물고 싶게 한다. 아늑한 한옥에 화가부부의 예술혼이 자연스럽게 스며들어 있다.

기와지붕아래 여누 게스트하우스

다과를 하거나 조용히 앉아 책을 읽을 수 있는 통유리의 미니바가 인상적이다. ㄱ자 건물에 ㅁ자 구조로 포근하게 둘러쳐진 아담한 한옥은 유난하지 않고 고요히 머물다 가기에 제격이다.

60-6 게스트하우스 & 마르타숙소

혼자이거나
가족이거나 두루 편안한

민박집 분위기의 게스트하우스로 각 방은 기본 2인실. 침대는 없고 방이 연달아 배치된 구조다. 주인이 2층에 살고 게스트하우스는 3층에 있어 게스트의 각종 편의를 봐준다. 방을 다인실 형태로 쓰고 침대가 따로 없어 손님이 많으면 남모르는 이와 방을 함께 나누어 써야 한다는 것이 단점이다. 작은 거실에는 공용 컴퓨터가 놓여 있어 인터넷을 이용한 간단한 작업을 할 수 있다. 시끌벅적한 분위기가 싫다면 이용해볼 만한 숙소다. 작은 규모에 엄마 같은 아주머니가 운영하는 게스트하우스인 점이 마음 편하다. 주인은 바로 옆에 〈마르타숙소〉라는 게스트하우스를 함께 운영하는데, 마르타숙소는 콘도타입으로 객실 내에서 취사가 가능하고 방과 작은 거실, 화장실이 갖춰져 있어 가족 단위 이용객에게 편리하다. 전주한옥마을에는 가족이 취사를 하며 편하게 머물 곳이 별로 없다는 점에서 어린 아이들이 있는 가족이 시끄럽게 굴어도 상관없는 편한 숙박시설이다.

INFO

주소 전라북도 전주시 완산구 교동 60-6 전화번호 010-7392-6987

홈페이지 www.cyworld.com/kmarta 이메일 kmarta@nate.com

이용료 **60-6 게스트하우스** 도미토리 2만5천원, 2인실 3만5천~5만원 **마르타숙소** 2인실 5만원, 4인실 7만원

교통 전주고속버스터미널에서 5-1이나 79번 버스를 타고 '한옥마을' 정류장에서 하차. 전주역에서는 버스 12, 60, 79, 109, 119, 142, 508, 513, 536, 542~546번 버스를 타고 '전동성당' 정류장에서 하차. 남천교에서 오목대길로 가는 방향에 위치.

테마 ●○○○○ 편의시설 ●●○○○ 교통편 ●●●○○ 주변 환경 ●●●●○ 가격 ●●●○○ 친절도 ●●●○○

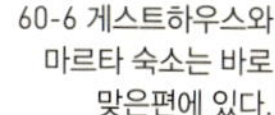

60-6 게스트하우스와
마르타 숙소는 바로
맞은편에 있다.

Check List

할인쿠폰
2,000원

) 객실

객실 타입 60-6 3인실 (2개), 2인실 (2개) / 마르타숙소 콘도형 패밀리룸 (3개) /
온돌 ✓ 침대 ( )

객실 규모 객실 수 (7개) 최대 수용인원 (22명)

> 60-6 게스트하우스는 주인의 살림집을 거쳐
> 올라가야 하지만 마르타숙소는 콘도형으로
> 입구부터 완전히 분리되어 있어 편하게 출입이
> 가능하다.

> 60-6 게스트하우스의
> 도미토리는 2~3인용 다인실
> 4개에 화장실이 하나 밖에
> 없어 성수기에는 다소 불편할
> 수 있다. 때문에 사람이 많을
> 때는 아래층 주인집의 화장실을
> 이용할 수 있게 하고 있다.

편의시설

화장실 / 샤워실 60-6 공용 (1개) / 마르타숙소 객실마다 별도 1개씩

욕실용품 수건 ✓ 샴푸 ✓ 치약 ✓ 비누 ✓

인터넷 공용 컴퓨터 ✓ wi-fi ✓

기타시설 실내휴게소 ✓ 실외휴게소 ( )
취사장 (마르타숙소만 있음) 매점 ( )

) 규칙

> 60-6 게스트하우스를 이용할 때는
> 되도록 밤 12시 전에 숙소에 들어오는
> 것이 좋고 마르타숙소는 24시간 자유롭게
> 출입이 가능하다.

체크인 / 아웃 체크인 (14:00) 체크아웃 (11:00)

소등 객실 소등 (없음) 휴게실 소등 (없음)

음주 / 취사 하우스 내 음주 (가능) 취사 (마르타숙소만 가능, 도미토리는 불가) 흡연 (불가능)

기와지붕아래
여누 게스트하우스

한가로운 쉼,
여유 있는 시간

여누는 "여유를 누리다"의 줄인 말. 아담한 한옥에 들어서면 여유가 절로 찾아든다. 도미토리는 없지만 한옥방의 정취를 느끼고 싶은 여행자라면 하루 묵어볼 만한 가치가 충분하다. 작은 마당에 놓인 평상과 작은 바를 연상케 하는 휴식공간이 특히 마음을 끈다. ㄱ자 구조에 작은 별채가 달린 형태로 옛 한옥의 모습을 간직하면서도 현대적인 시설을 갖췄다. 각 방마다 화장실을 구비했으며 방 안의 아기자기한 소품과 깔끔한 인테리어가 눈길을 끈다. 오밀조밀 놓여있는 소품을 보노라면 주인의 섬세함과 애정이 엿보인다. 단점이라면 방음이 잘되지 않는다는 점, 그러나 한옥의 맛을 누리기에는 안성맞춤이다. 아침이면 방에 따사로운 햇살이 스며든다. 커튼을 열면 한옥 마당이 한눈에 보이도록 통창을 설치한 점도 매력이다. 옛날 한옥이라기보다는 현대적인 한옥으로 깊은 맛보다는 깔끔하고 쾌적한 면이 돋보여 젊은 층에게 인기가 높다.

INFO

주소 전라북도 전주시 완산구 교동 128-10　　**전화번호** 010-3777-5025

홈페이지 http://yeonu128_10.blog.me　　**이메일** yeonu128_10@naver.com

이용료 평일요금 1인실 4만원, 2인실 5만~7만원 **주말요금** 1인실 4만5천원, 2인실 5만5천~8만원

교통 전주고속버스터미널에서 5-1번이나 79번 버스를 타고 '한옥마을' 정류장에서 하차. 전주역에서는 12, 60, 79, 109, 119, 142, 508, 513, 536, 542~546번 버스를 타고 '전동성당' 정류장에서 하차. 남천교, 강암서예관 인근.

테마 ●●●●○　　편의시설 ●●●○○　　교통편 ●●●○○　　주변 환경 ●●●●○　　가격 ●●●○○　　친절도 ●●●●●

침구는 매일 빨아 깔끔하고
뽀송뽀송하다.

마당에 놓인 평상에서
'하늘바라기'를 하며 한옥의
정취에 젖는다.

Check List

객실

객실 타입 2인실 (4개), 1인실 (1개) / 온돌 [✓] 침대 [ ]

객실 규모 객실 수 (5개) 최대 수용인원 (13명)

> 한옥 구조상 방이 쭉 붙어 있어
> 방음이 약한 것이 단점이다.

> 두 개의 방은 가족실로 방
> 2개가 하나의 화장실을
> 공유하고, 나머지 방은 방마다
> 화장실이 안에 있다. 통유리로
> 마당이 바라다 보이는 작은
> 바가 있어 담소를 나누거나
> 차 한 잔 마시기에 좋다. 작은
> 바에는 정수기와 각종 차가
> 구비되어 있다

편의시설

화장실 / 샤워실 객실마다 별도 1개씩

욕실용품 수건 [✓] 샴푸 [✓] 치약 [✓] 비누 [✓]

인터넷 공용 컴퓨터 [ ] wi-fi [✓]

기타시설 실내휴게소 [✓] 실외휴게소 [✓] 취사장 [ ] 매점 [ ]

규칙

> 한옥의 특성상 11시가 넘으면
> 다른 게스트들을 위해 조용히
> 하는 매너가 필요하다.

체크인 / 아웃 체크인 (14:00) 체크아웃 (11:00)

소등 객실 소등 (없음) 휴게실 소등 (없음)

음주 / 취사 하우스 내 음주 (불가능) 취사 (불가능) 흡연 (마당에서만 가능)

나무그늘 게스트하우스

누구의 간섭도 없는
오롯한 휴식

한옥과 양옥을 맞대어 지은 나무그늘은 게스트하우스의 아늑함과 실용성을 두루 갖췄다. 2층 도미토리는 햇볕이 잘 드는 양옥집의 내 방 같은 느낌으로 여자들이 좋아할 만한 아기자기한 분위기로 꾸며져 있다. 도미토리가 많지 않은 전주한옥마을에서 도미토리를 갖춘 몇 안 되는 게스트하우스다. 겉은 한옥이지만 내부는 현대식으로 시설을 꾸며 한옥의 불편함을 최소화했다. 다락방이 있는 방에서는 어린 시절 소꿉놀이하듯 아늑한 기분을 느낄 수 있다. 조용하고 편안한 분위기로 방해받지 않는 휴식과 잠자리를 제공한다. 작은 마당에는 풍금을 비롯해 아기자기한 꽃 화분과 소품들이 놓여 있다. 게스트하우스에 머물다보면 주인의 친절이 마냥 고마울 때도 있지만 누구의 방해도 받지 않고 홀로 있고 싶은 순간이 있다. 나무그늘에서는 아무의 간섭도 없이 오롯한 나만의 시간을 즐길 수 있다.

INFO

주소 전라북도 전주시 완산구 교동 222-11번지　　**전화번호** 070-8807-6899

홈페이지 http://blog.naver.com/dudntjsdk　　**이메일** dudntjsdk@naver.com

이용료 도미토리 2만원, 2인실 6만~7만5천원

교통 전주고속버스터미널에서 5-1이나 79번 버스를 타고 '한옥마을' 정류장에서 하차. 전주역에서는 12, 60, 79, 109, 119, 142, 508, 513, 536, 542~546번 버스를 타고 '전동성당' 정류장에서 하차. 혹은 다음 정류장인 '남부시장'에 내리면 더 가깝다. 교동소방서 대각선 맞은편에 위치.

테마 ●●●○○　　편의시설 ●●●●○　　교통편 ●●●○○　　주변 환경 ●●●●●　　가격 ●●●●○　　친절도 ●●●●○

옥상에 오르면 오밀조밀
모인 한옥마을의
지붕들이 내려다보인다.

각각의 방이 독립적으로 분리되어 있어
편하게 쉴 수 있다.

Check List

할인쿠폰
1,000원

객실

객실 타입 도미토리 [4인실 1개] 2인실 [3개] / 온돌 [ ] 침대 [✓]

객실 규모 객실 수 [4개] 최대 수용인원 [12명]

방마다 도어락이 설치되어
있어 독립적으로 사용할 수
있고, 출입이 자유롭다.

편의시설

도미토리를 제외한 객실은
원룸 구조의 넓은 공간으로 각
방마다 화장실을 비롯 싱크대
및 그릇이 구비되어 있어
컵라면이나 간식 등을 먹기에
편리하다.

화장실 / 샤워실 공용 [1개] 개별욕실 [3개]

욕실용품 수건 [✓] 샴푸 [✓] 치약 [✓] 비누 [✓]

인터넷 공용 컴퓨터 [ ] wi-fi [✓]

기타시설 실내휴게소 [ ] 실외휴게소 [✓] 취사장 [ ] 매점 [ ]

규칙

주인이 자리를 비우는 경우가
많으니 문의 사항이 있을 땐
휴대전화를 이용해야 한다.

체크인 / 아웃 체크인 [15:00] 체크아웃 [11:00]

소등 객실 소등 [없음] 휴게실 소등 [없음]

음주 / 취사 하우스 내 음주 [불가능] 취사 [불가능] 흡연 [마당에서만 가능]

모련다원

풍성한 정원에서 즐기는
차 한 잔의 여유

주소 전라북도 전주시 완산구 교동 137-2 **전화번호** 063-282-8687

홈페이지 http://cafe.daum.net/jang707 **이메일** chyo0204@naver.com

이용료 2인실 4만~8만원(1인일 경우 4만원)

교통 전주고속버스터미널에서 5-1이나 79번 버스를 타고 '한옥마을' 정류장에서 하차. 전주역에서는 12, 60, 79, 109, 119, 142, 508, 513, 536, 542~546번 버스를 타고 '전동성당' 정류장에서 하차. 향교길에서 기린로 방향에 위치.

테마 ●●●●○   편의시설 ●●●○○   교통편 ●●○○○   주변 환경 ●●●●●   가격 ●●●○○   친절도 ●●●●●

찻집 간판을 보곤 '차 한 잔 마실까' 하는 생각에 아름다운 한옥 정원으로 들어서면, 화사하고 풍성한 정원이 객을 먼저 맞아주는 게스트하우스 모련다원이 있다. 처음엔 정원의 아름다움에 한 번 놀라고 여주인의 미모에 두 번 놀라고 다음엔 한옥방의 아늑함과 거실의 정겨움에 세 번 놀라게 되는 한옥 게스트하우스다.

주인은 전주토박이이긴 하지만 원래 한옥마을에서 살았던 것은 아니다. 언젠가 오목대에 올라 아름다운 한옥마을을 내려다보며 꼭 이곳에서 살아보고 싶다는 꿈을 꾸다가 그 꿈이 실현된 것은 얼마 되지 않은 일이다. 그런데도 게스트를 맞이하는 여주인의 모습은 마치 몇 백 년째 대대로 이 집에 살아온 가족의 막내딸처럼 사근사근하다. 집과 참 잘 어울린다는 느낌이다.

마루를 중심으로 놓인 방들은 널찍하고 또 서로 조금씩 떨어져 있어 한옥집이더라도 어느 정도는 프라이버시를 보호할 수 있다. 비나 눈이라도 오면 방에 들어앉아 마당을 내다보며 하루를 보내고 싶은 곳이다. 이 곳에서는 마루 한 쪽에서 하릴없는 하루를 즐기는 것도 좋은 여행법이 된다.

모련다원의 거실은 찻집이자 동시에 게스트들이 자유롭게 이용할 수 있는 쉼터 같은 공간이다. 한쪽 벽에는 그간 다녀간 여행자들의 폴라로이드 사진이 빼곡하게 붙어 있다. 다양한 여행책자와 안내책자도 구비되어 있다. 주인의 설명이 곁들여진 전주한옥마을의 여행정보는 여행안내소보다 알차고 세심하다. 현지인이 직접 안내하는 맛집과 거리는 천편일률적인 정보의 여행책자와는 구별되는 특별함이 있다.

다원이라는 그 이름처럼 직접 만든 뽕잎차, 감잎차, 황차를 맛볼 수 있고 판매도 한다. 친언니가 만들어 공수해 주는 차는 맛이 깊고 깔끔하다. 그 외 쌍화탕, 대추차, 오미자차, 모과차, 매실차 등도 마실 수 있다. 해질녘, 골목이 내다보이는 창을 옆에 두고 나무 테이블에 앉아 마시는 차 한 잔의 기쁨은 아는 사람만 아는 호사다.

여주인이 직접 만드는 브런치도 맛살스럽다. 주인은 선식 카페 컨설턴트로 한옥과 한식에 관심과 조예가 깊다. 감자전패티 같이 토속적인 재료를 넣은 샌드위치나 버거를 메인으로 과일과 차를 곁들인 조식은 까다로운 도시 여행자의 입맛을 만족시킨다. 엄마 품처럼 편안하고 연꽃처럼 소박한 쉼터라는 뜻의 모련다원은 머물러 보고 싶은 예쁜 한옥 게스트하우스다.

HOST INTERVIEW · 주인장 **최 연**

"저희 집은 단순히 방키만 넘겨주고 되받는 형태의 숙박시설은 아니에요. 전혀 다른 세상을 사는 사람들이라도 여행을 통해 정을 나누고 서로 소통할 수 있는 공간을 꿈꿔요. 여행은 다른 말로 휴식이죠. 저희 집이 몸 뿐 아니라 정신적으로 쉴 수 있는 곳이었으면 해요. 저도 게스트하우스의 주인이 아닌 전주 한옥에 사는 친구처럼 게스트를 대하려고 노력하고요. 혼자 온 여행자가 맛집을 물으면 잘 알려지지 않은 맛집으로 함께 식사를 나가기도 하고 여유가 있을 때는 게스트에게 한옥마을을 구경시켜주기도 해요. 여행자의 친구가 되어주는 것이 게스트하우스 주인의 진정한 역할이 아닐까요."

전주에는 우리 전통문화를 체험할 수 있는 다양한 공간이 있다. 대부분 한옥마을에 몰려 있어 시간이 많지 않아도 여러 가지 체험을 즐길 수 있다. 전통술박물관(063-287-6305)에서는 누룩빚기, 소주 내리기 등의 체험이 가능하고 한방문화센터(063-232-2500)에서는 한방체질검사는 물론 한방비누 만들기, 한방약족탕 등을 해볼 수 있다. 또 공예품전시관(063-285-4403)에서는 도자, 한지, 염색, 규방공예 등을 경험할 수 있으며 목판서화체험관(063-231-5694)에서는 목판제본, 판각체험 등을 할 수 있다. 전통문화센터(063-280-7030)에서는 전통음식조리체험, 풍물체험, 혼례체험, 다례체험 등 한곳에서 폭넓은 체험이 가능하다. 이 외에도 알려지지 않은 태조로의 작은 공방들에서는 압화, 부채만들기, 자수·매듭, 닥종이인형 만들기, 도예, 서예, 통가족공예 등 공방 특색에 맞는 다양하고 또 소소한 체험거리를 마련해 놓고 있어 길을 걷다가 마음이 내키는 곳에 들어가 체험할 수 있다.

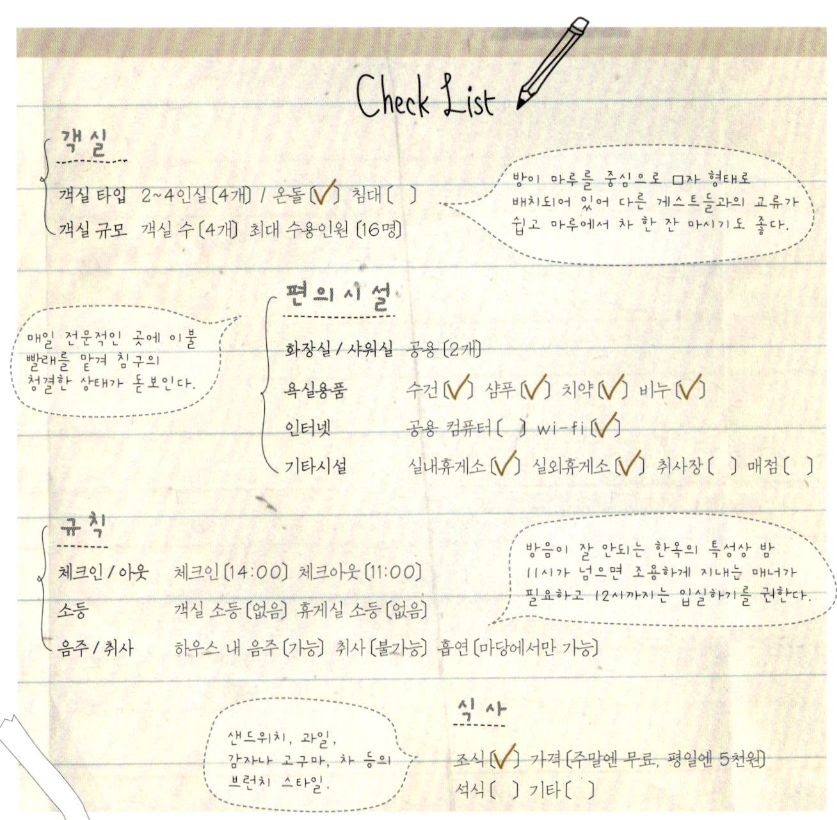

모련다원은 찻집으로도 이용되기 때문에 머물지 않아도 차 한 잔과 아늑한 정원을 누려 볼 수 있다.

집안 곳곳에 예스러움을 간직한 아기자기한 소품이 가득하다.

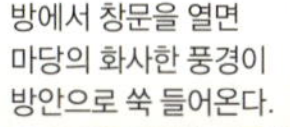

방에서 창문을 열면 마당의 화사한 풍경이 방안으로 쑥 들어온다.

베가 게스트하우스

명상과 다양한
체험이 있는 직녀들의 성

INFO

주소 전라북도 전주시 완산구 경원동2가
전동성당길 33-6

전화번호 063-288-4208

홈페이지 www.vegaguesthouse.com

이메일 padhanhaandl@gamil.com

이용료 도미토리 2만5천원(2인 이상
10%할인), 3인실 5만~6만원

교통 전주고속버스터미널에서 5-1이나
79번 버스를 타고 '한옥마을' 정류장에서
하차. 전주역에서는 12, 60, 79, 109,
119, 142, 508, 513, 536, 542~546번
버스를 타고 '전동성당' 정류장에서 하차.
전주한옥스파 맞은편에 위치.

테마 ●●●●○ 편의시설 ●●●●○ 교통편 ●●●○○ 주변 환경 ●●●●● 가격 ●●●○○ 친절도 ●●●●●

여성전용숙소로 깔끔하고 단정한 모습의 게스트하우스다. 베가는 직녀성이란 뜻으로 여성전용의 게스트하우스임을 의미한다. 인상 좋고 인심도 좋은 주인부부는 게스트하우스 로비에 머물며 게스트들이 여행에 필요한 각종 정보를 제공하고 잠자리를 돌본다.

도미토리와 온돌 황토방을 갖추고 있는데 특히 도미토리가 여성들의 취향에 맞게 쾌적하고 깔끔하게 정돈되어 있다. 2층 침대의 아래 칸마다 커튼을 달아두어 침대 안에만 들어가도 아늑한 개인공간을 확보할 수 있도록 했다. 위 칸도 누우면 얼굴이 보이지 않도록 난간에 천을 덧대어 여성들의 예민한 잠자리에 신경 썼다.

또 침구와 소품 등에도 세심한 정성이 엿보인다. 침구와 베갯잇은 황토로 물을 들인 천연소재를 활용했고 침구와 소품 등에 주인이 직접 수를 놓는 등 아기자기하다. 또 침대칸마다 한글이나 영어로 명언이나 생각할거리를 적어두어 여행자들의 감성을 자극하기도 한다. 인도살이를 오래한 주인내외답다.

처음 베가 게스트하우스 안으로 들어서면 먼 길 온 객에게 차부터 내어준다. 주인이 직접 담근 오미자차나 과일주스 등 계절에 따라 그때그때 다른 종류의 차를 대접하는 것이 이 집에 처음 발을 디딘 게스트에 대한 주인의 배려다.

여성들만 사용하는 공간이다 보니 무엇보다 청결하고 수수한 점이 매력 있다. 실내는 조용하고 침대에 누워 책을 읽거나 사색에 잠겨도 좋을 아늑한 분위기다. 1층 전체가 로비라운지로 되어 있어 사람들과 교류하거나 각종 체험을 하기에도 편하다. 로비공간은 책을 읽으며 쉴 수 있는 소파와 차 마시는 좌식탁자, 각종 체험공간 등이 한 공간에 따로 널찍하게 마련되어 있다.

바깥주인은 게스트들에게 먹과 채색물감을 섞어 풀꽃그리기 체험을 진행하고 안주인은 손바느질 체험을 운영하며 조화롭고 평화로운 분위기를 이어간다.

무엇보다 부부의 입가에 만연한 웃음에서 여유가 느껴진다. 스스로 오랜 여행자들이었던 탓에 낯선 곳을 여행하는 여행자의 마음을 누구보다 잘 알아 게스트의 편의를 위해 작은 것까지 하나하나 신경써주는 세심함을 지녔다.

HOST INTERVIEW · 주인장 조성호 · 권윤복

"한국에 돌아와 전주에 정착한지는 얼마 되지 않았어요. 한국의 전통문화가 생활 속에 스며있는 전주의 고즈넉한 분위기와 문화에 이끌려 이곳에 터를 잡게 됐죠. 저희 가족은 8여년간 인도 오로빌이라는 곳에서 공동체 생활을 하다가 얼마 전에 돌아왔답니다. 저희 아들을 포함해 가족 전부가 아주 오랫동안 여행자였던 셈이지요. 그러다보니 그 연장선상에서 게스트하우스를 운영하고 있어요. 단순히 여행자에게 하루 숙박을 제공하는 것을 넘어서 저희들이 그랬듯 게스트하우스에 온 손님들이 마음에 평안과 따뜻함을 안고 돌아가기를 기대하는 거죠. 저희 게스트하우스가 여행의 피로를 풀 수 있는 충전소로써의 역할을 하는, 여행자들의 편안한 쉼터가 됐으면 좋겠어요."

여성전용 공간답게 침실과 화장실이 깔끔하다.

인도에서 살다 온
주인들의 취향이
묻어나는 작은
소품들.

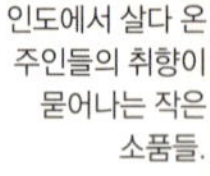

차 마시고 책을 읽으며 한가한 시간을 보내기에 좋은 로비공간.

차를 따르는
주인의 손길에서
편안함과 여유가
느껴진다.

여행의
기술

전주에서는 매년 가을이면 전주 특유의 문화를 담은 다양한 축제를 연다. 대표적인 것이 전주세계소리축제와 전주비빔밥축제다. 전주세계소리축제(www.sorifestival.com, 063-232-8398)는 판소리 다섯마당이나 산조, 정악처럼 전통적인 우리소리 공연은 물론 대중가수와 판소리의 만남이나 퓨전국악밴드의 공연 등 남녀노소 누구나 좋아할 만한 다양한 공연을 선보인다. 또 평소에는 흔히 접하지 못하는 세계 여러 나라의 밴드를 초청해 각 나라 특유의 개성강한 공연을 관람할 수 있다. 매년 9월에 열리며 축제기간 동안 셔틀버스를 운영해 관람객의 편의를 돕는다. 매년 10월에 전주한옥마을 일대에서 열리는 전주비빔밥축제(www.bibimbapfest.com, 063-277-2515)는 개성과 조화의 아이콘인 비빔밥을 주제로 "나는 쉐프다" 등 다양한 요리경연대회와 푸드이벤트, 거리공연, 전시, 비빔밥 만들기 체험 등 다채로운 먹을거리, 즐길거리, 볼거리, 살거리를 마련한다. 비빔밥축제를 통해 전주의 미식체험과 함께 다양한 문화체험을 할 수 있다.

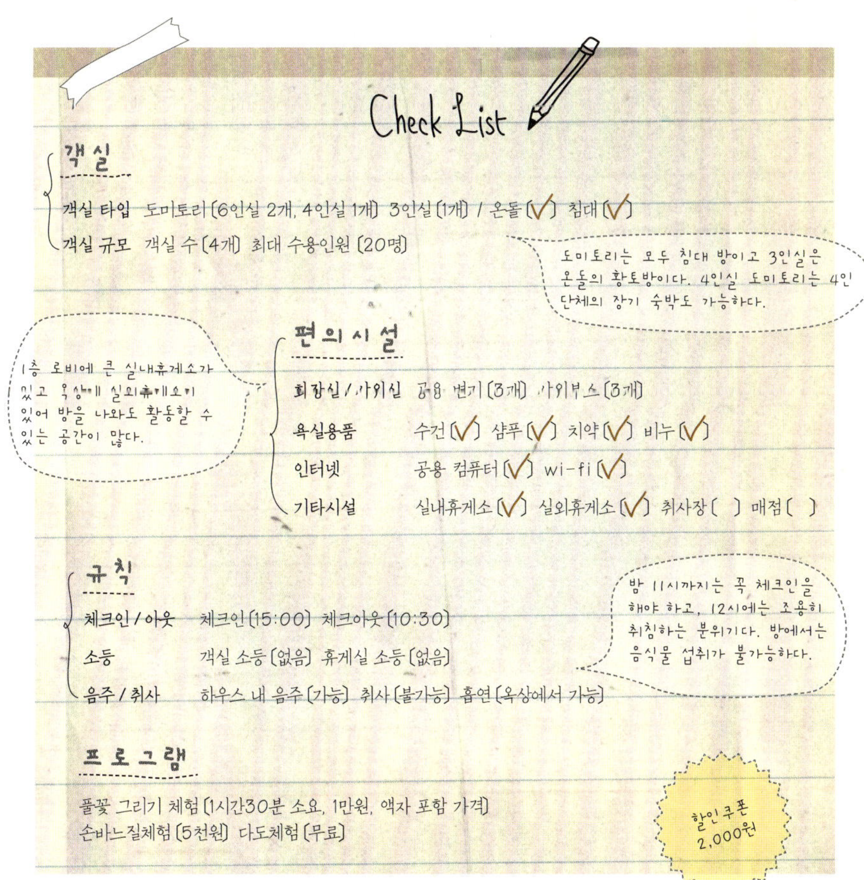

새와 나무

아버지와 나,
새를 키우고 나무를 다듬는 부자

아버지는 작은 새 가게를 운영하고 아들은 편백나무를 이용해 가구를 제작하는 목공소를 하고 있어서 게스트하우스 이름을 새와 나무라고 붙였다. 게스트를 수시로 드나드는 새에 비유한다면 주인은 둥지를 지키는 한결 같은 나무가 되고 싶다는 의미가 담겨 있다. 마당에는 할머니 적부터 가꿔온 우리 집 같은 자연스러운 정원이 꾸며져 있고 방들도 툇마루를 앞에 두고 격식 없이 소담하다. 실제로 이 집은 100년 동안 5대째 한가족이 살아온 집이기도 하다. 그래서 집 구석구석은 꾸미지 않은 듯하면서도 주인의 정이 가득 배어 있다. 공간은 친근하고 편안하다. 한옥이지만 늦도록 막걸리 한 사발 들이켜도 좋을 만큼 출입시간도 자유롭다. 현재 별채를 이용해 도미토리를 준비 중이며 게스트하우스 바로 옆에 붙은 가구제작 공방에서 간단한 책꽂이, 연필꽂이 등을 만드는 목공 체험을 할 수도 있다.

INFO

주소 전라북도 전주시 완산구 풍남동 1가 65번지   전화번호 063-288-8957

홈페이지 http://cafe.daum.net/saewanamu   이메일 echo3515@hanmail.net

이용료 도미토리 2만원, 2인실 5만~6만원

교통 전주고속버스터미널에서 5-1이나 79번 버스를 타고 '한옥마을' 정류장에서 하차. 전주역에서는 12, 60, 79, 109, 119, 142, 508, 513, 536, 542~546번 버스를 타고 '전동성당' 정류장에서 하차. 경기전 뒤 우듬지소극장 인근에 위치.

테마 ●●●●○   편의시설 ●●●○○   교통편 ●●●○○   주변 환경 ●●●●○   가격 ●●●○○   친절도 ●●●●●

'새와 나무'에서 해야 할 일?
앵무새에게 말을 붙이거나 나무로
목공체험을 해보는 것!

소박한 한옥은
게스트하우스라기보다는
먼 친척집에 놀러온 듯 한
느낌이다.

Check List

할인 쿠폰
2,000원

객실

객실 타입　도미토리 [8인실 1개] 2인실 [4개] / 온돌 [✓] 침대 [✓]

객실 규모　객실 수 [5개] 최대 수용인원 [28명]

> 아직 도미토리는 없지만 별채에
> 도미토리를 준비중이며 2012년
> 겨울부터 이용할 수 있다.

편의시설

> 방마다 안쪽에 화장실이 딸려
> 있어 편리하고 세탁기 이용은
> 언제든 가능하다. 저녁에
> 마당에서 바비큐를 하고 싶다면
> 무료로 도구를 대여해 준다.

화장실 / 샤워실　개별욕실 [4개] 도미토리용 공용 [1개]

욕실용품　수건 [✓] 샴푸 [✓] 치약 [✓] 비누 [✓]

인터넷　공용 컴퓨터 [ ] wi-fi [✓]

기타시설　실내휴게소 [ ] 실외휴게소 [✓] 취사장 [ ] 매점 [ ]

규칙

체크인 / 아웃　체크인 [12:00] 체크아웃 [12:00]

소등　객실 소등 [없음] 휴게실 소등 [없음]

음주 / 취사　하우스 내 음주 [가능] 취사 [가능] 흡연 [마당에서만 가능]

> 격식이나 차림 없이 최대한
> 자유롭게 머물다 갔으면 하는
> 것이 주인의 바람이다.

프로그램

> 게스트하우스 바로 옆에
> 있는 새 가게에서 앵무새와
> 이야기하는 색다른 재미도
> 느낄 수 있다.

목공체험 책꽂이, 연필꽂이 등 간단한 목공 체험 [하루 전 예약, 2시간소요, 1만5천원]

이택구 사랑채

화가부부가 가꾼
한옥다운 한옥

아기자기하고 아담한 한옥이다. 삽화가인 이택구 화백이 작업실로 쓰던 장소를 개조하고 수리해 게스트하우스로 꾸몄다. 마당 한 귀퉁이부터 방안 구석구석까지, 집에 대한 애정이 남다른 주인 내외의 손길이 닿지 않은 곳이 없다. 게스트하우스 곳곳에 장식된 소품과 그림들은 이 부부가 화가임을 말해준다. 특히 마당 안쪽 깊숙한 곳에 마련된 원두막 형태의 마루가 이 집의 포인트다. 인상적인 그림이 걸려 있는 이곳에서 게스트들은 차를 마시고 담소를 나누며 여유를 누린다. 아담한 크기의 마당은 꽃나무를 비롯한 다양한 식물과 주인이 직접 만든 물레방아로 소꿉놀이 하듯 예쁘게 꾸며져 있는데 게스트들은 이곳에서 사진 찍기를 즐긴다. 방안에는 옛날 소품들이 오밀조밀하게 꾸며져 있고 안주인은 침구의 색깔 하나 그 접힌 모양 하나까지 세심하게 신경 쓴다. 아늑한 다락방이 놓인 방도 매력 있다.

INFO

주소 전라북도 전주시 완산구 풍남동 3가 53-19 　**전화번호** 010-9833-7758

홈페이지 http://cafe.daum.net/hanokroom 　**이메일** s2546n@hanmail.net

이용료 평일요금 매화 · 수국 2~3인 6만원~, 난초 2~4인 6만원~, 국화 · 수선화 2~5인 8만원~

주말요금 매화 2~3인 10만원~, 난초 2~4인 8만원~, 수국 2~3인 8만원~, 국화·수선화 2~5인 10만원~

교통 전주고속버스터미널에서 5-1이나 79번 버스를 타고 '한옥마을' 정류장에서 하차. 전주역에서는 12, 60, 79, 109, 119, 142, 508, 513, 536, 542~546번 버스를 타고 '전동성당' 정류장에서 하차. 은행로에서 최명희길로 빠져 중간쯤에 위치.

테마 ●●●●○　　편의시설 ●●●●○　　교통편 ●●●○○　　주변 환경 ●●●●●　　가격 ●●●○○　　친절도 ●●●●○

화가부부답게 한옥 곳곳을 직접 만든 소품이나 그림으로 꾸며 놓았다.

차 한잔 마실 수 있는 원두막 형태의 마루.

Check List

객실

- **객실 타입** 2~5인실 (5개) / 온돌 (V) 침대 ( )
- **객실 규모** 객실 수 (5개) 최대 수용인원 (20명)

각 방은 3인이 사용하기에 가장 적합하다.

편의시설

화장실에는 천연 재료의 세면 용품은 물론 여성들을 위해 면봉까지 구비해 두었다.

- **화장실 / 샤워실** 객실마다 별도 1개씩
- **욕실용품** 수건 (V) 샴푸 (V) 치약 (V) 비누 (V)
- **인터넷** 공용 컴퓨터 (V) wi-fi (V)
- **기타시설** 실내휴게소 (V) 실외휴게소 (V) 취사장 ( ) 매점 ( )

규칙

- **체크인 / 아웃** 체크인 (14:00) 체크아웃 (11:00)
- **소등** 객실 소등 (없음) 휴게실 소등 (없음)
- **음주 / 취사** 하우스 내 음주 (가능) 취사 (불가능) 흡연 (불가능)

방음이 잘 안되는 한옥의 특성상 조용하게 지내는 매너가 필요하고 실내에서는 절대 금연이다.

식사

- **조식** (V) 가격 (무료) 석식 ( ) 기타 ( )

조식은 브런치 스타일로 토스트, 과일, 샐러드, 커피 등.

전주
게스트하우스

전 세계 배낭여행자가
한데 어울리는 곳

전주에서 한옥 민박이 아닌, 배낭여행자를 위한 도미토리가 있는 게스트하우스로는 최초의 집이
다. 대부분의 방이 다양한 인원이 들어가는 다인실 도미토리로 꾸며져 있는데다 규모도 커서 많
은 수의 젊은 배낭여행자들이 이곳을 거쳐 간다. 한옥마을에서는 가장 많은 인원을 수용한다. 배
낭여행을 많이 한 주인이 자신의 여행 경험을 살려 꾸민 전주게스트하우스는 외국인들이 많이
모이기로도 유명하다. 로비라운지는 젊은이들이 스스럼없이 어울려 술 마시고 놀기 좋게 꾸며져
있고, 주머니 가벼운 배낭여행자들의 편의에 맞도록 간단한 스낵도 판매한다. 저렴한 가격으로
하루를 머물 수 있고, 여러 나라의 다양한 친구를 사귈 수 있다는 장점이 있다. 느슨하고 거리낄
것 없는 분위기로 자유롭고 홀가분하게 머물 수 있다.

INFO

주소 전라북도 전주시 완산구 경원동2가 62   전화번호 063-286-8886

홈페이지 http://cafe.daum.net/chonjukorea   이용료 thankyou790@naver.com

이용료 도미토리 1만9천~3만원, 2인실 6만~7만원

교통 전주고속버스터미널에서 5-1이나 79번 버스를 타고 '한옥마을' 정류장에서 하차. 전주역에서는 12, 60, 79, 109,
119, 142, 508, 513, 536, 542~546번 버스를 타고 '전동성당' 정류장에서 하차. 경기전 뒤 우듬지소극장 옆에 위치.

테마 ●●●○○   편의시설 ●●●○○   교통편 ●●●○○   주변 환경 ●●●●○   가격 ●●●●○   친절도 ●●●○○

Check List

할인 쿠폰
1,000원

객실

- 객실 타입 도미토리 〔10인실 1개, 8인실 3개, 6인실 3개, 5인실 1개, 4인실 1개〕
  2인실 〔2개〕 / 온돌 〔 〕 침대 〔✓〕
- 객실 규모 객실 수 〔11개〕 최대 수용인원 〔70명〕

다양한 도미토리룸이 있어 선택의 폭이 넓다. 24시간 건물을 개방하기 때문에 출입이 자유롭다.

1층 로비에 간단한 스낵과 음료를 파는 매점이 있고 요리를 할 수 있는 공용 부엌도 있다. 샴푸, 치약, 비누의 경우 1회용품을 판매한다. 수건은 대여료(1천원)가 있다.

편의시설

- 화장실 / 샤워실 공용화장실 〔15개〕
- 욕실용품 수건 〔✓〕 샴푸 〔 〕 치약 〔 〕 비누 〔 〕
- 인터넷 공용 컴퓨터 〔✓〕 wi-fi 〔✓〕
- 기타시설 실내휴게소 〔✓〕 실외휴게소 〔✓〕 취사장 〔✓〕 매점 〔✓〕

규칙

- 체크인 / 아웃 체크인 〔15:00〕 체크아웃 〔10:00〕
- 소등 객실 소등 〔없음〕 휴게실 소등 〔없음〕
- 음주 / 취사 하우스 내 음주 〔가능〕 취사 〔가능〕 흡연 〔옥상이나 야외에서 가능〕

주류는 게스트하우스 내로 반입할 수 없지만 1층 매점에서 판매하는 것은 로비에서 사 마실 수 있다. 객실 안 음식물 반입은 금지.

식사

- 조식 〔✓〕 가격 〔3천원〕 석식 〔 〕 기타 〔 〕

조식은 아메리칸 스타일(토스트+잼+주스 등)을 셀프로 만들어 먹을 수 있다.

주인은 다국적 여행자를 한데 어울리게 하기 위해 게임을 진행하기도 하고, 때로는 저녁을 겸한 조촐한 파티를 제안하기도 한다.

차마당

넉넉한 인심과
담박한 차맛

INFO

주소 전라북도 전주시 완산구 교동 129-5　　**전화번호** 010-9877-9585

홈페이지 http://cafe.daum.net/chamadang-129　　**이용료** 2인실 5만원(1인일 경우 3만5천원)

교통 전주고속버스터미널에서 5-1이나 79번 버스를 타고 '한옥마을' 정류장에서 하차. 전주역에서는 12, 60, 79, 109, 119, 142, 508, 513, 536, 542~546번 버스를 타고 '전동성당' 정류장에서 하차. 향교길에서 오목대 방향에 위치.

테마 ●●●●○　　편의시설 ●●●○○　　교통편 ●●●○○　　주변 환경 ●●●●●　　가격 ●●●○○　　친절도 ●●●●○

방은 두 개 뿐이고 도미토리도 없지만 주인의 게스트에 대한 살뜰한 배려와 특유의 사교성으로 인해 게스트하우스에서 머무는 즐거움이 배가되는 곳이다. 혼자 가도 여럿이 가도 한옥 마루에 어울려 앉아 차 한 잔 기울이며 나누는 담소에 여행의 의미를 새삼 되새길 수 있다.

차마당이라는 이름처럼 한옥 전체에 풍기는 차 향기는 언제나 그윽하다. 주인의 인정스런 얼굴처럼 차 인심도 후하다. 하지만 값싼 차가 아니고 민박과는 별개로 차만 판매하는 곳이기도 하기 때문에 웰컴티 이상의 차를 얻어마셨다면 주인이 굳이 요구하지 않아도 찻값을 내는 센스도 필요하다. 한옥의 정취를 한껏 느낄 수 있는 거실 겸 마루에는 차를 마실 수 있는 좌식 탁자가 여럿 놓여 있지만 차를 내리는 주인이 앉는 곳이 그날의 차 파티가 시작되는 곳이다.

아무리 소심하고 겁 많은 여행자라도 쉽게 마음의 경계를 풀고 차 한 잔 앞에 놓고 한껏 수다를 떨게 하거나 한옥집의 분위기에 스스럼없이 젖도록 하는 것이 차마당 주인의 묘한 능력이다. 같은 탁자에 앉아 차를 마시는 그 누구나 친구가 되게끔 하는 자연스럽고 유쾌한 분위기의 게스트하우스다. 그래서 남모르는 사람과 함께 방을 쓰게 되더라도 차 한 잔 곁들이며 저녁나절을 함께 보내고 나면 이미 어색하지 않은 사이가 되어 버리곤 한다.

방은 한옥의 구조를 잘 살려 아늑하고 포근하다. 마루로 통하는 문 외에도 마당으로 바로 나갈 수 있는 문이 있어 다른 게스트들을 신경 쓰지 않고 오가기에 편하다. 이부자리는 아침마다 햇볕에 널어 일광욕을 시키고 베갯잇도 매일 빨아 잠자리도 뽀송뽀송하다. 다만 화장실은 밖으로 신발을 신고 나가야 하는 불편함이 있지만 수세식이라 사용하기 편하고 거실과 화장실을 공용으로 사용해야 하는 차마당의 구조에서는 오히려 화장실이 밖에 위치한 점이 편하게 느껴진다. 감수할 만한 불편이다.

차마당의 마루에서는 늘 분위기 있는 음악이 흘러나온다. 때로는 클래식이, 때로는 흘러간 옛 가요가, 또 때로는 명상음악이, 머무는 이들이 편안하게 쉴 수 있도록 한다. 마루 한쪽에는 철학서들이 즐비해 시골집에 놀러온 듯 하루 종일이라도 한옥에 머무는 여행을 가능하게 한다. 넉살좋고 유머러스하면서도 고즈넉한 차마당의 분위기, 차마당 게스트하우스와 그 주인의 한결같은 매력이다.

HOST INTERVIEW · 주인장 박철웅

"1999년에 처음 전북대 후문에서 찻집으로 시작했었죠. 그러다가 2005년에 지금의 자리에 게스트하우스 겸 찻집으로 문을 열었어요. 아직도 차마당을 즐겨 찾는 옛 손님들이 많아요. 단골이 많죠. 여기 오시는 분들은 사실 손님이라기보다는 다 친구들이에요. 차 한 잔, 또 술 한 잔 함께 기울이다보면 주인과 손님이 아니라 어느덧 친구가 되거든요. 저희 집에서는 흔한 일이에요. 사람이 좋아서 하는 일이지, 장사하듯 운영하진 않아요. 매일매일 저희 집에 찾아온 새로운 손님과 함께 차 한 잔 할 수 있다는 게 즐거운 거죠. 사람을 알아간다는 것이 얼마나 감사하고 행복한 일이에요. 많은 분들이 차마당을 내 집처럼 생각하고 차 한 잔의 여유를 느끼면서 격식 없이 그냥 편히 쉬었다 가셨으면 좋겠어요."

전주한옥마을에는 알려진 맛집도 많고 숨겨진 맛집도 꽤 있다. 알려진 맛집은 알려주는 곳이 많으니 여기서는 현지인이 알려주는 살짝 숨겨진 맛집을 둘러 보자. 일단 풍남문에서 가까운 남부시장에 성수식당과 정식당이 있다. 이 두 식당은 재래시장 내에 있으며 토속적이고 가정집 음식 같은 백반을 차려낸다. 사먹는 음식에 질릴 때쯤 찾으면 소박하고 단순한 집밥 같은 느낌의 식사를 할 수 있다. 한옥마을 내에는 경기전 길의 최명희 문학관 인근에 있는 나들벌 생태탕이 괜찮고 콩나물국밥으로 유명한 왱이집 근처에 있는 이모갈비의 갈비전골도 다른 곳에서는 맛보기 힘든 특색이 있다. 가맥(가게에서 먹는 맥주)으로 유명한 전주에서는 안주에 따라 다양한 가맥집을 선택할 수 있다. 전통적으로 명태와 황태 구이를 내는 가맥의 양대산맥인 초원슈퍼와 전일슈퍼, 닭발을 튀겨 주는 영동슈퍼 등 저렴한 가격에 골라먹는 재미가 있다. 전주하면 또 빼놓을 수 없는 것이 막걸리골목투어로 평화동막걸리, 삼천동막걸리, 서신동막걸리, 효자동막걸리, 경원동막걸리, 인후 · 우아동막걸리 등 다양한 막걸리 골목이 존재한다. 그 중 비교적 젊은 단골들이 모여들며 전주식 퓨전안주와 삼계탕을 기본으로 내는 서신동막걸리 골목이나 전주의 대표적 막걸리타운인 삼천동막걸리타운을 추천한다.

은근한 멋이 피어나는 한옥의 담벼락, 처마에 떨어지는 빗소리도 한가롭다.

치마당의 겨울은 바깥 날씨와는
관계없이 훈훈하다. 마루의 난로
주변에 옹기종기 모여앉아 고구마
구워먹는 재미가 쏠쏠하다.

풀잎이 한들거리고 달빛
머무는 한옥의 마당도
고즈넉한 사색의 장소다.

Photo

Check List

객실

- 객실 타입   2인실 〔2개〕 / 온돌 〔V〕 침대 〔 〕
- 객실 규모   객실 수 〔2개〕 최대 수용인원 〔8명〕

방은 2인실 두 개 뿐이지만 넓은 마루를
포함해 전체를 대관할 수 있고 혼자인
경우는 1인 요금만 받는다. 머무는
손님에 따라 한실을 도미토리 스타일로
쓰기도 한다.

편의시설

넓은 마루와 자연스럽게
꾸며진 마당을 오가며 내
집처럼 편히 쉴 수 있다는
것이 장점이다. 차를 중심으로
하는 게스트하우스인 만큼
손님에게 웰컴티를 대접한다.

- 화장실 / 샤워실   공용 〔1개〕
- 욕실용품   수건 〔V〕 샴푸 〔V〕 치약 〔V〕 비누 〔V〕
- 인터넷   공용 컴퓨터 〔 〕 wi-fi 〔V〕
- 기타시설   실내휴게소 〔V〕 실외휴게소 〔V〕 취사장 〔 〕 매점 〔 〕

할인쿠폰
3,000원

규칙

특별한 규칙이나 지켜야 할 룰 없이 편히
머물 수 있고 체크인과 체크아웃 시간도
구애받지 않는 편안한 분위기다.

- 체크인 / 아웃   체크인 〔14:00〕 체크아웃 〔11:00〕
- 소등   객실 소등 〔없음〕 휴게실 소등 〔없음〕
- 음주 / 취사   하우스 내 음주 〔가능〕 취사 〔불가능〕 흡연 〔마당에서만 가능〕

초정

골동품 가득한
풀들의 정원

자연스럽고 아담한 한옥 게스트하우스다. 초정은 한자 그대로 '풀들의 정원'이라는 뜻으로 안으로 들어서자마자 각종 야생화와 꽃 잔디, 식물들이 객을 반긴다. 정원이 가장 아름답고 풍성할 때는 초여름이지만 시기에 따라 달리 피는 꽃들 덕분에 사계절 내내 다양한 모습의 정원을 누릴 수 있다. 아기자기한 마당도 마당이지만 초정은 가히 골동품 전시장이라 표현해도 좋을 만큼 온갖 골동품들이 집안 곳곳을 차지하고 있다. 전주의 유명 대가인 학인당의 막내딸이 시집을 오며 터를 잡은 이 집은 이제 그 막내딸의 며느리가 지금껏 대를 이어 살아오고 있다. 곰방대, 놋그릇, 찻잔세트 등 온갖 골동품은 예로부터 집안에서 쓰던 물건들이라 더 손때 묻고 사연 깊은 것들이다. 커튼과 침구 등은 직접 황톳물을 들여 갖춰 놓았고, 사랑방 역시 황토방으로 꾸며져 있다. 매주 화요일은 안주인의 작업 때문에 게스트하우스는 하루 쉰다.

INFO

주소 전라북도 전주시 완산구 교동 139(향교길 88번지)　전화번호 063-284-5953

홈페이지 http://blog.naver.com/sus3043　이메일 sus3043@naver.com

이용료 2인실 5만원, 4인실 10만원(1인 추가 시 3만원)

교통 전주고속버스터미널에서 5-1이나 79번 버스를 타고 '한옥마을' 정류장에서 하차. 전주역에서는 12, 60, 79, 109, 119, 142, 508, 513, 536, 542~546번 버스를 타고 '전동성당' 정류장에서 하차. 향교길에서 기린로 방향에 위치.

테마 ●●●●○　편의시설 ●●●○○　교통편 ●●●○○　주변 환경 ●●●●●　가격 ●●●○○　친절도 ●●●○○

초정은 생활사 박물관이라 칭할 만큼 골동품이 많다.

갖가지 야생화와 풀들이 정답게 섞여 한들거리는 정원.

Check List

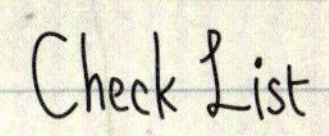

할인 쿠폰 1,000원

객실

- **객실 타입**　4인실 (2개), 2인실 (1개) / 온돌 (✓)　침대 ( )
- **객실 규모**　객실 수 (3개)　최대 수용인원 (12명)

> 6인까지 숙박이 가능한 '믿음방'에서는 간단한 취사가 가능하다.

편의시설

> 모든 방에 화장실과 미니 냉장고, 드라이기 등 편의시설이 갖춰져 있다. 작은 것이지만 건강을 위해 조식에 나오는 달걀프라이는 꼭 초란을 쓰고 있다.

- **화장실 / 샤워실**　객실마다 별도 1개씩
- **욕실용품**　수건 (✓)　샴푸 (✓)　치약 (✓)　비누 (✓)
- **인터넷**　공용 컴퓨터 (✓)　wi-fi (✓)
- **기타시설**　실내휴게소 (✓)　실외휴게소 (✓)　취사장 ( )　매점 ( )

규칙

> 마당과 집안 곳곳에 놓인 소품들이 대부분 골동품이기 때문에 각별히 소중히 다뤄주길 부탁한다. 어린 아이들이 있을 경우 뛰어다니며 기물을 파손할 위험이 있어 주의가 필요하다.

- **체크인 / 아웃**　체크인 (14:00)　체크아웃 (11:00)
- **소등**　객실 소등 (없음)　휴게실 소등 (없음)
- **음주 / 취사**　하우스 내 음주 (가능)　취사 (믿음방만 가능)　흡연 (마당에서만 가능)

식사

> 조식은 달걀프라이, 토스트, 옥수수, 차 등 조식세트.

- 조식 (✓)　가격 (무료)　석식 ( )　기타 ( )

프로그램

- 도예체험 (1시간, 1만5천원)

홍란미덕

사군자처럼
우애 있는 형제들

홍란미덕은 이 집 4남매의 이름 끝 자에서 따왔다. 그 이름에서부터 단란함이 묻어난다. 한옥은 원래 흙벽의 오래된 집이지만 새로 리모델링을 마쳐 귀한 외국 손님을 모시기에도 안성맞춤이다. 방도 네 개로 각각 홍·란·미·덕의 이름을 붙이고 있다. 사 남매의 이름을 따서 붙인 만큼 홍란미덕 게스트하우스의 경영 철학은 가족 중심이다. 마당은 아담하지만 방은 깊숙하게 넓어 아이들이 뛰놀아도 될 정도다. 방마다 놓여 있는 침구와 소품들이 고급스럽고 귀품 있다. 부드러운 조명과 깔끔한 시설도 매력적이다. 막내인 덕씨는 인근에 '덕만재'라는 게스트하우스를 한 군데 더 운영하고 있다. 홍란미덕이 격식을 차린 한옥이라면 덕만재는 캐주얼하면서도 마당이 넓고 편안한 손 때 묻은 한옥이다. 7개의 방들이 마당을 향해 일렬로 늘어서 있어 시원하고, 마당 한가운데의 키 큰 살구나무는 봄이 되면 흐드러진 꽃잎을 날려 낭만적인 분위기를 연출한다.

INFO

주소 전라북도 전주시 완산구 풍남동 3가 41-7　**전화번호** 070-8848-4788

홈페이지 blog.naver.com/holyholymin, blog.daum.net/hongranmiduk　**이메일** jedek88@naver.com

이용료 주말요금 덕실 2인실 5만원, 미실 2~4인실 8만원~, 란실 3~6인 10만원~, 홍실 6~10인실 17만원~
(평일요금 별도문의)

교통 전주고속버스터미널에서 5-1이나 79번 버스를 타고 '한옥마을' 정류장에서 하차. 전주역에서는 12, 60, 79, 109, 119, 142, 508, 513, 536, 542~546번 버스를 타고 '전동성당' 정류장에서 하차. 최명희길 중간쯤에 위치.

테마 ●●●●● 　편의시설 ●●●●○ 　교통편 ●●●○○ 　주변 환경 ●●●●● 　가격 ●●●○○ 　친절도 ●●●○○

Check List

객실

객실 타입 3~10인실 (3개) 2인실 (1개) / 온돌 (✓) 침대 ( )
객실 규모 객실 수 (4개) 최대 수용인원 (20명)

> 마당 넓은 덕만재는 각방에 화장실이 딸린 2~4인실이 5~12만원선이다.

편의시설

> 2인실인 '덕'방을 제외하고는 각 방에 화장실이 갖춰져 있다.

화장실 / 샤워실 개별욕실 (3개) 공용 (1개)
욕실용품 수건 (✓) 샴푸 (✓) 치약 (✓) 비누 (✓)
인터넷 공용 컴퓨터 ( ) wi-fi (✓)
기타시설 실내휴게소 ( ) 실외휴게소 (✓) 취사장 ( ) 매점 ( )

규칙

체크인 / 아웃 체크인 (14:00) 체크아웃 (11:00)
소등 객실 소등 (없음) 휴게실 소등 (없음)
음주 / 취사 하우스 내 음주 (가능) 취사 (불가능) 흡연 (마당에서만 가능)

> 조용히 쉬고자 하는 게스트가 많은 한옥 특성상 밤 11시가 넘으면 되도록 조용히 하는 매너가 필요하다.

한옥의 멋은 밤에도 여전하다.

마당 넓은 한옥에 머물고 싶다면 덕만재를, 고급스럽고 아기자기한 한옥을 원한다면 홍란미덕을 추천한다.

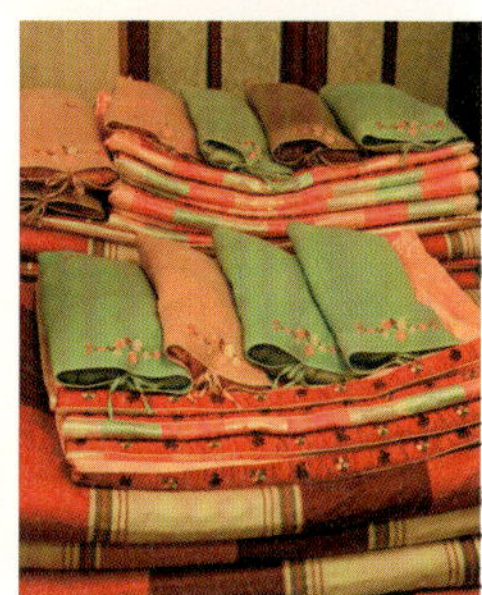

흰구름 뭉게구름

아늑한 카페,
깔끔한 침구

깔끔하게 정돈된 현대식 게스트하우스다. 3층 건물 전체가 하나의 게스트하우스로 외관도 실내도 모두 깨끗하고 단아하다. 1층은 도미토리가 마련되어 있고 2층은 온돌룸, 3층은 게스트하우스 주인 내외의 살림집이다. 안주인의 세심하고 아기자기한 성격 덕분에 객실과 복도, 화장실 등이 전체적으로 깨끗하고 단출하다. 침구는 황토로 물을 들여 건강을 생각했고, 군더더기 없는 실내는 깔끔하다. 직접 청소와 침구 정리 등을 하는 내외는 객실을 살림집처럼 알뜰살뜰 살핀다. 이 게스트하우스의 매력은 1층에 위치한 카페에 있다. 게스트들이 아침을 먹기도 하고 언제고 편하게 쉴 수 있는 아담하고 예쁜 카페는 마치 일반 카페같다. 모르는 이들은 커피 한 잔 하러 들어오기도 한다. 하지만 이 공간은 게스트를 위한 공용 공간으로, 비치되어 있는 차를 마실 수도 있고 독서를 하거나 컴퓨터 작업을 할 수도 있다. 부드럽게 흐르는 음악을 들으며 한 숨 쉬어가기 좋다.

INFO

주소 전라북도 전주시 완산구 교동 132-4(향교길 73-12)   전화번호 063-231-5503, 010-8574-4112

홈페이지 www.흰구름뭉게구름.kr   이메일 cmrgo@hanmail.net

이용료 도미토리 2만2천~3만4천원, 4인실 6만~8만원

교통 전주 고속버스터미널에서 5-1이나 79번 버스를 타고 '한옥마을' 정류장에서 하차. 전주역에서는 12, 60, 79, 109, 119, 142, 508, 513, 536, 542~546번 버스를 타고 '전동성당' 정류장에서 하차. 은행로에서 오목대 가는 방향에 위치. 차마당 옆.

테마 ●●●○○　편의시설 ●●●●○　교통편 ●●●○○　주변 환경 ●●●●●　가격 ●●●○○　친절도 ●●●●●

아늑한 카페에서 간단한 아침도 먹고, 커피 한 잔에 책 한 권의 여유를 만끽한다.

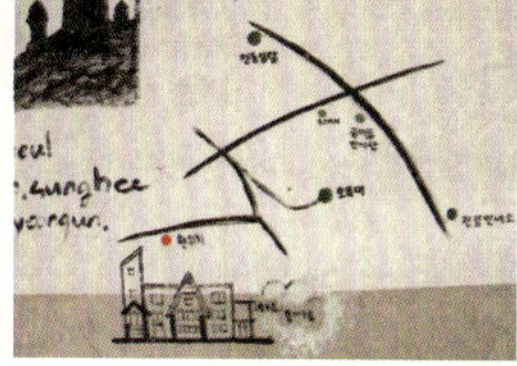

과일과 커피가 곁들여진 깔끔한 조식이 하루를 든든하게 해준다.

Check List

할인 쿠폰
2,000원

객실

- **객실 타입** 도미토리 (4인실 2개, 2인실 3개) 4인실 (6개) / 온돌 ☑ 침대 ☑
- **객실 규모** 객실 수 (11개) 최대 수용인원 (40명)

도미토리는 최대 4인실, 최소 2인실로 여느 가정집 방처럼 깔끔하다.

편의시설

도미토리를 포함해 방마다 냉장고와 TV, 생수가 구비되어 있다.

- **화장실 / 샤워실** 객실마다 별도 1개씩
- **욕실용품** 수건 ☑ 샴푸 ☑ 치약 ☑ 비누 ☑
- **인터넷** 공용 컴퓨터 ☑ wi-fi ☑
- **기타시설** 실내휴게소 ☑ 실외휴게소 [ ] 취사장 [ ] 매점 [ ]

규칙

- **체크인 / 아웃** 체크인 (15:00) 체크아웃 (11:00)
- **소등** 객실 소등 (없음) 휴게실 소등 (22:00)
- **음주 / 취사** 하우스 내 음주 (불가능) 취사 (불가능) 흡연 (불가능)

방에서의 흡연은 냄새가 베기 때문에 절대로 금물이다.

조식은 카페에서 아침 8:00~10:00에 토스트와 커피, 우유, 과일 등을 준비해준다.

식사

조식 ☑ 가격 (무료) 석식 [ ] 기타 [ ]

게스트하우스 415-25

하얀 침구의 로망,
군더더기 없는 실내

주택가 깊숙한 골목 안에 있다. 평범한 단독주택으로 1층은 호스트 가족이 거주하고 2층만 게스트하우스로 운영한다. 광주버스터미널에서 버스로 두 정거장, 광주역에서는 버스로 다섯 정거장, 광주 외곽에 있는 광주 송정역에서도 98번 버스를 타면 환승 없이 한 번에 올 수 있다. 광주 공항에서도 38번 버스를 타면 30~40분 만에 닿는다. 광주와 그 주변 여행을 하는 동안 베이스캠프로 활용해도 좋을 위치다. 대학에서 푸드 스타일링을 전공한, 아직은 앳된 여주인은 특히 청결에 신경 쓰는 여성들이 게스트하우스에 바라게 되는 기본 사항들을 충실히 갖췄다. 돈이 아깝지 않은 잠자리였다는 소리를 듣고 싶다는 주인은 불필요하고 의미 없는 조악한 장식을 배제하고 내부는 꼭 필요한 것들로만 깔끔하게 채웠다. 하얗고 깨끗한 침구 세트, 깔끔한 수건 같은 단순하고 기본적인 게스트하우스의 원칙을 지키려고 노력한다.

INFO

주소 광주광역시 북구 운암동 415-25   **전화번호** 010-3938-0417

홈페이지 blog.naver.com/leegukhwa   **이메일** leegukhwa@naver.com   **이용료** 도미토리 2만5천원

교통 광주역(서)에서 지원151번 버스를 타고 '제2 광천교' 정류장에서 하차, 약국 방향으로 걸어가다가 고가다리 밑으로 횡단보도를 2개 건넌 후 부영 상사와 대광스포츠 사잇길로 들어오면 대진수퍼 맞은 편.

테마 ●●●○○   편의시설 ●●●○○   교통편 ●●●○○   주변 환경 ●●●○○   가격 ●●●○○   친절도 ●●●○○

Check List

객실

- **객실 타입**   도미토리 [5인실 1개, 3인실 1개] / 온돌 [ ] 침대 [✓]
- **객실 규모**   객실 수 [2개] 최대 수용인원 [8명]

> 단독주택의 2층만 게스트하우스로 운영하며 모두 도미토리다. 1층에는 호스트와 가족이 산다. 예약자의 성별과 상황에 따라 그때그때 방 배정이 달라진다.

> 거실에 식탁이 있어 아침식사나 저녁에 둘러 앉아 맥주 한 캔하기 좋다. 기상 시간이 모두 다르기 때문에 화장대를 거실에 두어 취침 중인 투숙객이 불편하지 않도록 했다.

편의시설

- **화장실 / 샤워실**   공용 [1개]
- **욕실용품**   수건 [✓] 샴푸 [✓] 치약 [✓] 비누 [✓]
- **인터넷**   공용 컴퓨터 [ ] wi-fi [✓]
- **기타시설**   실내휴게소 [✓] 실외휴게소 [ ] 취사장 [ ] 매점 [ ]

규칙

- **체크인 / 아웃**   체크인 [14:00] 체크아웃 [10:00]
- **소등**   객실 소등 [없음] 휴게실 소등 [없음]
- **음주 / 취사**   하우스 내 음주 [가능] 취사 [불가능] 흡연 [테라스에서 가능]

> 체크인 시간을 호스트에게 꼭 미리 알려주어야 한다.

식사

> 조식은 식빵, 과일주스 등.

조식 [✓] 가격 [무료] 석식 [ ] 기타 [ ]

가정집 분위기의 게스트하우스라 소란하지 않고 조용하게 쉴 수 있다.

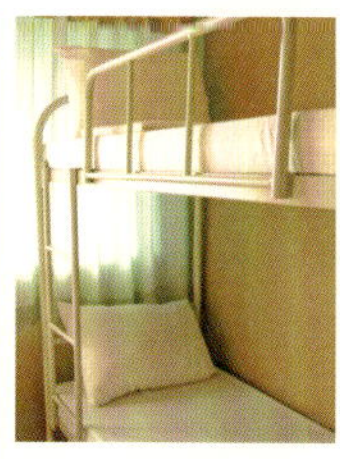

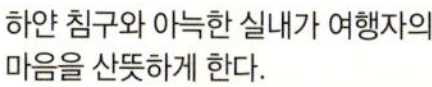

하얀 침구와 아늑한 실내가 여행자의 마음을 산뜻하게 한다.

남도게스트 하우스 광주점

여행 생활자가 만든
내 집 같은 숙소

모텔과 호텔 등 숙박시설이 넘쳐나서인지 아니면 자연의 관광지가 많지 않은 대도시이기 때문인지 광주에는 의외로 게스트하우스가 거의 없다. 남도게스트하우스는 몇 안 되는 광주 지역 게스트하우스의 시초다. 게스트하우스의 분위기란 곧 그 주인의 분위기를 따르듯 남도게스트하우스는 친척집 같이 편안한 분위기다. 구조도 일반 가정집 그대로다. 방에 도미토리용 2층 침대를 놓고 거실은 교류와 휴게 공간으로, 부엌은 공용 부엌으로 쓴다. 주인은 어떤 날은 주도적으로 파티를 벌이기도 하고 어떤 날은 고요히 독서하는 분위기를 만드는 등 게스트들의 성향에 맞게 그날그날 자연스러운 쉼이 되도록 게스트들을 지원한다. 방학 시즌에는 '내일러'들이 많이 찾고 그 외 비수기에는 외국인 여행자가 주를 이룬다. 덕분에 이곳에 머무르면 굳이 해외에 나가지 않아도 다양한 국적의 외국인 친구를 사귈 수 있다.

INFO

주소 전라남도 광주시 서구 내방동 839-18 3층   전화번호 010-6476-3255

홈페이지 www.namdohostel.com   이메일 namdogeha@naver.com   이용료 도미토리 2만2천원

교통 광주 송정역에서 지하철을 이용해 쌍촌역까지 온다. 쌍촌역 3번 출구로 나와 직진하다가 육교를 지나 정우목재사 골목으로 우회전한다. 300m쯤 길 따라 오다가 DC 홈마트에서 좌회전, 30m 가다가 전방 우측으로 청하빌라가 보인다. 광천버스터미널 인근에 위치해 있어 터미널에서 게스트하우스까지는 택시로 5분.

테마 ●●●○○   편의시설 ●●●○○   교통편 ●●○○○   주변 환경 ●●○○○   가격 ●●●○○   친절도 ●●●●●

시설보다는 자연스러움과 인정으로
승부하는 게스트하우스다.

Check List

할인쿠폰
2,000원

객실

객실 타입 도미토리 (여성전용 8인실 1개, 남성 혹은 혼성전용, 6인실 1개) 4인실 (1개) /
온돌 ( ) 침대 (√)

객실 규모 객실 수 (3개) 최대 수용인원 (18명)

> 남자 도미토리는 상황에 따라 혼성으로
> 쓰이기도 하며 4인실은 단체나 가족을 위한
> 독실이다. 이용료는 도미토리와 같이 인당
> 가격으로 받는다.

> 실내는 가정집과 같은
> 분위기이며 건물 1층에
> 슈퍼마켓이 있어 편리하고
> 옥상에서는 바비큐를 할 수
> 있다. 거실에 다양한 여행책자와
> 지도가 걸려 있고 주인의
> 설명이 친절해 여행 계획을
> 짜기에 좋다.

편의시설

화장실 / 샤워실 공용 화장실 (3개) 공용 샤워실 (2개)

욕실용품 수건 (√) 샴푸 (√) 치약 (√) 비누 (√)

인터넷 공용 컴퓨터 (√) wi-fi (√)

기타시설 실내휴게소 (√) 실외휴게소 (√) 취사장 (√) 매점 ( )

규칙

체크인 / 아웃 체크인 (12:00) 체크아웃 (12:00)

소등 객실 소등 (없음) 휴게실 소등 (없음)

음주 / 취사 하우스 내 음주 (가능) 취사 (가능) 흡연 (옥상에서만 가능)

> 일반 가정집처럼 공유하는 공간이
> 많고 또 그 공간이 철저히 분리되지
> 않기 때문에 타인에 대한 예의와
> 배려가 필요하다.

식사

조식 (√) 가격 (무료) 석식 ( ) 기타 ( )

> 조식은 토스트, 달걀프라이, 우유, 씨리얼, 커피 등이 제공되고 중식이나
> 석식은 게스트들의 합의하에 옥상에서 바비큐를 하기도 한다.

프로그램

비정기, 비규칙적으로 실비만 받고 주인장이 안내하는
담양 투어, 백양사 투어, 순천 투어 등이 이루어진다.

남도게스트 하우스 순천점

여행의 맛과 멋을
알고 싶다면 남도로

INFO

주소 전라남도 순천시 장천동 35-8   **전화번호** 010-4356-3255

홈페이지 http://blog.naver.com/namdogeha, blog.daum.net/two-eyed   **이메일** namdogeha@naver.com

이용료 도미토리 2만원
(코레일 내일로 티켓 소지자 15% 할인, 광주남도게스트하우스 이용객 10% 할인, 중복할인불가)

교통 순천버스터미널 오른쪽으로 약 350m 직진 후 사모아 모텔에서 우회전, 한소망 교회 지나서 왼쪽 골목
은색대문. 도보 5분 거리.

테마 ●●●○○   편의시설 ●●●○○   교통편 ●●●●●   주변 환경 ●●○○○   가격 ●●●○○   친절도 ●●●●○

남도게스트하우스는 광주점과 순천점 두 개의 지점이 서로 연계되어 있다. 광주의 남도게스트하우스가 좋았던 여행자라면 순천에서도 분명 비슷한 느낌의 게스트하우스에 머물고 싶을 테다. 게스트하우스의 분위기나 느낌이란 시설만을 의미하지는 않는다. 주인의 게스트에 대한 애정과 배려, 여행에 대한 철학 등이 게스트하우스의 분위기를 완성시킨다.

여행은 우리가 누리는 시설이 아니라 여행을 하며 만나는 사람과 함께 만들어 내는 시간들의 소소한 이야기다. 그런 점에서 남도게스트하우스는 여행을 풍성하게 만들어 준다.

이곳에서는 거의 모든 것이 자유다. 규칙이나 룰은 없고 다만 여럿이 머무는 공간인 만큼 낮과 밤, 때에 따라 타인에 대한 상식선의 배려와 매너면 충분하다. 하나라도 더 순천을 누리고픈 여행자를 위해 주인은 게스트의 빨래를 대신 빨아 널어준다. 스스로 여행자였던 기억에서 나오는 순수한 배려. "많은 것을 즐기고 싶어 하는 여행자에게 게스트하우스에 앉아 빨래를 해 입을 시간이 어디 있겠어요?" 주인은 여행을 알고 여행을 즐기고 더불어 여행자들의 손과 발이 되기를 주저하지 않는다.

시시콜콜 물어오는 여행자에게는 그런대로 답을 해주고 조용히 아무의 시선에도 신경 쓰고 싶지 않은 여행자를 위해선 홀로의 시간을 내어준다. 침대가 많아 친구를 사귀기도 쉽지만 반대로 흔적도 없이 홀연히 머물다 갈 수도 있다.

거실은 친구 자취방처럼 편안한 공간이다. TV를 보거나 책을 읽거나 여행 계획을 세우며 한가로운 시간을 보낼 수 있다. 여행정보는 거실의 각종 안내서에서 시작해 순천을 사랑하는 주인의 입담으로 마무리된다. 여행책자에는 없을 소소한 이야기들이 주인장의 입에서 흘러나온다. 그래서일까, 성수기에는 이 많은 침대 중에 하나를 차지하기가 힘들 정도로 사람이 북적인다. 그럴 땐 마음 맞는 여행자들을 모아 주인이 직접 맛집 투어나 거리 투어를 시켜주기도 하고 혹은 게스트들끼리 즐거운 시간을 가질 수 있도록 돕는다.

간혹 스태프로 일하며 장기투숙을 하는 여행자도 만날 수 있다. 한국인뿐 아니라 다양한 외국인이 드나들기 때문에 이들과 소통하며 시간을 보내는 것도 색다른 즐거움이다. 하룻밤 잠만 자는 것이 목적이 아니라 다양한 사람과 세계를 만나고 싶은 사람에게 추천한다.

HOST INTERVIEW · 주인장 노형수 ─────────────

"전 사실 서울 사람이에요. 여기저기 여행을 하다가 순천에 반해 아주 눌러앉아 버렸죠. 여기 있다 보니 젊은 여행자들을 많이 만나는데 부모 곁을 떠나 처음으로 자기들만의 여행을 시작하는 대학생들이 많아요. 철도청에서 방학시즌을 이용해 내일로 티켓을 팔면서 내일러들이 엄청나게 생겼거든요. 7~8월엔 도미토리가 늘 풀로 꽉 차고도 침대가 모자랄 지경이에요. 저는 남도게스트하우스가 젊은 친구들에게 뭔가 생각의 틀을 넓혀 주는 장소가 됐으면 좋겠어요. 여기 와서 다양한 국내외 친구들을 만나고 어울리다 보면 자연스럽게 체득되는 것들이 있죠. 저는 그저 약간의 조언과 도움을 줄 뿐이고요. 그렇다고 무턱대고 도와주는 것은 아니고 근본적으로는 여행자 스스로 뭐든 해결할 수 있도록 조언하죠. 여행은 스스로 자기의 길을 찾아가는 과정이니까요."

남도인 순천에는 누구나 예상하듯 맛있는 집도 많다. 그 중 중앙시장 안 괴목식당(풍덕동, 063-741-7888, 국밥 6천원)의 순대국밥이 있다. 이 순대국밥에는 순대가 없다. 갖은 돼지내장으로 국밥을 만다. 흔히 보는 걸쭉한 순대국밥이 아니라 사골국물을 내듯 오래 끓인 육수에 콩나물과 부추, 다진 양념이 어우러진 깔끔한 맛이다. 2인 이상 왔을 때 6천원짜리 국밥을 주문하면 수육과 순대가 서비스로 나오는데 그 양이 수육을 따로 주문한 듯 푸짐해 늘 허기진 여행자의 배를 만족시킨다. 또 다른 곳은 문화의 거리 인근의 양지쌈밥(중앙동 삼성생명 뒤, 063-752-9936, 고등어쌈밥 7천원, 주꾸미볶음쌈밥 8천원)이다. 담백한 고등어조림과 매콤달콤한 주꾸미볶음을 쌈에 싸먹는다. 얼큰하면서도 담백한 고등어조림과 뜨거운 돌판에 나오는 주꾸미볶음을 각종 쌈 채소와 삶은 양배추 등에 싸먹으면 맛의 즐거움이 한 입 가득 퍼진다. 부추전, 꼬막 등 반찬도 남도답게 다양하게 나온다.

자유롭고 개방적인 남도 게스트하우스에서는 친구 사귀기도 자연스럽다.

각 침대 위에는 수건이 하나씩 구비되어 있어 편리하다.

일반 가정집 같은
분위기로 음식도 자유롭게
해먹을 수 있다.

Check List

할인 쿠폰
3,000원

객실

객실 타입 도미토리 [여성전용 12인실 1개, 8인실 3개] / 온돌 [ ] 침대 [✓]

객실 규모 객실 수 [4개] 최대 수용인원 [36명]

여성전용 객실에는
화장실이 방안에
딸려 있어 편하다.

편의시설

세탁기를 자유롭게 사용할
수도 있고 매니저에게 맡기면
빨아주기도 한다. 거실에
대형 TV가 있어 DVD시청에
용이하다.

화장실 / 샤워실 공용 화장실 [5개]

욕실용품 수건 [✓] 샴푸 [✓] 치약 [✓] 비누 [✓]

인터넷 공용 컴퓨터 [✓] wi-fi [✓]

기타시설 실내휴게소 [✓] 실외휴게소 [✓] 취사장 [✓] 매점 [ ]

규칙

체크인 / 아웃 체크인 [없음] 체크아웃 [없음]

소등 객실 소등 [없음] 휴게실 소등 [없음]

음주 / 취사 하우스 내 음주 [가능] 취사 [가능] 흡연 [마당에서만 가능]

밤에 거실에서 큰 소리를 내거나
만취해서 불편을 끼치는 행위 등을
하면 강제 퇴실당할 수도 있다.
타인에 대한 매너만 지키면 특별한
규칙은 없고 체크인&아웃도
아무때나 할 수 있다.

식사

조식 [✓] 가격 [무료] 석식 [ ] 기타 [ ]

조식은 토스트, 달걀프라이,
우유, 주스, 커피 등.

프로그램

비정기적, 비규칙적으로 주인이 게스트와 함께
맛집을 찾아다니거나 순천만이나 선암사 등으로 함께
투어를 떠나기도 한다.

느림 게스트하우스

부티크 게스트하우스의
고급스러움과 개성이 흐르는 곳

INFO

주소 전라남도 순천시 풍덕동 887-25번지

전화번호 070-7647-9522, 010-9229-8917

홈페이지 www.nreem.co.kr

이메일 baesoonchul@daum.net

이용료 도미토리 2만원

교통 순천역에서 횡단보도를 건넌 후
이인수 과자점에서 코너를 돌아 50m쯤
내려오면 농협하나로마트, 그 골목으로
들어오면 4거리 코너에 위치. 도보 5분.

테마 ●●●●○　편의시설 ●●●●●　교통편 ●●●●●　주변 환경 ●●●○○　가격 ●●●○○　친절도 ●●●●●

마치 부티크 호텔처럼 그만의 독특한 품격과 인테리어를 자랑하는 이곳은 부티크 게스트하우스라 칭해도 좋을 만큼 세련됐다. 평범한 2층 건물이지만 거실에서 밖을 향해 나 있는 통창과 사랑스러운 빨간 대문이 좋은 첫 인상을 갖게 한다.

고급스러운 인테리어에 사랑스러운 장식 등으로 공간을 꾸몄다. 귀품 있는 단독주택의 구조를 하고 있으면서도 군더더기 없이 깔끔한 내부다.

거실은 아늑한 조명의 우아한 분위기로 조용히 책을 읽거나 일기를 쓰며 보내기 좋은 장소다. 한쪽에는 굳이 밖으로 나가지 않아도 라면이나 햇반, 음료 등을 사먹을 수 있는 깔끔한 셀프 매점이 있고 주방에서는 간단한 음식을 만들어 먹을 수 있다.

입구에는 마치 여행안내센터의 프런트처럼 여행안내서를 모아놓은 책꽂이도 있다. 공용 컴퓨터를 쓸 수 있는 책상이 따로 마련되어 있어 간단한 컴퓨터 작업이 가능하고 공간이 넓어 각자의 시간을 갖기에도, 혹은 함께 모여 담소를 나누기에도 좋다. 거실에 TV는 일부러 놓지 않았다. 여행을 와서까지 TV 보기로 여행자들의 아까운 시간이 채워지는 것을 원하지 않기 때문이다. 그만큼 순천에는 볼 것도, 놀 것도, 만날 사람도 많다는 의미다.

깔끔한 2층 건물은 막 리모델링을 마쳤다. 보통은 한두 달이면 끝내는 리모델링이지만 3~4개월 간의 정성을 들인 끝에 원하는 공간을 얻었다고. 그만큼 집안 곳곳에 애정이 담뿍 묻어 있다.

1층은 게스트하우스로 쓰고 2층은 살림집, 3층의 옥상은 게스트들이 한데 어울리거나 바람을 쐴 수 있는 휴게 공간으로 꾸몄다. 다만 가정집들이 밀집해 있는 지역이라 유흥을 위한 음주나 소음은 자제해야 한다. 조용하게 별을 바라보거나 사색을 즐기고 음료를 마시며 이야기꽃을 피우는 정도로 활용하면 좋다.

1층의 도미토리는 침구부터 남다르다. 그린, 퍼플, 오렌지라는 룸의 이름처럼 전체적으로 상큼한 느낌이다. 도미토리의 깨끗함은 기본이다. 화장실도 깔끔하다. 집보다 좋은 집, 여행을 떠나와서도 내 집처럼 안락하게 쉴 수 있는 집, 게스트하우스의 이름처럼, 바쁜 여행일정 중에 잠시 짬을 내어 느리게 흘러가는 시간을 여유 있게 누려볼 수 있는 집이다.

HOST INTERVIEW · 주인장 배순철 · 조혜영

"사실 결혼하기 전 제 직업은 유치원 교사였어요. 손님들이 집 안 곳곳이 귀엽고 아기자기하다고들 하시는데 아마 직업 영향이 좀 있는 것 같아요. 또 이 집은 게스트하우스이기도 하지만 결혼한 지 얼마 안 된 저희 부부의 신혼살림집이기도 하거든요. 남편은 순천 토박이이고 저는 광주에서 살다가 순천으로 시집왔죠. 남편의 순천 사랑은 남달라요. 연애할 때부터 순천 자랑을 엄청 하더라고요. 게스트하우스를 연 것도 아름답고 인심 좋은 순천을 외지인에게 널리 알리고 싶어서였으니까요. 어떻게 하면 순천을 여행의 메카로 자리매김하게 할 것인가를 고민하죠. 순천이 대한민국에서 가장 살기 좋은 지역 1위로 꼽혔었다는 것 아세요? 많은 분들이 순천에 찾아와 주시고 순천에서 좋은 추억 많이 만들어 가셨으면 좋겠어요."

순천하면 바로 순천만 자연생태공원의 갈대숲을 떠올리는 사람들이 많지만, 사실 순천만 생태공원은 관광객들의 천국이다. 현지인들이 살짝 귀띔해주는 일출과 일몰 명소는 따로 있다. 순천 토박이들이 추천하는 순천만 포인트는 화포 해변과 와온 해변이다. 화포 해변에서는 일출과 일몰을 모두 볼 수 있고 와온 해변에서는 관광객에게 전혀 치이지 않고 고요하고 오롯한 나만의 일몰을 감상할 수 있다. 더구나 입장료나 주차료도 없다. 사진 찍기에 급급한 초보 여행자들을 뒤로 하고 온전히 순천만의 아름다움을 담기에는 이렇게 감춰져 있는 곳이 제격이다. 순천만 자연생태공원의 갈대숲을 한번쯤 경험한 여행자라면 두 번째는 현지인이 즐기는 그들만의 장소에 가볼 것을 권한다. 고즈넉한 일몰의 평화란 무엇인지를 온몸으로 느끼게 될 테다. 모두 순천역에서 멀지 않고 순천만 갈대숲도 그 인근에 있다.

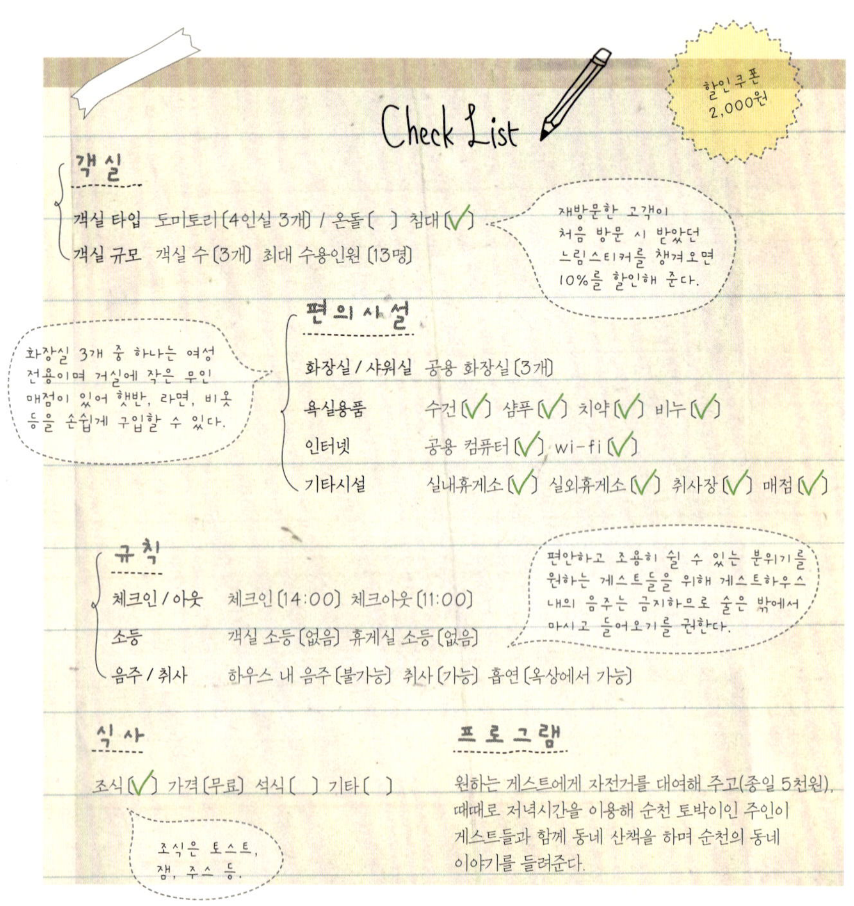

오렌지 톤의 거실 조명이 여행으로 지친 몸을 편히 쉬게 한다.

깔끔하고 아기자기한
부엌에서 볶음밥이나
파스타 등의 간단한 음식을
해먹을 수 있다.

햇반, 비옷 등을 파는 식탁
옆 무인매점도 인기.

다양한 여행책자가 꽂혀 있는
거실에서 삼삼오오 모여 여행계획을
세운다.

다님 백팩커스

순천역에서 도보 1분,
기차이용객들의 보금자리

올해 봄에 문을 연 다님 백팩커스는 다님투어라는 여행사를 모태로 한다. 덕분에 다양한 여행정보와 투어 프로그램을 손쉽게 알아보고 예약할 수 있다는 것이 장점이다. 또 순천역 바로 앞에 위치하고 있어 기차를 이용해 들고 나기 편하다. 그래서인지 코레일의 내일로 티켓을 이용해 여행을 하는 '내일러'들이 많이 이용한다. 여행을 좋아하는 30대 초반의 형제가 함께 운영하는 다님 백팩커스는 내 집같이 편안하면서도 쾌적하다. 게스트하우스는 일반 아파트의 가정집 분위기로 방들이 거실을 중심으로 둥글게 배치되어 있어 게스트가 서로 모여 교류하기 좋다. 다님 백팩커스는 처음에 경북에서 문을 열어 1, 2호점이 대구에 있고 순천점에 이어 부산과 서울, 안동 등에 또 다른 지점을 곧 오픈 할 예정이다. 성수기나 주말, 게스트가 북적일 때는 여행자들의 친목도모를 위해 주인이 막걸리 파티를 열기도 한다. 게스트의 인원에 따라 주인이 몇 병의 막걸리를 준비해 주면 얼마나 재미있게 그 자리를 즐기느냐는 순전히 게스트들의 몫이다.

INFO

주소 전라남도 순천시 조곡동 160-8번지 3층　**전화번호** 070-7532-9119, 010-2819-6392

홈페이지 www.facebook.com/danimbackpackers　**이메일** danimguesthouse@gmail.com

이용료 도미토리 2만1천~2만5천원, 2인실 5만원, 4인실 8만~9만원(코레일 내일로 티켓 소지자 2천원 할인)

교통 순천역에서 횡단보도 건너 파리바게트 건물 3층.

테마 ●●●○○　편의시설 ●●●●○　교통편 ●●●●●　주변 환경 ●●●○○　가격 ●●●○○　친절도 ●●●○○

방이 각각 떨어져 있고
거실 공간이 넓어
머물기에 부담이 없다.

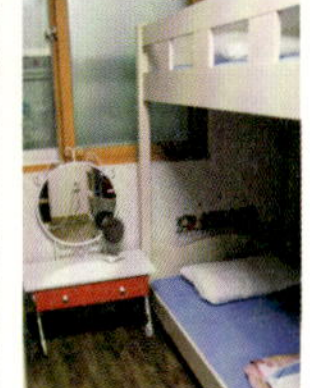

주방이 거실과
분리되어 있어
요리를 해먹기에
편하다.

Check List

할인 쿠폰
2,000원

객실

객실 타입　도미토리 (8인실 2개) 4인실 (2개) 2인실 (1개) /
　　　　　　온돌 ( ) 침대 (✓)

객실 규모　객실 수 (5개) 최대 수용인원 (26명)

창밖으로 순천역이
내려다보인다. 역 앞이지만
산만하지 않고 평범한
가정집 분위기가 난다.

세탁기를 자유롭게 이용할
수 있으며 가정집 분위기라
주방에서 조리하기도 편하다.
게스트하우스 내에서 여행사
업무를 같이 하기 때문에
여행 관련 정보를 찾기 쉽고
예약하기도 편하다.

편의시설

화장실 / 샤워실　공용 화장실 (2개)

욕실용품　　　　수건 (✓) 샴푸 (✓) 치약 (✓) 비누 (✓)

인터넷　　　　　공용 컴퓨터 (✓) wi-fi (✓)

기타시설　　　　실내휴게소 (✓) 실외휴게소 ( ) 취사장 (✓) 매점 ( )

규칙

체크인 / 아웃　체크인 (15:00) 체크아웃 (10:00)

소등　　　　　　객실 소등 (없음) 휴게실 소등 (없음)

음주 / 취사　　　하우스 내 음주 (가능) 취사 (가능) 흡연 (불가능)

순천 도착과 떠나는 시간을
고려해 24시간 개방하며 출입도
자유롭게 할 수 있다.

식사

조식은 토스트, 달걀프라이, 커피 등.

조식 (✓) 가격 (무료) 석식 ( ) 기타 ( )

프로그램

성수기에는 매일 저녁 주인이 소정의 막걸리를
제공하며 간단한 막걸리 파티를 한다.

순천 게스트하우스

(여성 전용)

김밥 한 줄에 담긴
언니들의 정

순천 유일의 여성전용 게스트하우스다. 순천 토박이인 주인 자매는 게스트들을 동생같이 편하게 대한다. 게스트하우스의 호스트이지만 한편으론 언니나 이모처럼 따뜻한 주인 덕분에 여자들이 안전하고 마음 편히 쉴 수 있는 곳이다. 때문에 한 번 왔던 게스트는 순천에 오면 다시 이곳에 들르기를 주저하지 않는다. 감동적인 것은 매일 아침 주인이 직접 싸주는 한 줄의 김밥이다. 사먹는 김밥과는 차원을 달리하는 담백하고 깊은 맛에 정까지 더해진다. 아침 8시에서 8시 반 사이에 먹을 수 있고, 기차시간에 쫓겨 먹을 시간이 없을 때는 싸주기도 한다. 1층에 도미토리가 있고 2층은 여주인의 살림집이다. 이 집에서 30년 넘게 산 주인의 살뜰한 손길이 묻어 있다. 순천에서 나고 자란 주인은 순천의 숨겨진 여행 장소와 보물들을 술술 꿴다. 비수기에 사람이 적고 여유가 있을 때는 주인이 직접 일출이나 일몰투어를 안내하기도 한다.

INFO

주소 전라남도 순천시 풍덕동 864-4번지   **전화번호** 010-6610-2178

홈페이지 http://scminbak.blog.me   **이메일** scminbak@naver.com   **이용료** 도미토리 2만원

교통 순천역에서 횡단보도를 건넌 후 미니스톱 편의점을 끼고 오른쪽 코너를 돌면 광주은행, 은행을 지나 걸어가다가 하나축산마트를 끼고 오른쪽으로 돌면 신광세탁소 맞은편에 위치.

테마 ●●●●●   편의시설 ●●●○○   교통편 ●●●●●   주변 환경 ●●●○○   가격 ●●●○○   친절도 ●●●●●

Check List

객실

- **객실 타입** 도미토리 [6인실 1개, 5인실 1개, 4인실 1개] / 온돌 [ ] 침대 ✓
- **객실 규모** 객실 수 [3개] 최대 수용인원 [15명]

여성전용이라 화장실에 다양한 바디용품이 구비되어 있어 편리하다. 조용하게 쉬는 분위기를 만들기 위해 TV는 없다. 세탁기는 무료로 사용할 수 있지만 여름에는 사용 시간을 정해놓고 한꺼번에 돌린다.

편의 시설

- **화장실 / 샤워실** 객실마다 별도 1개씩
- **욕실용품** 수건 ✓ 샴푸 ✓ 치약 ✓ 비누 ✓
- **인터넷** 공용 컴퓨터 [ ] wi-fi ✓
- **기타시설** 실내휴게소 ✓ 실외휴게소 ✓ 취사장 ✓ 매점 [ ]

규칙

- **체크인 / 아웃** 체크인 [14:00] 체크아웃 [10:00]
- **소등** 객실 소등 [없음] 휴게실 소등 [없음]
- **음주 / 취사** 하우스 내 음주 [가능] 취사 [가능] 흡연 [야외탁자에서 가능]

방안에서 음식물을 먹거나 침대 위에서 화장을 하는 것은 금지다.

식사

조식 ✓ 가격 [무료] 석식 [ ] 기타 [ ]

조식은 주인이 매일 아침 직접 만든 홈메이드 김밥 한줄과 김치, 보리차가 제공된다. 단, 아침 8:00~8:30에만 먹을 수 있다.

프로그램

비수기 때는 순천의 일출과 일몰 명소인 화포 해변이나 와온 해변으로 게스트를 안내하기도 한다.

여성들만 사용하는 공간이다 보니 깔끔하고 아기자기하다.

순천투어 게스트하우스

역전의 내일러,
역전의 추억

순천은 전남지역 교통의 허브이자 전남으로 깊숙이 들어가는 관문. 게스트들에겐 남도 여행의 다양한 정보를 얻고 준비하기에 좋은 장소다. 그런 점에서 순천을 건너뛰고 전라도를 여행한다는 것은 어불성설이다. 순천투어 게스트하우스는 2012년 여름에 새로 생겼다. 순천역 바로 앞에 위치해 있다. 순천역에서 횡단보도 하나만 건너면 바로 보인다. 때문에 체크인 시간이 늦을 경우 순천에 머물 예정이라면 이용해볼 만하다. 로비 테이블에서 간단한 다과를 할 수 있고 상주하는 매니저를 통해 여행 정보를 구하기도 쉽다. 때에 따라 게스트 간의 친목 도모와 여행 정보 교환을 위해 로비에서 간단하게 막걸리를 준비해준다. 도미토리 베드가 많은 것을 감안해 샤워부스와 화장실이 따로 분리되어 있어 사용하기 편하고 주방에서 음식도 만들어 먹을 수 있다. 여행을 좋아하는 여주인은 경우에 따라서 게스트들에게 드라마 세트장과 순천만 등을 안내하기도 한다.

INFO

주소 전라남도 순천시 조곡동 160-3 2층   전화번호 070-4252-6848

홈페이지 http://blog.naver.com/tour6848   이메일 tour6848@naver.com

이용료 도미토리 2만~2만3천원, 2인실 5만~5만5천원

교통 순천역에서 횡단보도를 건넌 후 코너를 돌아 이인수 과자점 2층.

테마 ●●●○○   편의시설 ●●●○○   교통편 ●●●●●   주변 환경 ●●●○○   가격 ●●●○○   친절도 ●●●○○

아무리 늦게 순천에
도착해도 역 앞
게스트하우스가 있어
마음이 불안하지 않다.

로비에서 컵라면
등을 먹을 수 있고
각종 여행정보도
구하기 쉽다.

Check List

객실

- 객실 타입 도미토리 [12인실 1개, 4인실 2개] 2인실 [1개] / 온돌 [ ] 침대 [✓]
- 객실 규모 객실 수 [4개] 최대 수용인원 [22명]

할인쿠폰
2,000원

역 앞 도로변에 있는 건물에 위치한
게스트하우스라 객실의 분위기가 약간
산만할 수도 있다.

편의시설

개인용 사물함이 커서 짐
보관에 용이하다. 2층이지만
전용 엘리베이터가 있어
편리하다.

- 화장실 / 샤워실 변기 [남자 1개, 여자 2개] 샤워부스 [남자 1개, 여자 3개]
- 욕실용품 수건 [✓] 샴푸 [✓] 치약 [✓] 비누 [✓]
- 인터넷 공용 컴퓨터 [✓] wi-fi [✓]
- 기타시설 실내휴게소 [✓] 실외휴게소 [ ] 취사장 [✓] 매점 [ ]

규칙

- 체크인 / 아웃 체크인 [14:00] 체크아웃 [11:00]
- 소등 객실 소등 [없음] 휴게실 소등 [없음]
- 음주 / 취사 하우스 내 음주 [가능] 취사 [가능] 흡연 [불가능]

특별한 규칙은 없지만 로비에서
밤 늦게까지 떠들거나 술 마시는
것은 자제하길 권한다.

식사

- 조식 [✓] 가격 [무료] 석식 [ ] 기타 [ ]

조식은 토스트, 달걀프라이, 커피 등.

프로그램

시기에 따라 저녁에 약간의
막걸리를 제공하기도 한다.

올라 게스트하우스

세 남자의
놀이터

올라는 스페인어로 '안녕'이라는 뜻이다. 모든 게스트에게 반갑게 인사를 건네는 올라 게스트하우스는 존, 제프, 리오라는 닉네임을 쓰는 세 친구가 함께 운영한다. 친구 사이인 30대 세 남자는 여성 못지않은 꼼꼼함으로 게스트하우스의 이모저모를 살핀다. 세 친구 중 제프는 게스트하우스의 시설 전반을 관리하고 리오는 홍보와 마케팅을 담당하고 존은 재무를 맡는 등 세 친구는 분업을 통해 보다 효율적이고 안정적으로 게스트하우스를 운영한다. 하루 머무는 게스트하우스의 의미를 넘어 길 위에 있는 여행자의 피로를 풀어줄 수 있는 편안한 분위기를 만들고 싶었다고 세 친구는 입을 모은다. 올라 게스트하우스의 모토는 "새로운 사람과 만나는 즐거움"이다. 거실에는 다 같이 할 수 있는 축구오락게임도 구비되어 있고 저녁에는 원하는 게스트들을 모아 '만원 삼겹살 파티'를 열기도 한다. 마당이 없는 게 단점이지만, 바로 옆에 붙은 그린공원으로 대신할 수 있다.

INFO

주소 전라남도 순천시 해룡면 상삼리 664-3번지　전화번호 010-2957-0907

홈페이지 www.holahouse.com　이메일 holahouse@gmail.com　이용료 도미토리 1만8천원

교통 순천역 맞은편에서 71, 72, 777, 53번 버스를 타고 금당 대주파크빌 정류장에서 하차하면 순천 기적의 도서관 바로 옆에 위치. 순천역에서 택시로 5분(택시요금 약 3천원).

테마 ●●●○○　편의시설 ●●●○○　교통편 ●●○○○　주변 환경 ●●●○○　가격 ●●●○○　친절도 ●●●○○

Check List

객실

객실 타입   도미토리 (여성전용 12인실 1개, 남성전용 6인실 1개) / 온돌 ( ) 침대 (✓)

객실 규모   객실 수 (2개) 최대 수용인원 (18명)

> 도미토리 침대는 깔끔하며 주말
> 평일 구분 없이 같은 가격이다.

> 세탁기를 자유롭게 사용할
> 수 있으며 1인당 1개의
> 개인 사물함을 쓸 수 있다.
> 게스트하우스 바로 옆에
> 공원이 있어 아침 저녁으로
> 산책하기 좋다.

**할인쿠폰
2,000원**

편의시설

화장실 / 샤워실   공용 화장실 (2개)

욕실용품   수건 (✓) 샴푸 (✓) 치약 (✓) 비누 (✓)

인터넷   공용 컴퓨터 (✓) wi-fi (✓)

기타시설   실내휴게소 (✓) 실외휴게소 ( ) 취사장 (✓) 매점 ( )

규칙

체크인 / 아웃   체크인 (13:00) 체크아웃 (11:00)

소등   객실 소등 (없음) 휴게실 소등 (없음)

음주 / 취사   하우스 내 음주 (가능) 취사 (가능) 흡연 (불가능)

> 게스트하우스 내에서는
> 금연이며, 술 반입 역시 금지다.
> 게스트하우스에서 제공하는 술만
> 마실 수 있다.

식사

조식 (✓) 가격 (무료) 석식 (삼겹살 파티 1만원) 기타 ( )

> 조식은 토스트, 잼, 우유 등.

프로그램

게스트들끼리 어울려 언제든 거실에 있는
x-box라는 축구게임을 즐길 수 있다.

게스트하우스가
공원 옆에 있는 덕에
아침저녁으로 산책길에
나서는 게스트들이 많다.

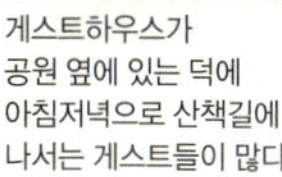

조용하고 포근한 분위기의
깔끔한 침대에 누우면 금세 잠에 빠진다.

은행나무 게스트하우스

은행나무 아래서
진돗개 두 마리와 함께

마당의 커다란 은행나무가 반기는 은행나무 게스트하우스는 가정집을 살짝 개조해 꾸몄다. 바로 옆으로 천이 흐르는 마당의 은행나무 밑으로는 멋들어진 평상이 마련되어 있어 그 자리에 앉는 것만으로도 게스트들의 마음을 시원하고 평화롭게 한다. 이곳에서 간단하게 맥주 한 잔 할 수도 있고 삼겹살을 구워먹고 싶다면 아주머니에게 부탁하면 된다. 엄마 같은 주인 아주머니가 1층에 살림을 살고 게스트하우스는 2층에 있다. 그야말로 친구 집에 잠깐 놀러온 느낌으로 머물게 되는 이곳은 특히 여성들이 안전하고 편안하게 쉴 수 있는 집이다. 마당의 갖가지 아기자기한 소품과 돌탑, 벽화들은 주인 아주머니의 센스가 만들어낸 작품들이다. 실내가 넓지 않은 대신 마당이 시원하게 넓어 게스트들이 휴식과 여가를 즐기기에 좋다. 갤러리와 한옥도서관, 각종 맛집 등 구경할 것 많고 먹거리 많은 '문화의 거리' 인근에 위치해 순천의 거리를 누비기에도 편하다.

INFO

주소 전라남도 순천시 옥천동 41-8   **전화번호** 061-752-6903, 010-4160-6903

홈페이지 http://blog.naver.com/ginkgohouse   **이메일** ginkgohouse@naver.com

이용료 **평일요금** 도미토리 1만8천원 **주말요금** 1만9천원

교통 순천역에서 중앙시장 방향으로 가는 버스(역을 지나는 버스 중 80%가 감)를 타고 '중앙시장' 정류장에 내려 곱창골목방향으로 걷다보면 나온다. 순천버스터미널에서는 도보 10분.

테마 ●●●○○   편의시설 ●●●○○   교통편 ●●●○○   주변 환경 ●●●○○   가격 ●●●○○   친절도 ●●●●●

게스트들과 쉽게 친해지는 진돗개
두 마리가 마당을 지키고 있다.

친구집에 놀러온 듯
편하게 쉬었다 갈 수 있는
마당 넓은 집.

Check List

객실

객실 타입 도미토리〔여성전용 4인실 2개, 남성전용 6인실 1개〕/
온돌〔 〕 침대〔✓〕

객실 규모 객실 수〔3개〕 최대 수용인원〔14명〕

> 게스트의 안전을 위해 2층에는 주인
> 아주머니가 늘 볼 수 있는 CCTV가
> 설치되어 있다. 현재 마당 쪽에
> 게스트하우스 건물을 신축 중이며
> 완성되면 30~40개의 도미토리 침대가
> 더 생길 예정이다.

편의시설

> 마당에 2대의 세탁기가 놓인
> 세탁실이 따로 마련되어 있어
> 빨래가 용이하고 마당이
> 넓어 말리기도 좋다. 마당
> 바로 옆으로 천이 흘러 천변
> 산책이 편하다.

화장실 / 샤워실 공용 화장실〔3개〕

욕실용품 수건〔✓〕 샴푸〔✓〕 치약〔✓〕 비누〔✓〕

인터넷 공용 컴퓨터〔✓〕 wi-fi〔✓〕

기타시설 실내휴게소〔✓〕 실외휴게소〔✓〕 취사장〔✓〕 매점〔 〕

규칙

체크인 / 아웃 체크인〔15:00〕 체크아웃〔10:00〕

소등 객실 소등〔없음〕 휴게실 소등〔없음〕

음주 / 취사 하우스 내 음주〔가능〕 취사〔가능〕 흡연〔마당에서 가능〕

> 게스트들의 휴식을 위해 밤
> 12시부터는 출입이 제한된다.
> 마당의 은행나무 밑 평상에서
> 삼겹살을 굽거나 술을 마실 수
> 있지만 과다한 음주가 아닌 간단한
> 친목도모를 권한다.

식사

> 조식은 토스트, 잼, 우유 등.
> 계절에 따라 직접 만든 잼이 놓인다.

조식〔✓〕 가격〔무료〕 석식〔개인이 재료를 준비하면 마당에서 바비큐 가능〕 기타〔 〕

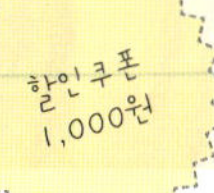

게스트하우스 플라잉피그

여행을 좋아하는 아내와
호텔리어 남편이 만든 여수의 명소

INFO

주소 전라남도 여수시 고소동 805　**전화번호** 010-4015-1651

홈페이지 www.yeosuhouse.com　**이메일** pigbeds@gmail.com

이용료 **평일요금** 도미토리 2만~2만1천원　**주말요금** 도미토리 2만1천~2만2천원

교통 여수 엑스포역 바로 앞에서 2번 버스를 타거나 길을 건너 6, 7번 버스를 타고 진남관 앞에서 내리면 정거장 바로 맞은편에 위치. 역이나 터미널에서 출발하는 거의 모든 버스가 진남관을 지나가니 버스기사에게 물어보고 타면 된다.

테마 ●●●●○　편의시설 ●●●●○　교통편 ●●●○○　주변 환경 ●●●●○　가격 ●●●○○　친절도 ●●●○○

폭이 좁고 아담한 4층짜리 건물 하나가 통째로 게스트하우스다. 1966년에 여수 최초의 사진관이었던 건물을 리모델링해 게스트하우스로 꾸몄다. 여수 엑스포 시기에 맞추어 올해 5월에 오픈했으며 현재까지는 내국인보다는 외국인 게스트의 수가 월등히 많은 편이다.

주인 부부는 오랫동안 영국에서 생활한 것을 경험으로 외국의 게스트하우스 같은 분위기를 내려고 노력했다. 1층은 로비 층으로 게스트들이 커피와 차를 마시며 편히 쉴 수 있는 공간과 체크인·아웃을 할 수 있는 프런트를 겸한다. 벽에는 부부가 여행하며 모은 각종 그림과 장식품을 비롯해 게스트들의 메모 등이 붙어 있고 안락한 의자와 테이블은 편안한 쉼을 돕는다. 로비는 아침을 먹는 공간이자 아무 때나 차 한 잔 할 수 있는 쉼터이고 TV를 보거나 컴퓨터를 이용할 수 있는 휴게 공간도 된다. 안주인의 센스로 아담하고 아기자기한 카페 스타일로 꾸며 놓았다.

2층부터 4층까지는 모두 도미토리인데 2층은 남성용, 3, 4층은 여성용이다. 밖에서 보는 건물의 폭에 비해 객실은 넓은 편이다. 다닥다닥 붙은 도미토리를 만들고 싶지 않았다는 것이 주인의 설명이다. 너른 객실도 좋지만 객실 창에서 진남관이 바로 내다보이는 전망도 멋지다. 객실은 볕이 잘 들고 깔끔하다.

바깥주인은 호텔의 프런트 매니저와 객실 영업팀으로 10여 년간 호텔생활을 한, 숙박 분야의 전문가다. 직업 덕분에 여행도 많이 했다. 탄탄한 경험을 바탕으로 게스트하우스를 열었고 그 노하우를 자신의 게스트하우스에 쏟고 있다.

'플라잉 피그(Flying Pig)'라는 게스트하우스 이름도 네덜란드 암스테르담의 한 게스트하우스에서 아이디어를 얻었다. 플라잉 피그란 '하늘을 나는 아기 돼지 베이브'를 상징하는 것으로 불구의 돼지가 하늘을 나는 꿈을 꾸는 것처럼, 불가능할 것 같이 보이는 꿈들에 도전하며 살고 싶다는, 또 플라잉 피그에 머무는 게스트들도 그랬으면 하는 바람으로 지은 이름이다.

플라잉 피그는 여수 여행의 중심인 진남관 바로 앞에 위치한다. 여수의 거의 모든 버스가 지나다니고 섬으로 가는 유람선 선착장과 재래시장, 맛집들이 주변에 포진해 있어서 위치상으로 여수를 여행하는 사람들에게 최고의 여행 시작점이라고 할 수 있다.

HOST INTERVIEW · 주인장 **노성호** · **장미아** ───

"요즘에 집을 살짝 개조한 게스트하우스들이 많잖아요. 내 집 같은 편안함을 강조하는 집 같은 게스트하우스들 속에서 저희는 오히려 너무 가정적인 분위기가 나지 않으려고 노력했어요. 가정적인 분위기를 선호하는 사람도 있겠지만 좀 더 프로페셔널하고 정중한 분위기를 원하는 사람도 있잖아요. 누구의 방해도 받지 않고 혼자만의 시간을 누리고 싶은데 가정집 같은 분위기의 게스트하우스에서는 서로 조심해야 하고 또 어울려야 할 것 같은 부담감도 있으니까요. 저희 부부는 여행을 좋아해서 여행을 많이 다니는 편인데 부부의 취향에 따라 따로 다니기도 하고, 혼자 떠나기도 하고 그래요. 저희도 늘 여행자 입장이다 보니 여행자들의 마음을 많이 공감하게 돼요."

버스커버스커의 노래 〈여수밤바다〉가 그렇듯 밤이 되면 더 그 여운이 진해지는 여수의 밤은 그 바다의 일렁임처럼 잔잔하면서도 감각적이다. 순천에서 여수로 넘어가는 국도에서 바라보는 정유회사들의 터질듯 화려한 불빛들이 여수에 밤이 왔음을 알리면, 해안을 따라 늘어선 가로등이 하나 둘씩 감았던 눈을 뜨고 돌산대교와 진남관에도 이내 불이 켜진다. 여수의 야경을 가장 잘 둘러볼 수 있는 코스로는 가막만을 한눈에 내려다 볼 수 있는 돌산공원을 시작점으로 돌산대교를 지나 진남관과 여수항(중앙동)을 거쳐 자산공원, 오동도, 마래터널, 만성리 해수욕장을 두루 돌아오는 길이다. 이것으로도 뭔가 부족하다면 만성리 해수욕장에서 둔덕을 거쳐 매일 밤 펼쳐지는 여수국가산업단지의 현란한 불쇼(?)를 보고 소호동에서 다시 선소까지 가는 코스로 마무리하면 여수의 굵직한 밤 풍경은 거의 다 누렸다고 할 만하다. 낮에 즐기는 여수의 바다는 또 다르다. 역시 돌산대교에서 시작해 무술목과 계동을 거쳐 방죽포 해수욕장에서 해안을 거닌 후 향일암 방향으로, 여기서 성두(서부해안도로), 작금, 금천, 평사 등을 지나 다시 무술목을 거쳐 돌산대교로 돌아오는 코스가 있다.

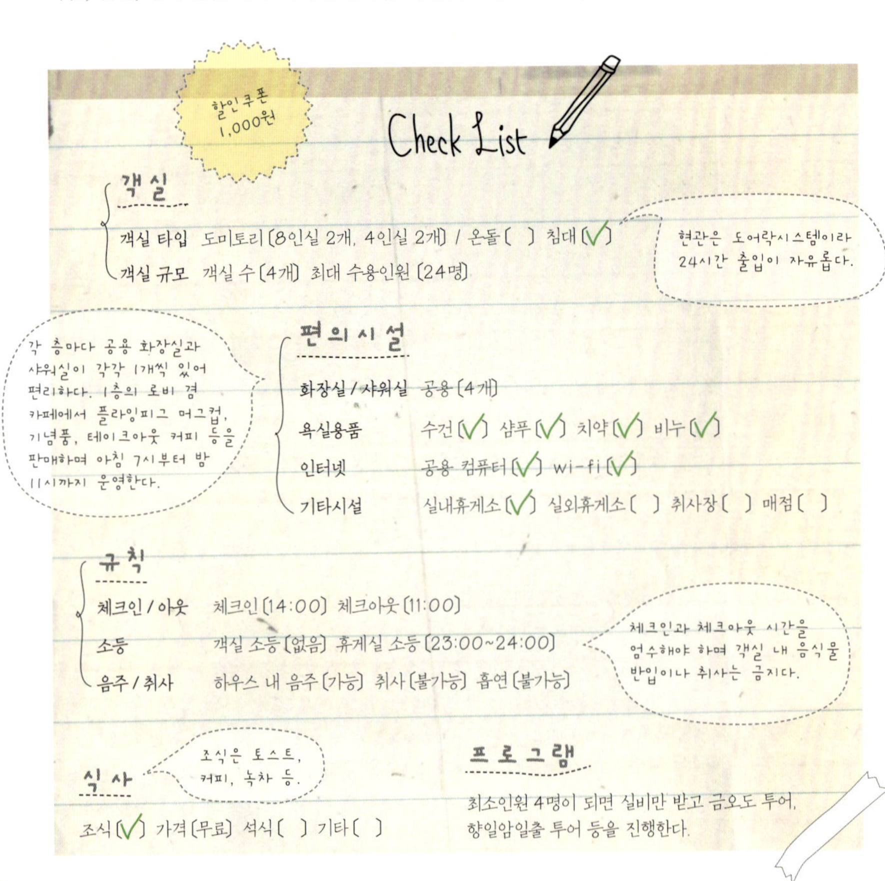

주인 부부의 여행 흔적들이
묻어나는 1층 카페는 로비와
조식공간을 겸한다.

모든 객실이 도미토리만으로 어루어진 플라잉피그는
널찍한 공간과 시원한 전망이 장점이다.

여수 게스트하우스

캠퍼스 기숙사처럼
젊게, 생기있게

여수행 기차의 마지막 역인 여수 엑스포역에서 가깝다. 순천의 올라 게스트하우스의 지점이다. 존, 제프, 리오 세 총각이 여수 엑스포 시기에 맞추어 여수 분점을 낸 것. 올라 게스트하우스와 함께 이용하면 특별 할인을 해준다. 순천의 올라 게스트하우스가 가정집 같은 분위기라면 여수 게스트하우스는 좀 더 게스트하우스다운 분위기다. 1층 로비는 대형 TV와 3대의 공용 컴퓨터가 있고 캐쥬얼한 테이블과 의자가 여럿 놓여 있어 마치 대학교 기숙사의 휴게실 같은 느낌을 준다. 1층에는 로비와 함께 남자 도미토리가 있고 2층은 여성전용 도미토리로 1층과 출입구가 다르다. 여성 도미토리로 올라가는 문에 잠금장치가 설치되어 있어 여성들이 머무는 데 더욱 안전을 기했다. 특히 2층 거실에 커다란 화장대를 놓은 것이 이색적인데 거울 주변으로 화려한 조명을 설치해 놓아서 마치 고급 파우더룸을 이용하는 기분이 든다. 순천의 올라 게스트하우스처럼 게스트 분위기에 맞추어 때때로 막걸리 파티를 열기도 한다.

INFO

주소 전라남도 여수시 수정동 452번지   전화번호 010-4214-0907

홈페이지 http://cafe.naver.com/yeosuhouse   이메일 yeosuhouse@gmail.com   이용료 도미토리 2만원

교통 여수 엑스포역에서 걸어서 10~15분이면 닿고 택시를 타면 기본료 거리다. 혹은 2번 버스를 타고 세 번째 정류장인 동광탕(여수고)에서 하차, 엑스포 행사장 방향으로 오다가 보이는 사거리에서 우회전 후 직진.

테마 ●●●○○   편의시설 ●●●●○   교통편 ●●●○○   주변 환경 ●●●○○   가격 ●●●○○   친절도 ●●●○○

모두 도미토리로만 구성돼 있어 젊은 여행자들끼리 어울리기 좋다.

깔끔한 침구와
깨끗한 로비를
갖춰 전체적으로
캐주얼한 분위기.

Check List

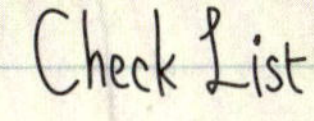

객실

객실 타입 도미토리〔혼성전용 8인실 1개, 여성전용 6인실 1개, 남성전용 6인실 1개〕/
온돌〔 〕 침대 ✓

객실 규모 객실 수〔3개〕 최대 수용인원〔20명〕

> 남성전용 6인실은 혼성전용 8인실과 함께
> 1층 로비 옆에 있다. 여성전용은 출입구도
> 다르고 따로 도어락이 설치된 2층에
> 전용으로 꾸며져 있다.

편의시설

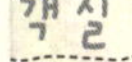

> 공용 컴퓨터가 3대나 있어서
> 마치 PC방을 연상시킨다.
> 남의 눈치 보지 않고
> 여유롭게 컴퓨터 작업이나
> 게임을 하고 싶은 사람에게
> 딱이다.

화장실 / 샤워실 공용 화장실〔2개〕 샤워실〔1개〕

욕실용품 수건 ✓ 샴푸 ✓ 치약 ✓ 비누 ✓

인터넷 공용 컴퓨터 ✓ wi-fi ✓

기타시설 실내휴게소 ✓ 실외휴게소〔 〕 취사장 ✓ 매점〔 〕

규칙

체크인 / 아웃 체크인〔15:00〕 체크아웃〔11:00〕

소등 객실 소등〔24:00〕 휴게실 소등〔24:00〕

음주 / 취사 하우스 내 음주〔가능〕 취사〔가능〕 흡연〔불가능〕

> 밤 12시에는 게스트하우스 내의 모든
> 불을 끄므로 잠자리에 들거나 외부에서
> 즐길거리를 찾아야 한다. 가급적
> 밤 12시까지는 입실하기를 권한다.

프로그램

게스트 인원에 따라 비정기적으로 막걸리 파티를 진행한다.

뚜벅이 게스트하우스

지리산 둘레길이
내 품 안으로 들어오다

뚜벅이 게스트하우스는 지리산 둘레길 3코스인 인월~금계구간의 트레일에서 100m 정도 떨어진 상황마을에 자리한다. 지리산 둘레길에는 시골민박들뿐이라 홀로 걷는 여행자에겐 숙박이 부담스러운 면도 있었던 터라 도미토리를 갖춘 뚜벅이 게스트하우스의 오픈이 반갑다. 남원 지역에서는 도미토리를 갖춘 유일한 게스트하우스다. 1981년부터 현재까지 30여 년 동안 세계 100여 국을 누빈 여행고수답게 주인은 여행자의 마음을 누구보다 잘 헤아린다. 세계 여행에 관심이 많다면 주인이 경험한 다양한 여행 이야기도 들을 수 있다. 주인은 뚜벅이 게스트하우스가 여행자의 쉼터로서 제 역할을 다 했으면 한다는 바람을 전한다. 동물을 사랑하는 주인 내외는 유기견 5마리와 고양이, 앵무새 등을 키우기도 한다. 뚜벅이 게스트하우스의 가장 큰 장점은 지리산 둘레길과 가까워 둘레길을 편하게 걸을 수 있다는 것! 산과 논밭을 배경으로 한 시골의 탁 트인 전망은 덤이다.

INFO

주소 전라북도 남원시 산내면 중황리 153번지 **전화번호** 010-9871-7874, 010-9872-7874

홈페이지 http://cafe.naver.com/ddubukihouse **이메일** burberry_k@hanmail.net

이용료 도미토리 2만원, 4인실 6만원, 6인실 8만원

교통 인월시외버스터미널에서 상황마을 입구까지 가는 버스가 저녁 8시까지 있다. '당구 박사, 신천식당 앞' 정류장에서 하차. 막차가 끊긴 시간에는 주인과의 협의 하에 픽업이 가능하다.

테마 ●●●○○ 편의시설 ●●●○○ 교통편 ●●○○○ 주변 환경 ●●●●● 가격 ●●●○○ 친절도 ●●●●○

마당에 앉으면 지리산 아랫 마을들을 훤히 내려다볼 수 있다.

Check List

객실

객실 타입 도미토리 (10인실 2개) 6인실 (1개) 4인실 (1개) / 온돌 (✓) 침대 (✓)

객실 규모 객실 수 (4개) 최대 수용인원 (30명)

> 도미토리 2개, 온돌방 2개가 있어서 취향과 인원에 따라 선택할 수 있다. 도미토리라도 일행이 함께오면 할인이 된다. 1인은 2만원이지만 2인은 3만원, 3인은 4만5천원이다.

> 공용 주방이 없다는 것이 아쉽지만 저녁 밥은 5천원에 주인이 먹는 것과 같은 시골 밥상을 차려주고 아침은 컵라면과 밥을 3천원에 판매한다.

편의시설

화장실 / 샤워실 화장실 남자 (2개) 여자 (2개) / 샤워실 남자 (2개) 여자 (2개)

욕실용품 수건 (✓) 샴푸 (✓) 치약 (✓) 비누 (✓)

인터넷 공용 컴퓨터 ( ) wi-fi (✓)

기타시설 실내휴게소 ( ) 실외휴게소 (✓) 취사장 ( ) 매점 ( )

규칙

체크인 / 아웃 체크인 (12:00) 체크아웃 (12:00)

소등 객실 소등 (없음) 휴게실 소등 (없음)

음주 / 취사 하우스 내 음주 (가능) 취사 (불가능) 흡연 (마당에서만 가능)

> 음주는 가능하지만 여러 사람의 공용 숙소임을 감안해 1인당 맥주 2캔 정도로 제한하고 있다.

식사

> 조식은 선택사항이다.

조식 (컵라면+밥) 가격 (3천원) 석식 (시골밥상, 5천원)

기타 (재료만 직접 준비하면 그릴은 별도로 빌려준다. 바비큐그릴 5천원)

구례둘레길 게스트하우스

고즈넉한 산장에서의
하룻밤

주변이 탁 트여 전형적인 시골 내음을 맡을 수 있는 게스트하우스. 원한다면 마당에서 캠핑도 할 수 있다. 방에서 창밖으로 펼쳐지는 첩첩의 산자락 풍경도 예술이다. 아침저녁으로 화엄사 산책을 할 수 있고 둘레길 걷기도 편하다. 굳이 지리산 둘레길을 걷지 않더라도 게스트하우스 주변으로 간편하게 산책할 수 있는 오솔길도 있다. 고즈넉한 하루를 보내기에 제격이다. 저녁 9시 정도까지는 구례 내에서라면 역이든 버스터미널이든 둘레길이든 어디나 주인의 픽업이 가능해 교통의 불편을 줄였다. 지리산 둘레길을 걷는 둘레꾼은 물론 지리산 등반을 계획하는 많은 이들이 이곳에 묵는다. 지리산통인 주인에게 다양한 등반 정보와 산 이야기를 들을 수 있기 때문이다. 저녁에는 게스트 1인당 한 병의 지역 막걸리를 서비스로 내주는 인심도 감동적이다.

INFO

주소 전라남도 구례군 광의면 수월리 41-8　　**전화번호** 061-782-0203　　**홈페이지** http://cafe.daum.net/jirisangh

이메일 wdscyk@naver.com　　**이용료** 도미토리 2만원, 4인실 5만~6만원, 2인실 4만원

교통 지리산 둘레길 방광-오미구간 중 KT연수원 인근에 위치. 구례읍에서 화엄사 가는 버스(6:30~20:00, 30분~1시간 간격)를 타고 화엄사에 내려 KT연수원 방향으로 걸어오면 된다(보통은 전화를 하면 주인이 픽업해준다).

테마 ●●●○○　　**편의시설** ●●●○○　　**교통편** ●●○○○　　**주변 환경** ●●●●○　　**가격** ●●●○○　　**친절도** ●●●●○

Check List

할인쿠폰
2,000원

객실

객실 타입 도미토리 [여성전용 6인실 1개, 남성전용 4인실 1개] 4인실 [6개] 2인실 [4개] /
온돌 [✓] 침대 [✓]

객실 규모 객실 수 [12개] 최대 수용인원 [50명]

> 도미토리는 1인당 무조건 2만원이고 일반 온돌
> 방을 사용할 경우 인원에 따라 가격이 달라진다.
> 4인실은 1인 3만원, 2인 4만원, 3인 4만5천원,
> 4인 5만원, 5인 5만5천원, 6인 6만원. 2인실은
> 침대 방이 두 개, 온돌방이 두 개 있다.

편의시설

> 방마다 랜선이 깔려
> 있고 게스트 1인당 한
> 병씩 지역 막걸리를
> 무료로 서비스한다.

화장실 / 샤워실 객실마다 별도 1개씩

욕실용품 수건 [✓] 샴푸 [✓] 치약 [✓] 비누 [✓]

인터넷 공용 컴퓨터 [✓] wi-fi [✓]

기타시설 실내휴게소 [✓] 실외휴게소 [✓] 취사장 [✓] 매점 [ ]

규칙

체크인 / 아웃 체크인 [14:00] 체크아웃 [11:00]

소등 객실 소등 [없음] 휴게실 소등 [없음]

음주 / 취사 하우스 내 음주 [가능] 취사 [가능] 흡연 [마당에서만 가능]

> 종주를 하려는 사람들도 많이
> 찾아오기 때문에 출입 시간의
> 제약이 없고 마당과 공용
> 공간이 넓어 음주와 취사도
> 자유로운 편이다.

식사

> 조식은
> 토스트, 커피,
> 우유 등.

조식 [✓] 가격 [무료] 석식 [ ] 기타 [지역 막걸리 한 병 서비스 제공]

방이나 마당 어디서든
지리산을 병풍처럼
두른 장쾌한 전망을
감상할 수 있다.

게스트하우스의 규모가 커서
단체숙박이 편리하고 취사장도
매우 넓다.

산에 사네
카페&게스트하우스

뜨끈한 구들장에 누워
너른 들판을 보네

올 여름, 지리산 둘레길 종점인 운조루 옆에 문을 열었다. 새로 지은 아담한 한옥으로 카페를 겸하고 있어 쉬어가기 좋다. 카페에 앉아 통창으로 보여지는 일대의 비옥한 평야를 바라보고 있으면 절로 마음에 여유의 바람이 불어오는 듯하다. 이곳에 묵는 게스트라면 누구나 아메리카노나 허브 차 한 잔을 무료로 마실 수 있다. 한옥방에 침대는 없고 이불을 깔고 자는 스타일의 도미토리이다. 침대가 없어 남모르는 사람끼리 한 방에서 자야 한다는 부담감도 있지만 구들장의 뜨끈뜨끈한 맛을 보는 것으로 그 정도의 불편은 감수할 만하다. 단, 하루 전에 예약해야 불을 미리 떼서 구들장의 진면목을 볼 수 있다. 또 두 방이 일체형 구들방으로 만들어져 있어 방음이 잘 되지 않는다.

INFO

주소 전라남도 구례군 토지면 오미리 107   **전화번호** 061-781-7231

홈페이지 061-781-7231   **이메일** undersea73@naver.com

이용료 도미토리 2만원

교통 구례버스터미널에서 피아골 방향 버스(06:40~14:40, 하루 10회 운행)를 타고 '원내' 정류장에 내린다. 정류장에 내려 400m쯤 걸어가면 게스트하우스 입구가 보인다.

테마 ●●●○○   편의시설 ●●●○○   교통편 ●●●○○   주변 환경 ●●●●●   가격 ●●●○○   친절도 ●●●○○

Check List

객실

객실 타입 도미토리〔4인실 2개〕/ 온돌〔✓〕 침대〔 〕
객실 규모 객실 수〔2개〕 최대 수용인원〔8명〕

> 침대 없는 한옥방이 두 개이며, 게스트의 요구에 따라 도미토리로 쓰기도 하고 방 하나를 통째로 빌려주기도 한다. 도미토리로 이용할 시는 1인당 2만원이며 방을 통째로 빌릴 경우엔 방 하나에 6만원이다. 방 하나에 4인 이상은 묵을 수 없다.

편의시설

> 방안에는 화장실이 따로 없고 방에 따라 구분해 사용하는 옥외 화장실이 2개 있다. 수건은 1천원에 대여한다.

화장실 / 샤워실 공용〔2개〕
욕실용품 수건〔✓〕 샴푸〔 〕 치약〔✓〕 비누〔✓〕
인터넷 공용 컴퓨터〔 〕 wi-fi〔✓〕
기타시설 실내휴게소〔✓〕 실외휴게소〔✓〕 취사장〔 〕 매점〔 〕

규칙

체크인 / 아웃 체크인〔14:00〕 체크아웃〔11:00〕
소등 객실 소등〔없음〕 휴게실 소등〔없음〕
음주 / 취사 하우스 내 음주〔가능〕 취사〔불가능〕 흡연〔마당에서만 가능〕

> 방에서는 술을 마실 수 없지만 게스트에 한해 카페에서는 10시까지 간단하게 술을 사가지고 와서 마실 수 있다.

식사

> 조식은 '우리밀 빵정식'으로 우리밀을 이용한 치아바타빵과 잼, 우유, 씨리얼, 과일 등이 나온다. 전날 예약해야 하며 선택사항이다.

조식〔✓〕 가격〔5천원〕 석식〔 〕 기타〔 〕

전체적으로 아담하고 소박한 분위기의 게스트하우스로 주변이 평화롭고 조용하며 전형적인 시골의 정취를 한껏 느낄 수 있다는 것이 가장 큰 장점이다.

게스트하우스에 머무는 손님이라면 언제든 편하게 카페에서 쉴 수 있다.

엠마우스
게스트하우스

지리산으로 곱게 지는
석양을 안고

INFO

<u>주소</u> 전라남도 구례군 마산면 사도리 541번지   <u>전화번호</u> 061-783-3038, 010-8638-3038

<u>홈페이지</u> trailstory.net   <u>이메일</u> voneh3038@naver.com

<u>이용료</u> 도미토리 2만원, 2~4인실(온돌) 1인당 2만원

<u>교통</u> 미리 예약하면 구례역이나 구례버스터미널, 지리산둘레길 구례구간 등에서 픽업 서비스가 가능하다.

테마 ●●●○○   편의시설 ●●●○○   교통편 ●●○○○   주변 환경 ●●●●●   가격 ●●●○○   친절도 ●●●●○

2012년 5월, 지리산 둘레길의 최종완공 시점에 맞춰 오픈했다. 아늑한 한옥으로, 경사진 마을의 꼭대기에 자리 잡은 덕에 집터가 높아 멀리 첩첩산중을 거칠 것 없이 바라볼 수 있다. 여행이 아니라 살고 싶게 만드는 집이다.

마당에 깔린 잔디도 예사롭지 않다. 넓은 마당에 가지런히 깔려 있는 잔디에서 뒹굴 거리거나 바비큐 파티를 하기에도 그만이다. 축구를 할 수 있을 만큼 너른 잔디 마당은 야외 테이블에 앉아 있는 것만으로 마음을 탁 트이게 한다. 캠핑을 좋아하는 사람은 이곳에 텐트를 치기도 한다.

주인은 얼마 전까지 '길걸음'이란 함께 걷기 활동을 통해 게스트들과 지리산 둘레길을 함께 걸으며 이런저런 이야기를 나누는 프로그램을 진행했었으나 지금은 게스트들의 픽업과 식사준비 문제 등으로 잠정 중단 상태다. 그러나 여전히 둘레길 걷기에 대한 애정으로 게스트들에게 둘레길 걷기에 대한 다양한 정보를 제공한다.

한적한 구례의 시골마을에 위치한 게스트하우스지만 가는 길은 그리 어렵지 않다. 시골 교통이 불편한 것을 감안해 구례역이나 버스터미널, 둘레길 구례구간 어디서나 무료 픽업 서비스를 해주기 때문이다. 구례는 서울에서 고속버스로 3시간이면 닿는다. 생각보다 가깝다. 구례터미널까지만 가면 걱정할 게 없다. 게스트하우스에서 나갈 때도 역이나 터미널, 혹은 인근의 둘레길 입구에 내려준다. 둘레길도 걷고 아늑한 엠마우스에 머물기에는 차 없이 대중교통을 이용하는 것이 더 편리하다.

인근이 모두 평범한 시골마을이라 식당이 없는 것이 단점이지만 미리 장을 봐오면 집 부엌 같은 공용 부엌에서 자유롭게 해 먹을 수 있다. 조리도구와 양념 등도 자유롭게 사용할 수 있다. 혹은 미처 장을 봐오지 못했을 때는 게스트들끼리 더치페이를 해서 삼겹살이나 닭볶음탕 등 메뉴를 정하면 주인이 장을 봐다주기도 한다. 봐온 장으로는 마치 엠티라도 온 듯 게스트들끼리 요리를 해먹을 수 있다. 주인은 텃밭에서 키우는 고추와 상추 등을 내놓기도 한다. 전망좋은 시골 마당에서는 상추에 맨밥만 싸먹어도 맛있다. 엠마우스 주인장이 직접 만들어주는 콩나물해장국도 일품이다. 시원한 국물이 전날의 피로마저 풀어주는 듯 하다. 단, 하루 전 미리 예약 해야한다.

HOST INTERVIEW · 주인장 황승일 ─────────

"쉼의 의미는 사람마다 다른 것 같아요. 사람의 개성에 따라서 쉰다는 것은 전혀 다른 방식으로 나타나는 것 아닐까요. 온종일 걸을 수도 있고, 혹은 먹고 마시거나 목이 터져라 노래를 부를 수도, 또 하루 종일 자는 것도 나름의 쉼이죠. 그래서 저희 집에 머무는 게스트들도 이 먼 곳까지 찾아 들어오신 만큼 그들 나름의 방식대로 자유롭게 쉬어갈 수 있기를 바라죠. 이 집에서 제약을 두는 것은 아무것도 없어요. 언제 자든, 먹든, 오든, 가든 남에게 피해를 주지 않는 선에서는 모두 자유에요. 저 자신도 누구에게 속박을 당하거나 룰에 얽매이는 걸 싫어하거든요. 그래서 게스트들도 저처럼, 자기 집처럼 자유롭고 편하게 머물다 갔으면 좋겠어요. 뭐든 할 수 있죠. 정말 시골 친구 집에 놀러온 것 처럼요."

여 행 의
기 술

구례에 가서 지리산 둘레길을 걷지 않고 오는 것은 매우 아쉬운 일이다. 가벼운 산책을 원하는 사람들을 위해 지리산 둘레길을 추천한다. 구례구간은 4개의 코스로 나뉘어 있는데, 밤재–탑동구간, 탑동–방광구간, 방광–오미구간, 난동–오미구간이 있다. 지리산과 섬진강을 아우르는 구례구간은 고즈넉한 시골내음과 물 소리를 들을 수 있는 평화로운 길이다. 특히 10km 거리의 밤재–탑동구간에서는 산수유시목지를 만날 수 있으며 봄이면 산수유군락이 장관을 이룬다. 또 편백나무 숲을 지나며 삼림욕을 하기에도 제격이다. 방광–오미 구간은 12km로 전통마을의 흔적이 가장 많이 남아있는 구간이다. 화엄사를 비롯해 오미마을의 운조루와 곡전재 등을 두루 둘러볼 수 있다. 지리산 둘레길 구례구간은 코스에 따라 10~17km로 나뉘어 있어 다양한 구례의 자연과 문화를 느끼며 하루 걷기에 안성맞춤이다.

지리산 둘레길 구례안내센터 061-781-0850, www.trail.or.kr

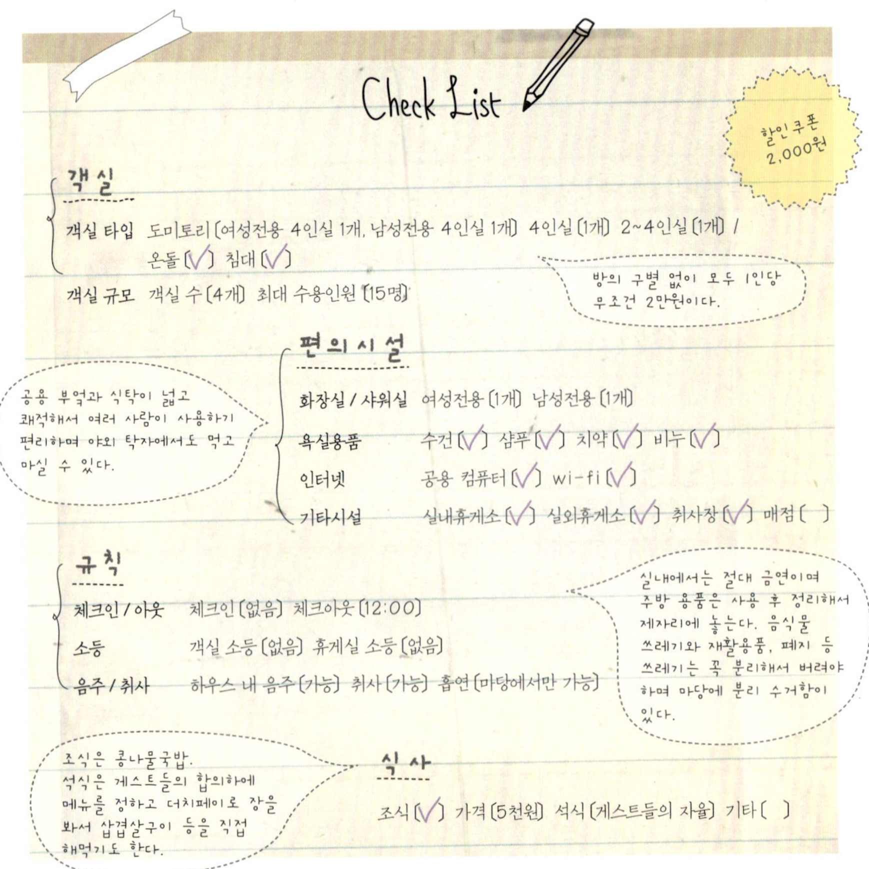

Check List

객실

객실 타입 도미토리 (여성전용 4인실 1개, 남성전용 4인실 1개) 4인실 (1개) 2~4인실 (1개) / 온돌 (√) 침대 (√)

객실 규모 객실 수 (4개) 최대 수용인원 (15명)

> 방의 구별 없이 모두 1인당 무조건 2만원이다.

편의시설

> 공용 부엌과 식탁이 넓고 쾌적해서 여러 사람이 사용하기 편리하며 야외 탁자에서도 먹고 마실 수 있다.

화장실 / 샤워실 여성전용 (1개) 남성전용 (1개)

욕실용품 수건 (√) 샴푸 (√) 치약 (√) 비누 (√)

인터넷 공용 컴퓨터 (√) wi-fi (√)

기타시설 실내휴게소 (√) 실외휴게소 (√) 취사장 (√) 매점 ( )

규칙

체크인 / 아웃 체크인 (없음) 체크아웃 (12:00)

소등 객실 소등 (없음) 휴게실 소등 (없음)

음주 / 취사 하우스 내 음주 (가능) 취사 (가능) 흡연 (마당에서만 가능)

> 실내에서는 절대 금연이며 주방 용품은 사용 후 정리해서 제자리에 놓는다. 음식물 쓰레기와 재활용품, 폐지 등 쓰레기는 꼭 분리해서 버려야 하며 마당에 분리 수거함이 있다.

식사

> 조식은 콩나물국밥. 석식은 게스트들의 합의하에 메뉴를 정하고 더치페이로 장을 봐서 삼겹살구이 등을 직접 해먹기도 한다.

조식 (√) 가격 (5천원) 석식 (게스트들의 자율) 기타 ( )

무료로 빌릴 수 있는 자전거를
타고 마을을 한 바퀴 돌아보는 재미도
쏠쏠하다.

마당에 깔린 잔디가
마음까지 포근하게 한다.

침대에 누워서도 너른 마당과 하늘을 바라볼 수
있는 여성 도미토리.

한옥 구들장의 뜨끈함과 잔잔히
흘러나오는 음악을 즐기는 여유로운 주말.

강릉
게스트하우스

정으로 똘똘 뭉친
두 남자의 집

INFO

주소 강원도 강릉시 안현동 403-3 **전화번호** 010-5368-9999

홈페이지 cafe.daum.net/park3689999 **이메일** park3689999@hanmail.net

이용료 평일요금 도미토리 2만원, 2인실 7만~9만원 **주말요금** 도미토리 2만원, 2인실 9만~11만원(1인 추가 시 1만5천원)

교통 강릉터미널 앞 버스 정류장에서 202번을 타고 '경포종점' 정류장 하차 후 택시. 기본요금 거리로 목적지로 강릉 게스트하우스나 '경포샌드펜션'을 말하면 된다. 경포종점에서 픽업도 가능하다. 종점 훼미리마트 앞, 매일 오후 4시, 5시, 6시 정시 픽업 서비스.

테마 ●●●●○ 편의시설 ●●●●○ 교통편 ●●●○○ 주변 환경 ●●●●○ 가격 ●●●●○ 친절도 ●●●●●

1박2일, VJ특공대 등 방송에서도 이미 다수 소개된 강릉 게스트하우스는 예쁜 펜션을 리모델링하여 만들었다. 주변 환경이 그렇게 아름다울 수 없다. 너른 잔디 앞마당과 소박한 텃밭은 정겨운 우리네 시골집 풍경 그대로다. 단독으로 살짝 떨어져 있는 원룸형 게스트하우스는 용도 변경이 언제든 가능하다. 늦은 밤 조용히 잠자는 게스트들과 달리, 신나게 좀 더 놀고 싶은 사람을 위해서 휴게실 공간으로 변신하기도 하고, 가족이나 친구들이 오붓하게 시간을 보내길 원할 때는 패밀리룸으로 사용할 수도 있다. 본관에 있는 도미토리는 모두 깔끔한 2층 침대로 이루어져 있고, 객실마다 욕실이 있어 편리하다. 게다가 특정 시간대에 욕실이 붐비는 것을 막기 위해 외부에 공용 욕실을 남녀구분하여 하나씩 더 추가로 마련해두었다.

여행의 즐거움을 한층 북돋워주는 이곳의 투어 프로그램으로는 대부분의 게스트가 만족도 1위로 뽑은 자전거 투어가 있다. 주인이 직접 발로 뛰며 발굴한 세 가지 코스로, 게스트하우스에서 출발해 주변 관광지인 경포호 등을 둘러보고 다시 게스트하우스로 돌아온다. 시간은 1시간 20분에서 2시간 정도가 걸리는데 코스별로 약간씩 다르다. 주인이나 스태프가 함께 참여하여 게스트들의 모습을 카메라에 담아주기 때문에 여행의 추억을 강렬하게 남길 수도 있다.

매일 저녁에는 바비큐 파티가 열린다. 누구나 참여가 원칙이지만 본인이 막상 참여하기 불편하면 참여하지 않아도 된다. 강제성은 없다. 뒷마당에서 주인장이 구워주는 삼겹살은 무한리필이다. 즐겁게 서로 통성명하고 여행자들의 시간이 시작되면 밤을 새기도 하는데 그만큼 사람 냄새 가득한 곳이다. 이런 게스트의 마음을 읽어주는 주인들의 노력은 오픈한지 몇 개월 되지 않아 폭발적인 인기를 누리게 만들어주었고 강릉을 방문하려는 여행자들 사이에서 입소문을 타고 끊임없이 게스트가 찾아들게 하였다. 또한, 마니아층이 형성되면서 그들로 하여금 주말이 멀다하고 재차 다녀가게 하는 결과를 낳았다. 누가 시키지 않아도 머무는 동안 직원을 자청하며 게스트하우스의 이곳저곳을 돌보고, 새로운 게스트들을 챙기며 머물러가는 게스트들이 끊이지 않는다. 그들은 더 이상 게스트가 아니라 가족이니까.

HOST INTERVIEW · 주인장 박세준 · 박상철 ─────────

"어릴 때 미국으로 이민 가서 서른 살이 될 때까지 살았죠. 출장이 잦은 직업이라 여러 나라를 다녔죠. 게스트하우스를 다니면서 그 문화를 알게 되는 점이 참 좋더라고요. 내 나라가 궁금해서 여행 왔다가 너무 좋아서 눌러앉게 되었네요. 친형처럼 지내는 형이 여기 분이세요. 함께 뜻을 모았죠. 한국의 문화는 미국에 비해 약간 소극적인 정서가 있잖아요. 안타까웠어요. 우리나라 사람들 처음에 친해지긴 좀 어색해도 막상 친해지고 나면 정으로 똘똘 뭉치는데 말이죠. 그래서 고민했죠. 게스트에게 항상 먼저 다가가는 주인이 되기로 했어요. 자체 투어 프로그램도, 바비큐 파티도 모두 그런 의미로 만든 것이고요. 멍석만 깔아주면 금세 친해지고 즐거운 시간을 나누게 되더라고요. 게스트들에게 말해요. 내가 먼저 즐기는 게스트하우스, 그게 강릉 게스트하우스라고 말이죠. 다녀간 게스트들이 여기가 '친정'이래요. 그런 친구들은 이미 게스트가 아니고 가족이죠."

강릉 게스트하우스에서 추천하는 3가지 코스의 자전거 투어를 적극 활용한다면 가까운 경포호와 경포대 해수욕장, 특별한 핸드드립 커피전문점, 커피 포레스트(070-4226-7979)를 들러볼 수 있다. 자전거는 한 번 대여하면 24시간 사용 가능하므로 마음에 둔 곳이 있다면 굳이 코스에 집착하지 않고 느긋하게 즐겨보는 것도 좋을 일이다. 나홀로 여행 중 하루에 강릉을 모두 둘러보고 싶다면 고민하지 말자. 밴 투어를 신청하면 게스트하우스 앞에서 출발해 삼양목장, 알펜시아 스키 점프대, 테라로사 커피공장, 정동진, 안인진통일공원, 강릉커피거리 등 밴을 타고 편안하게 앉아 강릉 일대를 하루에 둘러볼 수도 있다. 강릉의 맛을 즐기고 싶다면 주문진의 초시막국수(033-661-6231)를 권한다. 현지인들이 즐겨 찾는 맛집이니 제대로 강릉의 맛을 느껴볼 수 있겠다.

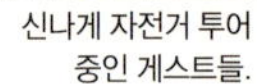
신나게 자전거 투어
중인 게스트들.

강릉 게스트하우스의 특별한 조식, 토스트,
달걀프라이, 초당순두부.

게스트들의 열화와 같은 성원이 보이는 실내 휴게실의 벽면 방명록.

Check List

할인쿠폰
2,000원

객실

객실 타입 도미토리〔6인실 5개, 4인실 1개, 2인실 1개〕2인실〔1개〕/
온돌 ✓ 침대 ✓

2인실의 경우 최대
5인까지 이용할 수 있다.

객실 규모 객실 수〔8개〕최대 수용인원〔42명〕

편의시설

욕실 사용이 붐비는
시간대를 위한 공용
욕실이 외부에 따로
마련되어있다

화장실 / 샤워실 객실마다 별도 1개씩, 공용〔2개〕

욕실용품 수건 ✓ 샴푸 ✓ 치약 ✓ 비누 ✓

인터넷 공용 컴퓨터 ✓ wi-fi ✓

기타시설 실내휴게소 ✓ 실외휴게소 ✓ 취사장 ✓ 매점〔 〕

규칙

체크인 / 아웃 체크인〔14:00〕체크아웃〔11:00〕

외부 바베큐장에서 음주가
가능하다.

소등 객실 소등〔24:00〕휴게실 소등〔24:00〕

음주 / 취사 하우스 내 음주〔불가능〕취사〔가능〕흡연〔외부에서 가능〕

식사

조식은 달걀프라이, 토스트,
초당순두부, 음료 등.

조식 ✓ 가격〔무료〕석식〔 〕

기타〔매일 저녁 7시 삼겹살 파티가 있다.
참여 비용은 1만원, 삼겹살과 채소 및 간단한
음료를 제공한다.〕

프로그램

• 자전거 투어(1인 1만원, 코스는 세 가지, 소요시간은 코스별로
1시간30분~2시간)는 경포 주변을 둘러볼 수 있다.

• 벤 투어(1인 3만원, 점심 식사포함, 투어시간은
10:00~16:00, 코스는 삼양목장-알펜시아스키점프대-
정동진 혹은 테라로사커피공장)는 일일투어 프로그램.

게스트하우스
감자려인숙이

파전에 막걸리 한 잔이
잘 어울리는 공간

INFO

주소 강원도 강릉시 창해로 351-2　　전화번호 033-653-2205

홈페이지 cafe.naver.com/gamjzas　　이메일 briolette82@naver.com

이용료 도미토리 2만원, 2인실 5만원(2인실 혼자 묵을 시 3만원)

교통 강릉시외버스터미널 앞 버스 정류장에서 230번, 230-1번을 타고 '강문종점' 정류장 하차 후 어화횟집
방면으로 걸어서 3분.

테마 ●●●●●　　편의시설 ●●●●○　　교통편 ●●●●●　　주변 환경 ●●●●○　　가격 ●●●○○　　친절도 ●●●●○

게스트하우스의 첫 느낌은 깜찍하고 소박하다. 어촌마을에 낮은 1층짜리 슬레트 지붕 사이에서 자신의 존재를 선명하게 뽐내고 있는 노란집, 그 집이 바로 게스트하우스 감자려인숙이. 게스트하우스의 입구에서 보면 바다가 그대로 보인다. 뛰어가면 30초 만에 바다에 닿는다.

게스트하우스의 현관인 작은 미닫이문을 열고 들어가면 정면에서 살짝 오른쪽으로 보이는 아치형 문간 너머 빈티지한 공간이 나타나는데, 거실 겸 실내 휴게실이다.

게스트하우스 내부의 깔끔한 인디고 컬러의 벽면은 바다를 연상케 한다. 거실로 들어가면 양쪽으로 도미토리가 있다. 왼쪽은 남녀혼용 도미토리이고 오른쪽은 여성전용 도미토리이다. 거실은 인도풍이 물씬 나는 인테리어에 아담하지만 있을 것은 다 있다. 거실의 미닫이문을 열면 곧장 뒷마당으로 연결이 되는데 이곳의 오른편에는 주방시설이, 왼편에는 테이블과 벤치가 있다. 테이블 너머로 욕실이 두 개 있는데 그 중 한 곳은 세탁기가 있고 무료로 이용할 수 있다. 게스트하우스 감자려인숙이의 뒷마당이 좋은 이유는 투명한 플라스틱 지붕이 있기 때문이다. 비오는 날 지붕의 빗소리를 들으며 파전에 막걸리 한잔 느긋하게 즐길 수 있는, 운치 있는 공간이다.

주인은 말한다. 이곳은 여행자들의 '집'이라고. 일반적으로 집이란 사람이 이런저런 일을 하고 돌아와 휴식을 취하는 공간으로 정의된다. 집과 관련된 문화를 생각해보면 인테리어나 디자인의 외적인 요소만 떠오르기 쉽다. 그러나 집을 이용하는 주체는 사람이니, 집에서 이루어지는 다양한 소통과 모든 주거 행위들이 하나의 문화를 형성하게 된다. 이 점에 중심을 두고 사람들이 '사는 것'에 주목해 새로운 집(문화)을 만들고자 한 곳이 바로 게스트하우스 감자려인숙이다.

이곳에는 여행 자체를 즐기는 소위 여행 고수들이 하나 둘 모여든다. 타인의 마음을 움직이고자 하는 예술가들, 전국을 돌며 여행을 만끽하는 나그네들이 이런 저런 제약 없이 마음을 놓고 편히 자유롭게 쉬어가며 다양한 이야기를 나누고 느긋한 밤을 맞을 수 있는 곳이기 때문이다. 왁자지껄 소란스러운 무엇보다 소담한 그들만의 소통이 이루어지는 곳이다. 주변에는 안목커피거리, 안목해변, 초당순두부미을, 경포해빈 등이 있다.

HOST INTERVIEW · 주인장 **고구미 · 삶은달걀** ————————

"주머니 가벼운 대학시절에 그저 튼튼한 두 다리만 믿고 전 세계로 여행을 떠나곤 했죠. 가난한 여행자들에겐 선택권이 없더라고요. 보고 싶은 것도, 가고 싶은 곳도 너무 많은데 숙소에 큰돈을 쓸 수가 없었죠. 그런데 웬일? 게스트하우스란 존재를 만나게 된 것은 마치 신이 내린 선물 같았죠. 이렇게 경험한 게스트하우스의 공동생활이 많은 공부가 되었죠. 여기서 게스트하우스를 하겠다고 마음먹으면서 그때 몸소 느꼈던 장단점들을 충분히 살려봤어요. 호스트와 게스트가 '갑'과 '을'의 관계가 아닌 '을'과 '을'의 관계로 소통하는 공간을 만들고 싶었죠. 우리 감자려인숙이를 거쳐 갔거나 거쳐 갈 수많은 여행자들에게 좀 더 편안하고 쾌적한 밤을 보낼 수 있도록 '조금 더 생태적이고 친환경적인 리모델링'을 추구해요. 지금 이 모습도 완성된 것은 아니에요. 저희가 영화쟁이거든요. '서로 번거롭지 않게'라는 캐치프레이즈로 자유로운 영혼, 떠돌이 예술가와 여행자가 함께 만들어가는 공간인 감자려인숙이로 변함없이 성장해 가는 모습을 가감 없이 담아 다큐멘터리도 만들어 볼 계획입니다."

게스트하우스 감자려인숙이에서 뛰어서 30초면 바로 바다가 나온다. 해변을 따라 오른편으로 내려가면 안목해변의 커피거리까지 도보 30분이면 충분하다. 안목해변으로 가는 도중에 소나무 숲이 나오는데 그 곳에서 가만히 아무것도 하지 않고 앉아 있거나 느긋하게 책을 읽는 것도 좋다. 반대로 해변을 따라 왼편으로 걸어가면 경포대 일대를 둘러볼 수 있다. 조금 멀리 움직이자면 강릉 시내에 있는 중앙시장을 둘러보는 것도 좋겠다. 1박2일에서 나왔던 시장표 떡갈비를 맛보거나 튀김에 닭강정을 먹으며 재래시장을 구경해보자. 강릉 맛집 탐방이 목적이라면 이모네 장치찜(033-651-0150)에서 강원도산 장치찜의 진수를 맛보거나 초당순두부마을에 가서 초당순두부(두부마을 초당순두부, 033-646-6890)를 먹어보자. 두둑해진 배를 두드리며 커피의 명가 보헤미안(033-662-5365)이나 테라로사 커피공장(033-648-2760)을 방문해 진한 커피 향을 느껴보기를 추천한다.

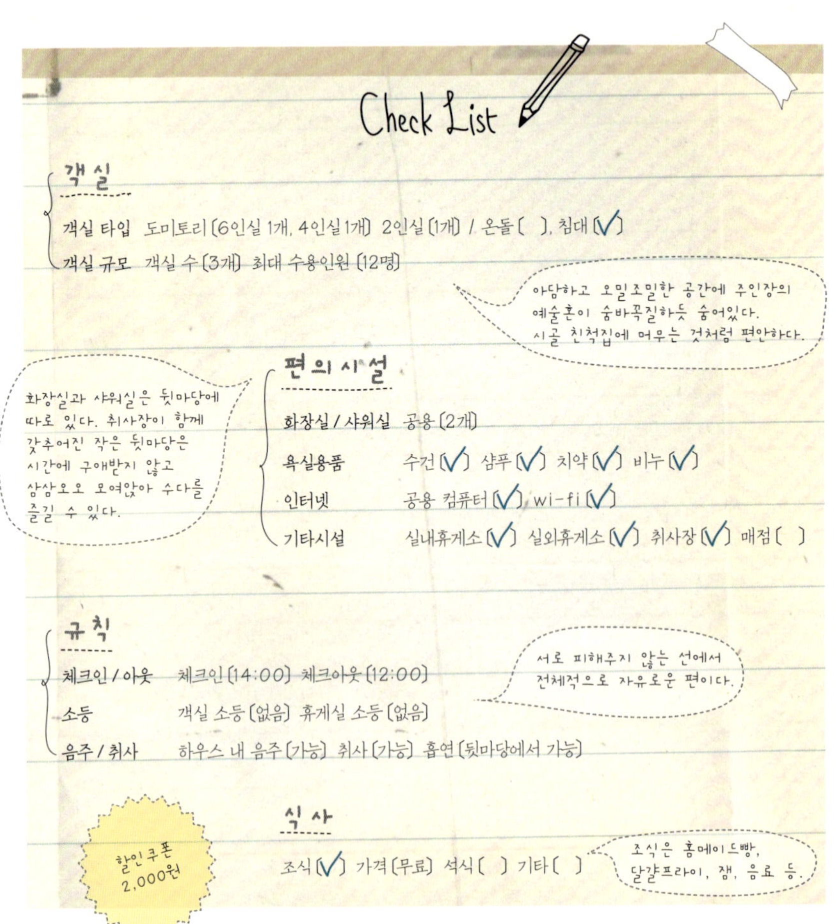

'서로 번거롭지 않게'라는 문구에서
자유롭지만 그 안의 자율적인 룰을 지켜가는
여행자문화를 느낄 수 있다.

인도풍의 빈티지한 거실 벽면장식과 소파.

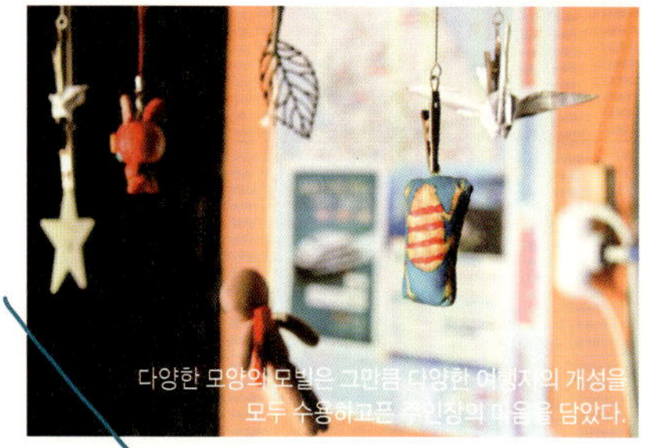
다양한 모양의 모빌은 그만큼 다양한 여행자의 개성을
모두 수용하고픈 주인장의 마음을 담았다.

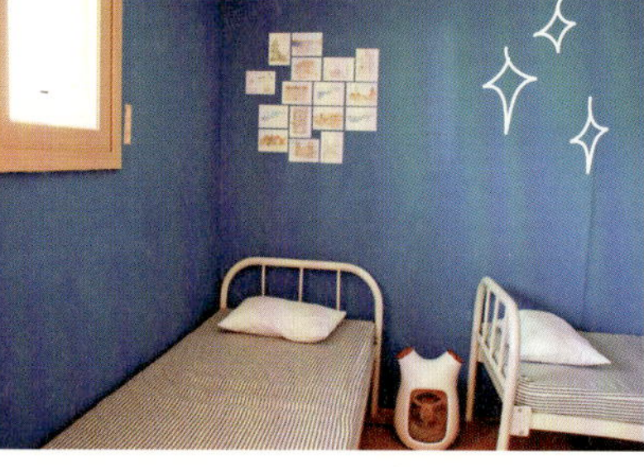

게스트하우스 나비야

싱그러운 야생화 품은
한옥의 미학

나비야 게스트하우스는 춘천 툇골 유원지 입구에 있다. 여행고수 사이에서 전국 게스트하우스 순위 다섯 손가락에 꼽힌다. 게스트하우스의 초입에 나뭇가지를 주워 만들어 놓은 간판에서 자연의 냄새가 물씬 풍긴다. 들어가는 첫 걸음부터 벌써 여느 게스트하우스와는 다른 느낌이다. 왼쪽으로 늘어뜨려진 꽃길을 걷자니 금세 오른쪽으로 ㄴ자형의 한옥 한 채가 나타난다. 주인장의 한옥 사랑이 가득 느껴지는 게스트하우스다. 한옥을 너무 사랑한 주인장은 한옥학교에 들어가 직접 자신의 손으로 이 집을 설계하고 지었다. 마루에 앉아 정원을 바라보고 있노라면 작은 수목원을 보는 듯 즐겁다. 야생화 전문가인 주인장은 사계절 내내 피고 지는 다양한 꽃들을 심어 두었는데, 보기 드문 야생화의 향연은 아무 생각 없이 바라만 보고 있어도 그 자체로 '힐링'이다. 튼튼한 원목으로 만들어진 2층 침대가 있는 도미토리와 마루를 따라 나란히 줄지어 있는 온돌방에는 주인장이 모아둔 고가구로 한옥의 풍미를 더해준다.

INFO

주소 강원도 춘천시 서면 서성리 1054　　**전화번호** 033-243-1970, 011-377-2402

홈페이지 http://www.춘천게스트하우스.com　　**이메일** guesthouse1@hanmail.net

이용료 평일요금 도미토리 2만원, 2인실 5만원　**주말요금** 도미토리 2만원, 2인실 6만원(성수기요금 별도 문의)

교통 춘천역, 춘천시외버스터미널에서 시내버스 탑승 후 '청소년 수련원' 정류장 하차, 택시타고 툇골 유원지 입구 하차(기본요금)후 오른편 위치. 청소년 수련관에서 게스트하우스까지 1일 2회 픽업 서비스.

테마 ●●●●○　　편의시설 ●●●○○　　교통편 ●●●○○　　주변 환경 ●●●●○　　가격 ●●●●○　　친절도 ●●●●○

ㄴ자형 마루 모퉁이에서 본 마당 전경.
푸릇한 너른 마당이 그윽한 어느 오후의 풍경.

튼튼한 나무로 만들어진 2층
침대가 편안한 수면을 가져다준다.
도미토리 6인실.

Check List

객실

- **객실 타입**　도미토리 (6인실 2개) 2인실 (3개) / 온돌 ☑ 침대 ☑
- **객실 규모**　객실 수 (5개) 최대 수용인원 (24명)

> 한옥으로 지어져 전체적으로 단아하고 예쁜 공간으로 연출되어 있다. 2인실은 3~4인실로도 유연하게 이용되기도 한다. 도미토리의 경우 침대를 이용하게 된다.

편의시설

> 온돌방은 객실마다 욕실이 갖추어져 있고, 도미토리를 위한 공용 욕실이 따로 준비되어 있다.

- **화장실 / 샤워실**　공용 (1개), 2인실 별도 1개씩
- **욕실용품**　수건 ☑ 샴푸 ☑ 치약 ☑ 비누 ☑
- **인터넷**　공용 컴퓨터 ( ) wi-fi ☑
- **기타시설**　실내휴게소 ☑ 실외휴게소 ☑ 취사장 ☑ 매점 ( )

규칙

- **체크인 / 아웃**　체크인 (14:00) 체크아웃 (11:00)
- **소등**　객실 소등 (23:00) 휴게실 소등 (23:00)
- **음주 / 취사**　하우스 내 음주 (가능) 취사 (가능) 흡연 (실내불가능)

식사

- 조식 ☑ 가격 (무료) 석식 ( ) 기타 ( )　　조식은 토스트, 잼, 음료 등.

알리아 게스트하우스

동화나라로 간 듯
아담하고 예쁜 공간

강둑에 자리한 동화처럼 예쁜 집이다. 하트 모양의 마당이 있는 이곳은 펜션을 운영하던 주인이 가난한 여행자들의 쉴 곳을 위해 직접 지었다. 예쁜 색감으로 집을 다 짓고 나니 강가에 그림 같은 게스트하우스로 탄생하게 되었다. 알리아라는 이름은 '강'이라는 뜻의 히브리어다. 휴게실에서는 비가 오나 눈이 오나 언제라도 고기를 구워 먹을 수 있다. 여성전용 도미토리는 복층 구조로 되어 있고 1층은 휴게실 겸 주방, 욕실이 있고 2층은 침실로 꾸며져 있다. 특이한 것은 침대에 칸막이가 있어 침대 내의 개인 공간이 확보된다는 점이다. 침대마다 독서 등이 설치되어 있어 늦은 시간까지 책을 보거나 다이어리를 쓸 수 있다. 오대산, 대관령 양떼목장, 수함계곡 래프팅, 알펜시아 리조트 등 여행자들은 이곳을 찾아야할 이유가 최소 9가지가 넘는다고 말한다.

INFO

주소 강원도 평창군 진부면 거문리 1반 26번지 **전화번호** 033-332-5285, 010-5372-1575

홈페이지 blog.naver.com/jayunsh **이메일** jayunsh@naver.com

이용료 도미토리 2만원(여름겨울 성수기시즌은 가족룸 형태만 예약 가능. 객실 당 7만~9만원)

교통 진부시외버스터미널에서 거문리, 수항, 마평, 정선방면 시내버스 탑승 후 '신기교 앞' 정류장에서 하차하면 바로 보이는 알리아 게스트하우스 간판 옆쪽의 둑길 따라 200m 직진, 오른편에 있다.

테마 ●●●●○   편의시설 ●●●●○   교통편 ●●●○○   주변 환경 ●●●●○   가격 ●●●○○   친절도 ●●●●○

Check List

객실

객실 타입 도미토리 [4인실 2개] / 온돌 [ ] 침대 ☑

객실 규모 객실 수 [2개] 최대 수용인원 [8명]

> 여성전용 도미토리와 남성전용 도미토리가 다른 건물로 구분되어 있다. 침대가 벙커 형식으로 되어 있다.

> 여성전용 도미토리에는 컴퓨터, 남성전용 도미토리에는 TV가 있다. 날씨가 안 좋으면 Wi-fi가 잘 안 잡힌다. 각 도미토리마다 휴게실이 독립적으로 마련되어 있어 편리하다.

편의시설

화장실 / 샤워실 공용 [2개]

욕실용품 수건 ☑ 샴푸 ☑ 치약 ☑ 비누 ☑

인터넷 공용 컴퓨터 ☑ wi-fi ☑

기타시설 실내휴게소 ☑ 실외휴게소 ☑ 취사장 ☑ 매점 [ ]

규칙

체크인 / 아웃 체크인 [15:00] 체크아웃 [11:00]

소등 객실 소등 [24:00] 휴게실 소등 [없음]

음주 / 취사 하우스 내 음주 [불가능] 취사 [가능]
         흡연 [외부에서 가능]

> 그릴과 나무탁자, 벤치가 있는 바비큐 휴게실에서 음주가 가능하다.

> 할인쿠폰
> 1,000원

게스트하우스에 들어서면 먼저 보이는 하트 모양의 예쁜 마당이 눈길을 끈다.

핑크톤으로 꾸며진 아늑한 여성전용 도미토리.

어린왕자 게스트하우스

경포대를
다 가져라

게스트하우스의 주인장은 대학 교수다. 가난한 젊은 여행자들을 위해 편안한 가격대를 유지한다. 게스트들과의 소통에 귀기울여주는 주인장의 오픈 마인드는 어린왕자 게스트하우스를 다시 찾게 한다. 뛰어서 경포대 앞바다까지 1분이니 숙박지로서의 위치 또한 최적이다. 이른 새벽 산책으로, 늦은 밤 경포해변을 거닐고 싶어도 언제든 오케이. 배낭 하나 둘러매고 무작정 바다를 보겠다고 떠나는 사람에게 이만한 곳은 없다. 대부분의 게스트하우스는 공용욕실을 사용하게 되는데, 이곳은 객실마다 개별욕실인 것도 장점이다. 단, 개별욕실은 뜨거운 물이 나오지 않는다. 더운물 샤워를 원한다면 층마다 마련되어 있는 공용욕실을 사용하면 된다. 뒷마당의 너른 야외 바비큐장은 게스트끼리 밤새워 두런두런 담소 나누기에 부족함이 없다.

▶ INFO

주소 강원도 강릉시 안현동 856-1   전화번호 033-644-2266

홈페이지 blog.naver.com/choisykn   이메일 choiyh90@hanmail.net

이용료 도미토리 2만원(성수기요금과 가족룸 및 단체룸 별도문의)

교통 강릉시외버스터미널에서 202번, 202-1번 버스 탑승 후 '경포대' 정류장 하차. 곧장 좌회전 후 50m 지점 왼편에 하나로 마트가 보이면, 그 맞은편 경포해변 쪽으로 100m 가면 왼쪽에 있다.

테마 ●●●●○   편의시설 ●●●●○   교통편 ●●●○○   주변 환경 ●●●●○   가격 ●●●○○   친절도 ●●●●○

대형 온돌방이 갖추어져 있어
친구끼리 단체로 이용하기에 좋다.

게스트들이 직접 만들어
장식해 놓은 폴라로이드 사진들.

Check List

객실

- **객실 타입** 도미토리 (10인실 1개, 8인실 3개, 4인실 30개, 2인실 5개) / 온돌 ✔ 침대 ✔
- **객실 규모** 객실 수 (39개) 최대 수용인원 (146명)

> 객실은 많지만 게스트하우스가 넓어 사람이 많아도 번잡한 느낌이 없다. 객실마다 침대와 온돌이 같이 있으며 단, 8인실과 10인실은 온돌만 있다. 4인실은 상황에 따라 도미토리와 패밀리룸으로 사용된다.

편의시설

- **화장실 / 샤워실** 객실마다 별도 1개씩, 공용 (2개)
- **욕실용품** 수건 ✔ 샴푸 ✔ 치약 ✔ 비누 ✔
- **인터넷** 공용 컴퓨터 ✔ wi-fi ✔
- **기타시설** 실내휴게소 ✔ 실외휴게소 ✔ 취사장 ( ) 매점 ( )

규칙

- **체크인 / 아웃** 체크인 (14:00) 체크아웃 (11:00)
- **소등** 객실 소등 (없음) 휴게실 소등 (없음)
- **음주 / 취사** 하우스 내 음주 (가능) 취사 (가능) 흡연 (실내 불가능)

할인쿠폰
2,000원

정선의 달 게스트하우스

한편의 수묵화처럼
여행을 그리다

창호지 틈으로 새어나온 빛이 눈부시다. 창문을 열어젖히니 초록빛으로 물든 산허리에 하얀 안개가 짙게 드리워져 있다. 바로 앞 뒷마당에도 채 걷히지 않은 안개구름이 옥수수밭을 조심스레 연다. 정선의 달 게스트하우스는 이름처럼 아름다운 주변 정취를 자랑한다. 산새가 좋다 해서 게스트가 찾기에 불편한 거리는 아니다. 정선시외버스터미널에서 시내버스 한번이면 걷는 거리 포함 30분이 채 걸리지 않고 게스트하우스에 도착한다. 게스트하우스는 너른 앞마당, 옥수수밭과 작은 텃밭이 있는 뒷마당을 가졌다. 게스트하우스 전체가 황토로 지어져 하루 머무는 것만으로도 건강해지는 기분이다. 작은 마루를 따라 나란히 있는 방들은 제각각 하늘연달, 해오름달, 잎새달 등 예쁜 이름을 가졌다. 객실마다 갖추어진 개별욕실과 TV, 냉장고는 웬만한 호텔 못지않다.

INFO

주소 강원도 정선군 정선읍 가리왕산로 493   **전화번호** 033-563-5506, 010-9267-5504

홈페이지 www.redclayroom.co.kr   **이메일** htmltable@naver.com

이용료 도미토리 2만원, 2인실 5만원, 4인실 7만원, 6인실 10만원

교통 정선시외버스터미널에서 버스 회동(북실안) 승차 후, '월평' 정류장에서 하차하여 150m 직진하면 왼쪽에 있다. 정선의 시내버스는 도시처럼 번호로 되어 있지 않고 버스 앞에 목적지가 적혀 있다.

테마 ●●●●○   편의시설 ●●●○○   교통편 ●●●●○   주변 환경 ●●●○○   가격 ●●●●○   친절도 ●●●●○

Check List

객실

객실 타입　도미토리〔6인실 1개, 4인실 1개, 2인실 4개〕/ 온돌〔✓〕 침대〔 〕
객실 규모　객실 수〔6개〕 최대 수용인원〔22명〕

친구들끼리 한실을 사용할 경우 도미토리 요금 대신 객실 당 요금으로 받는다. 객실 당 2인 추가 가능. 1인 추가 시 1만원.

편의시설

따로 마련되어진 취사장은 늦은 시각까지 수다를 즐겨도 다른 여행자들에게 방해되지 않아 좋다.

화장실 / 샤워실　객실마다 별도 1개씩
욕실용품　　　　수건〔 〕 샴푸〔 〕 치약〔✓〕 비누〔✓〕
인터넷　　　　　공용 컴퓨터〔 〕 wi-fi〔✓〕
기타시설　　　　실내휴게소〔✓〕 실외휴게소〔✓〕 취사장〔✓〕 매점〔 〕

규칙

체크인 / 아웃　체크인〔14:00〕 체크아웃〔11:00〕
소등　　　　　객실 소등〔없음〕 휴게실 소등〔없음〕
음주 / 취사　　하우스 내 음주〔가능〕 취사〔가능〕 흡연〔실내불가능〕

할인쿠폰
2,000원

식사

조식은 토스트, 잼, 음료 등.

조식〔✓〕 가격〔무료〕 석식〔 〕
기타〔출출한 여행자를 위한 라면 무인 가판대가 있다.〕

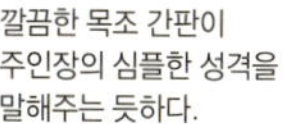

깔끔한 목조 간판이 주인장의 심플한 성격을 말해주는 듯하다.

객실의 창을 통해 만나는 정선의 아름다운 아침 풍경은 한편의 수묵화를 연상케 한다.

가인 게스트하우스

사람과 사람을
이어주는 집

마치 옆집에 놀러온 듯한 푸근한 분위기의 한옥이다. 사람 사는 냄새 가득하다. 전형적인 한옥 가정집을 활용해 게스트하우스를 운영한다. '가인(架人)'은 사람과 사람을 이어주는 다리라는 의미다. 그만큼 주인의 친화력과 친절이 돋보인다. 주인장의 얼굴에서 사람을 편안하게 하는 웃음과 여유가 묻어난다. 이곳은 게스트하우스이면서 동시에 5살, 2살짜리 딸들이 까르르 웃어대는 단란한 가정집이기도 하다. 한옥 외벽에 그려 넣은 아이들의 그림처럼 주인과 아이들이 함께 상주하고 있어 일반 가정의 따뜻함을 느낄 수 있다. 아침엔 새소리를 들으며 잠을 깨고 저녁엔 달을 보며 여유를 부리기에 좋은 장소다. 장기 체류도 가능하다. 자매가 운영하는 보자기 공방인 '가교'에서 보자기와 매듭, 쟁반 등의 소품을 이용한 공예를 배우며 며칠 머물러도 좋다. 단순히 '보는 관광'을 넘어 조용히 바느질 하는 손길에서 여유와 안식을 느낄 수 있다.

INFO

<u>주소</u> 서울 종로구 가회동 1-38번지 <u>전화번호</u> 070-7594-5563, 010-2668-5563

<u>홈페이지</u> www.gainguesthouse.com <u>이메일</u> kcity@lycos.co.kr

<u>이용료</u> 2인실 8만~10만원(방마다 가격차 있음)

<u>교통</u> 지하철 3호선 안국역 2번 출구로 나와 헌법재판소길 따라 재동초등학교 지나 200m 정도 직진 후 왼쪽의 믿음치과 골목으로 좌회전 하면 바로 보인다.

테마 ●●●○○ 편의시설 ●●●○○ 교통편 ●●●○○ 주변 환경 ●●●●○ 가격 ●●●○○ 친절도 ●●●○○

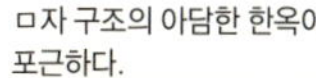

무자 구조의 아담한 한옥이 포근하다.

이곳에서는 수시로 아이들의 웃음소리와 울음소리를 들으며 가정의 따뜻함을 느낄 수 있다.

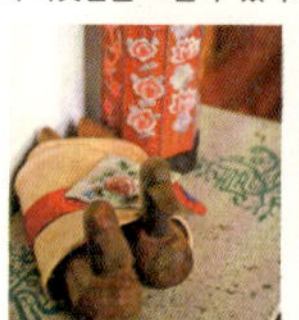

Check List

객실

- 객실 타입 2인실 [4개] / 온돌 [✓] 침대 [ ]
- 객실 규모 객실 수 [4개] 최대 수용인원 [15명]

도미토리는 없으며 2인실의 한옥방이 여러 개 있다. 한방에 최대 3~4명이 머물 수 있다.

편의시설

아담한 부엌 겸 거실은 공동 공간으로 사용할 수 있으며 이곳에서 컴퓨터 작업이나 간단한 요리를 해먹을 수 있다.

- 화장실 / 샤워실 공용 [2개]
- 욕실용품 수건 [✓] 샴푸 [✓] 치약 [✓] 비누 [✓]
- 인터넷 공용 컴퓨터 [✓] wi-fi [✓]
- 기타시설 실내휴게소 [✓] 실외휴게소 [✓] 취사장 [✓] 매점 [ ]

규칙

- 체크인 / 아웃 체크인 [14:00] 체크아웃 [12:00]
- 소등 객실 소등 [없음] 휴게실 소등 [없음]
- 음주 / 취사 하우스 내 음주 [가능] 취사 [가능] 흡연 [불가능]

어린 아이들을 키우는 집이라 한옥 내에서는 마당이라도 금연이며 밤 12시부터는 출입을 제한한다.

식사

- 조식 [✓] 가격 [무료] 석식 [ ] 기타 [ ]

조식은 빵과 수프, 커피, 녹차, 씨리얼, 우유 등을 부엌에서 셀프로 자유롭게 먹을 수 있다.

프로그램

- 보자기체험은 수강료와 재료비를 합쳐 3만5천원 정도.
- 떡볶이, 잡채 등 음식 만들기 체험은 2만~3만원.

김치 게스트하우스

캐주얼한
한옥의 편안함

오래된 한옥과는 달리 캐주얼하고 젊은 분위기의 한옥 게스트하우스다. 한옥 게스트하우스가 몰려 있는 북촌에서 살짝 떨어져 있어 조금 더 여유로움을 즐길 수 있다. 프랑스인, 멕시코인, 일본인 등 다양한 외국 친구들을 사귈 수 있으며 혼자 오는 여행자가 많아 부담 없이 머물기 좋다. 김치 게스트하우스라는 이름처럼 김치 담그기 체험도 할 수 있으며 반포기 정도 가져갈 수 있다. 김치 게스트하우스는 요즘 한창 뜨고 있는 서촌의 금천시장 안쪽에 있다. 맛집이 몰려있는 금천시장에서 아침부터 저녁까지 한국의 재래식 맛집들을 제 집 드나들 듯 누빌 수 있다는 것이 장점이다. 저녁엔 친구들과 어울려 막걸리 한 잔 해도 좋다. 도어락을 통해 24시간 언제든 출입이 자유로워 시간 제약의 불편함 없이 편하게 한옥집을 드나들 수 있다. 또 다소 추울 수 있는 한옥의 불편함을 감안해 화장실의 라이트를 따뜻한 적외선이 나오도록 설치해 안락한 샤워를 돕는다.

INFO

주소 서울 종로구 필운동 228   **전화번호** 02-6339-6062, 010-7797-6062

홈페이지 www.kimchiguesthouse.co.kr   **이메일** kimchi6062@naver.com

이용료 1인실 5만원, 2인실 8만원(1인 추가 시 3만원)

교통 지하철 3호선 경복궁역 2번 출구로 나와 파리바게트 오른쪽 골목인 금천시장을 통과해 200m쯤 오다보면 오른편에 황금정이라는 식당이 있고 그 맞은편의 창신동 매운족발집에서 좌회전하면 보인다.

테마 ●●●○○   편의시설 ●●●○○   교통편 ●●●○○   주변 환경 ●●●○○   가격 ●●●○○   친절도 ●●●●○

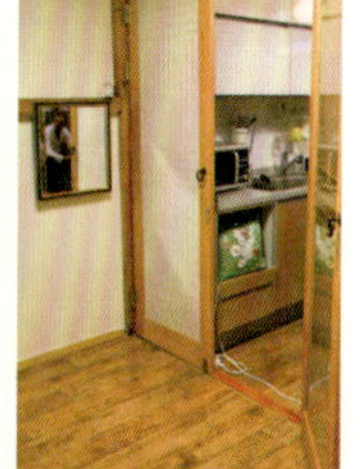

오래된 느낌은 없지만 깔끔하게 새로 단장된 한옥이다.

화장실에는 각종 목욕용품이 두루 갖추어져
있고 적외선이 나오는 조명이 샤워 시의
추위를 덜어준다.

Check List

객실

- **객실 타입** 1인실〔3개〕 2인실〔2개〕 / 온돌〔✓〕 침대〔 〕
- **객실 규모** 객실 수〔5개〕 최대 수용인원〔15명〕

> 도미토리는 없고, 한옥방이
> 옆으로 붙어있으며 방을 나오면
> 툇마루 없이 바로 마당이다.
> 전체적으로 아담하다.

> 화장실 겸 샤워실은 마당에
> 있다. 실외에 있지만 욕실에
> 적외선 전등을 달아놓아
> 샤워할 때 춥지 않고
> 화장실에 욕실용품이 두루
> 갖추어져 있어 여성들이
> 사용하기에 편리하다.

편의시설

- **화장실 / 샤워실** 공용〔2개〕
- **욕실용품** 수건〔✓〕 샴푸〔✓〕 치약〔✓〕 비누〔✓〕
- **인터넷** 공용 컴퓨터〔✓〕 wi-fi〔✓〕
- **기타시설** 실내휴게소〔✓〕 실외휴게소〔✓〕 취사장〔✓〕 매점〔 〕

규칙

- **체크인 / 아웃** 체크인〔14:00〕 체크아웃〔12:00〕
- **소등** 객실 소등〔없음〕 휴게실 소등〔없음〕
- **음주 / 취사** 하우스 내 음주〔가능〕 취사〔가능〕 흡연〔마당에서 가능〕

> 문에 도어락이 설치되어 있어
> 24시간 출입이 자유롭다.

식사

- 조식〔✓〕 가격〔무료〕 석식〔 〕 기타〔 〕

> 조식은 토스트, 커피, 우유 등. 부엌에서
> 셀프로 자유롭게 먹을 수 있다.

프로그램

김치 담그기 체험이 있다. 1시간 가량 진행되며
반포기 정도 가져갈 수 있다. 체험비 4만원.

서울시 마포구 나무 게스트하우스

트립어드바이저
서울 게스트하우스 부분
랭킹 4위의 집

주소 서울시 마포구 연남동 504-42 한일하이츠빌라 101호   전화번호 070-8291-4878

홈페이지 www.namugh.co.kr   이메일 namuguesthouse@gmail.com

이용료 도미토리 2만2천원, 패밀리룸(더블+벙크베드) 4인 기준10만원, 3인 기준 9만원, 2인 기준 7만원,
3인실 8만원(성수기요금 별도문의)

교통 지하철 2호선 홍대입구역에서 하차, 2번 출구 쪽으로 우회전한 다음 현대오일뱅크 사잇길로 들어와 GS25가
나올 때까지 직진. 앞에 보이는 횡단보도를 건넌 다음, 피자피오(pizzapio)에서 우회전한 다음 골목을 걸어가면
나무 간판이 보임.

테마 ●●●○○   편의시설 ●●●○○   교통편 ●●●○○   주변 환경 ●●●○○   가격 ●●●●○   친절도 ●●●●●

군더더기 없이 깔끔한 홈페이지에 들어가면 심플한 나무 드로잉이 먼저 시선을 끈다. 한눈에 보기에도 여느 게스트하우스와는 다른 느낌. 클릭해서 들어가면 아니나 다를까, 매우 화사하고 안락한 분위기의 게스트하우스가 남다르게 등장한다. 나무 게스트하우스는 실제로 가봐도 역시 남다르다. 메인 홈페이지에는 리앤노와 스튜디오 41번가 호스텔로 들어가는 클릭 버튼이 함께 보인다. 모두 한 주인이 연남동에서 운영하고 있는 게스트하우스들이다.

한 주인이 운영하는 세 군데의 연남동 게스트하우스 중 가장 먼저 생긴 곳은 리앤노다. 리앤노가 2층짜리 주택을 개조한 곳이라면 2호점인 나무는 4층짜리 빌라 건물에 있는 한 집을 개조해서 만든 곳이다.

벨을 누르면 집 주인이 나오듯 스태프가 문을 열어주고, 편안한 소파와 TV 등이 놓인 거실로 안내 받는다. 베란다가 보이는 커다란 통 유리창이 있고, 아늑한 소파와 거실의 의자들이 마치 친구 집에 놀러 온 듯한 친근함을 준다. 방은 단 4개. 남녀가 함께 사용하는 6인실 도미토리가 한 개 있고, 나머지는 3인실과 두 개의 패밀리룸으로 되어 있다. 패밀리룸은 상황에 따라 추가요금 없이 두 명에서 네 명까지 쓸 수 있다.

나무 게스트하우스에는 단순히 친근함만 있는 것은 아니다. 값비싼 가구는 아니지만, 가구나 소품들의 디자인 감각이 돋보인다. 또 '나무'가 주는 자연의 느낌을 살려 벽에도 나뭇가지와 새의 일러스트가 그려져 있고, 큰 나무화분도 턱 하니 놓여 있다. 한국에 대한 다양한 영어 가이드북과 세계 각국의 책들, 영화 DVD, 여행 안내서 등도 차곡차곡 쌓여 있다. 오늘의 게스트가 누구인지 방마다 쓰여 있는 투숙객들의 이름판은 이곳이 얼마나 가족적인 분위기인지를 잘 보여준다.

3년 전에 오픈한 나무 게스트하우스는 트립어드바이저 서울 지역 게스트하우스 부분에서 전체 4위에 올랐다. 이곳을 거쳐 간 사람들의 별점이 평균 네 개 반을 넘는다. 나무를 포함 리앤노, 스튜디오 41번가 호스텔 모두 20위 안에 들어 있을 만큼 만족도가 높다. 개인 여행자라면 이곳에서 투숙하는 다른 여행자들과 100% 친구가 된다.

안타깝게도 나무 게스트하우스는 외국인만 이용할 수 있다. 사실 홍대에 있는 대부분의 게스트하우스가 그러하다. 이곳에서 도미토리에 묵으며 마치 외국에 여행 온 듯한 기분을 느껴보고 싶겠지만, 그 바람은 서울에 여행 오는 외국 친구에게 넘겨주자.

HOST INTERVIEW · 주인장 이승용 ───────────

"조식은 여느 게스트하우스와 크게 다르지 않겠지만, 일요일에 선보이는 스페셜 선데이 브런치는 반응이 참 좋아요. 이 선데이 브런치는 리앤노와 스튜디오 41번가 호스텔에서도 동시에 진행하는 이벤트이기도 하고요. 거창한 음식은 아니지만, 떡만두국이나 군만두, 팬케이크 등 비교적 쉽게 만들 수 있는 음식을 함께 만들어 나눠먹죠. 함께 준비하면서 서로 어울릴 기회도 되고요. 음식만큼 금방 친해질 수 있는 것도 없잖아요. 아참, 얼마 전에 트립어드바이저에서 추천서가 왔어요. 서울에 있는 게스트하우스 부분에서 랭킹 4위에 올랐거든요. 추천 시설임을 공식적으로 인정받은 거죠. 최근 나무의 가장 기쁜 소식이었어요."

클럽문화가 발달한 홍대에서 정신 없는 시간을 보낸 후 언제 그랬냐는 듯 조용하고 평온한 잠을 잘 수 있는 것이 연남동 주택가에 위치한 게스트하우스들의 장점이다. 공항철도와 지하철 2호선 홍대입구 역이 지나는 대로변을 기준으로 번화가와 주택가로 동네 분위기가 확연히 달라진다. 연남동에는 최근 2~3년 사이 게스트하우스에 머무는 외국 여행자들을 위한 다양한 공간(코인 빨래방 같은)들이 생겨났다. 여행작가 주인의 아트숍 폴 아브릴(Paul Avril)도 나무 근처에서 멀지 않고, 직접 로스팅을 하는 수준급의 커피집 유어포스팅 파크(yuropark.com), 커피 리브레(www.coffelibre.kr)도 가까우니 가볼 것.

Check List

객실

객실 타입   도미토리 (6인실 1개) 4인실 (패밀리룸 2개) 3인실 (1개) / 온돌 ( ) 침대 (✓)

객실 규모   객실 수 (4개) 최대 수용인원 (19명)

> 도미토리는 남녀구분 없이 함께 쓴다.
> 4인실은 패밀리룸으로 한 가족 혹은
> 같은 일행이 쓰는 방이다.

> 객실 수가 적고 투숙할 수 있는 인원 수도 적기 때문에 매우 가족적인 분위기가 난다. 베란다는 주로 빨래를 널거나 배낭과 같은 큰 짐을 놔두는 장소로 활용된다.

편의시설

화장실 / 샤워실   공용 (2개)

욕실용품   수건 (✓) 샴푸 ( ) 치약 ( ) 비누 ( )

인터넷   공용 컴퓨터 (✓) wi-fi (✓)

기타시설   실내휴게소 (✓) 실외휴게소 ( ) 취사장 (✓) 매점 ( )

규칙

체크인 / 아웃   체크인 (14:00) 체크아웃 (11:00)

소등   객실 소등 (없음) 휴게실 소등 (없음)

음주 / 취사   하우스 내 음주 (불가능) 취사 (가능) 흡연 (불가능)

> 스태프들이 일요일 아침에는 간단한 떡만두국이나 만두 같은 메뉴를 게스트들과 만들어 먹는다. 매우 반응이 좋다.

식사

> 조식은 빵, 우유, 버터,
> 잼, 커피, 차, 달걀프라이.

조식 (✓) 가격 (무료) 석식 ( ) 기타 ( )

프로그램

여행사 한 군데와 연결되어 있어 DMZ투어, 난타, 점프 등의 공연을 예약할 수 있다.

게스트들이 자유롭게 모여 아여가룰 나누는
아늑한 거실. 방의 침대나 거실의 가구들도 실제 가정집의
가구들처럼 안락하고 전견다. 오래 머물러도
질리지 않을 것 같은 집이다.

더블베드와 2층침대가
함께 있는 4인실 패밀리룸.

남산 게스트
하우스 2호점

외국인 전용

명동 쇼핑
여행자의 아지트

명동과 남산 일대의 게스트하우스들 중 가장 유명한 곳이다. 이 일대의 게스트하우스들 중에 가장 먼저 생긴 곳으로, 2004년에 남산 게스트하우스 1호점이 생긴 이래 최근 3호점까지 문을 열었다. 단독 주택을 게스트하우스로 개조한 2호점은 파라솔이 활짝 펼쳐진 정원이 먼저 여행자를 반긴다. 프런트 데스크로 들어가는 입구 앞에 줄지어 늘어 선 여행 가방만 보더라도 이곳이 얼마나 인기 있는 곳인지 짐작할 수 있다. 남산 게스트하우스의 특징은 모든 방에 개인 샤워실과 화장실이 딸려 있다는 점이다. 2인실이 대부분이고, 3인실과 4인실에도 개별 화장실이 갖추어져 있다. 때문에 2인 이상 함께 여행하는 동반자가 있는 경우에 유용하다. 방의 구조는 침대가 아닌 매트리스가 대부분으로 특별한 분위기를 기대하기는 어렵다.

INFO

주소 서울시 중구 남산동 2가 33-3   **전화번호** 02-752-6363

홈페이지 www.namsanguesthouse.co.kr   **이메일** webmaster@ namsanguesthouse.co.kr

이용료 2인실 5만5천~6만원, 3인실 8만원, 4인실 9만원(1인 추가 시 1만원)

교통 지하철 4호선 명동역 8번 출구 방면으로 170m 간다. 8번 출구 전의 횡단보도를 건너 명동역 2번과 3번 출구 사이에서 좌회전하면 퍼시픽 호텔이 보인다. 퍼시픽 호텔을 바라보고 오른쪽 길로 150m 직진.

테마 ●●○○○   편의시설 ●●●○○   교통편 ●●●●●   주변 환경 ●●●●○   가격 ●●●○○   친절도 ●●●●●

집 앞 테라스와 2층 발코니 규모가 넓어
날이 좋으면 야외에서 휴식하기 좋다.

몇몇 방의 화장실은 반투명
유리라 샤워 시 실루엣이 비쳐,
민망할 수 있다.

Check List

객실

- 객실 타입 4인실 (1개) 3인실 (6개) 2인실 (10개) / 온돌 (✓) 침대 ( )
- 객실 규모 객실 수 (17개) 최대 수용인원 (40명)

> 일행 네 명이 들어갈 수 있는
> 4인실은 한 개뿐이어서 예약이
> 빨리 찬다.

편의시설

> 두 채의 주택을 개조한
> 게스트하우스다. 파라솔이 쳐져
> 있는 정원은 여행자들끼리
> 모이기 편리하다.

- 화장실 / 샤워실 객실마다 별도 1개씩
- 욕실용품 수건 (✓) 샴푸 (✓) 치약 (✓) 비누 (✓)
- 인터넷 공용 컴퓨터 (✓), wi-fi (✓)
- 기타시설 실내휴게소 ( ) 실외휴게소 ( ) 취사장 ( ) 매점 ( )

규칙

- 체크인 / 아웃 체크인 (14:00) 체크아웃 (11:00)
- 소등 객실 소등 (없음) 휴게실 소등 (없음)
- 음주 / 취사 하우스 내 음주 (1층에서만 가능) 취사 (불가능) 흡연 (테라스에서 가능)

식사

> 조식은 토스트, 딸기잼, 버터,
> 땅콩잼, 커피, 녹차, 컵라면 제공.

- 조식 (✓) 가격 (무료) 석식 ( ) 기타 ( )

프로그램

공항 픽업 서비스 4인 기준 편도 1회 인천공항
6만5천원, 김포공항 3만5천원.

남산 게스트 하우스 3호점

남산 게스트하우스의
업그레이드 버전

단독주택을 개조한 2호점과 달리, 남산 게스트하우스 3호점은 5층짜리 건물을 새로 지어서 지난해 오픈했다. 한 층에 단독 객실만 10개씩, 5층에 50개가 넘는 객실이 있고, 100명의 투숙객이 머물 수 있다. 아마도 서울 시내에서 가장 큰 규모의 게스트하우스 중 하나일 것이다. 남산 명동 일대의 게스트하우스들 중에는 가장 번화가와 가깝고 찾기가 쉬워 항상 인기가 많다. 객실 구조는 2호점과 크게 다르지 않다. 모든 객실은 2인실로 2개의 매트리스가 깔려 있다. 방의 구조는 단순하지만, 유리창이 커서 답답하지 않고, 서울타워가 보이는, 전망 좋은 방도 있다. 건물 전체가 단독 객실이다 보니, 아늑하거나 가족적인 분위기를 기대하기는 어렵다. 일본과 동남아시아 여행객이 90% 이상을 차지하고, 명동과 동대문을 중심으로 한 쇼핑과 한류팬으로서 연예인 행사에 참여하기 위해 오는 경우가 대부분 이다.

INFO

주소 서울시 중구 남산동 2가 32-13   전화번호 02-752-6369

홈페이지 www.namsanguesthouse.co.kr   이메일 webmaster@ namsanguesthouse.co.kr

이용료 2인실 5만5천~6만원

교통 지하철 4호선 명동 세종호텔에서 하차 후 명동역 8번 출구 방면으로 170m간다. 8번 출구 전의 횡단보도를 건너 명동역 2번과 3번 축구 사이에서 좌회전하면 퍼시픽호텔이 보인다. 퍼시픽 호텔을 바라보고 오른쪽 길로 150m 직진하면 도로 왼쪽에 위치해 있다.

테마 ●●○○○   편의시설 ●●●●○   교통편 ●●●●○   주변 환경 ●●●●○   가격 ●●●○○   친절도 ●●●●○

Check List

객실

- 객실 타입 2인실 (50개) / 온돌 (✓) 침대 ( )
- 객실 규모 객실 수 (50개) 최대 수용인원 (100명)

> 2인 이상 동반 여행자가 있는 여행객에게 편리하다.

편의시설

> 체크인 데스크가 있는 지하에 아침 식사와 컵라면을 먹을 수 있는 공간 및 주방, 공용 컴퓨터 2대, 무료 세탁실이 있다.

- 화장실 / 샤워실 객실마다 별도 1개씩
- 욕실용품 수건 (✓) 샴푸 (✓) 치약 (✓) 비누 (✓)
- 인터넷 공용 컴퓨터 (✓) wi-fi (✓)
- 기타시설 실내휴게소 ( ) 실외휴게소 ( ) 취사장 ( ) 매점 ( )

규칙

- 체크인 / 아웃 체크인 (14:00) 체크아웃 (11:00)
- 소등 객실 소등 (없음) 휴게실 소등 (없음)
- 음주 / 취사 하우스 내 음주 (지하 1층에서만 가능) 취사 (가능) 흡연 (불가능)

> 조식은 토스트, 딸기잼, 버터, 땅콩잼, 커피, 녹차, 컵라면 제공.

식사

- 조식 (✓) 가격 (무료) 석식 ( ) 기타 ( )

프로그램

공항 픽업 서비스 4인 기준 편도 1회
인천공항 6만5천원, 김포공항 3만5천원.

건물 옥상에서는 서울타워가 보인다.

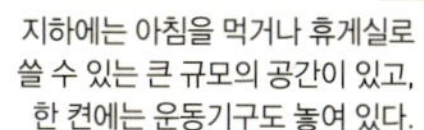

지하에는 아침을 먹거나 휴게실로 쓸 수 있는 큰 규모의 공간이 있고, 한 켠에는 운동기구도 놓여 있다.

르 솔 게스트하우스

외국인 전용

진한 흙냄새,
사람냄새가 나는 집

INFO

주소 서울시 마포구 동교동 203-29   전화번호 02-6368-8930

홈페이지 www.lesolguesthouse.com   이메일 lesolguesthouse@yahoo.com

이용료 1인실 4만원, 2인실 5만5천원, 4인실 8만8천~9만6천원

교통 지하철 2호선 홍대입구역 1번 출구로 나와 100m 정도 직진 미니스톱 골목에서 우회전, 메이플커피 집이 보이면 좌회전.

테마 ●●●●●   편의시설 ●●●●●   교통편 ●●●○○   주변 환경 ●●●●○   가격 ●●●○○   친절도 ●●●●●

사람 키를 훌쩍 넘는 나무 담벼락이 호기심을 증가시킨다. 하지만 투숙객은 그 담벼락의 문으로 들어가기 전 바로 옆에 있는 유리문 안의 리셉션 데스크에서 먼저 체크인 절차를 밟는다. 한 면 가득 불어책들이 진열되어 있는 책장들과 단아해 보이는 두 개의 등나무 의자, 은은한 조명이 범상치 않은 게스트하우스임을 알려준다. 저 안쪽에 한가득 진열되어 있는 도자기 그릇들까지. 수수한 외모에 목소리가 매우 고상한 여주인과의 대화가 시작됐다. 그리고 그곳에서 보석 같은 르 솔의 존재를 발견하게 되었다.

높은 담벼락에 숨겨진 작은 정원은 운치가 있다. 테라스에 있는 하얀색 흔들의자와 독특한 모양의 등나무 의자, 램프까지 흔치 않은 모양의 것들이다. 거실에도 유독 등나무 의자와 탁자가 많은데, 알고 보니 지난 10년간 캐나다 밴쿠버에 살면서 쓰던 가구들을 모두 들여온 것이다. 결코 짧은 시간이 아닌데, 모든 것을 정리하고 다시 서울로 돌아온 이유가 궁금했다.

"백인 중심의 캐나다 사회에서 동양 남자에 대한 차별이 생각보다 크더라고요. 디자인 전공자에 실력도 좋은 남편은 어디를 가도 다 대접받고 살 능력자인데, 힘들어하는 모습을 보니 더는 못 참겠더라고요. 한국에 들어올 때 게스트하우스에 대한 아이디어가 이미 있었어요. 남편의 아이디어였어요. 근데 사실 저는 그렇게 사교적인 성격이 아니에요. 이야기할 때 사람들과 원래 눈도 제대로 안마주치거든요. 처음에 남편이 이 일을 해보자고 제안했을 때 전 펑펑 울었어요. 너무 무서워서요."

그러던 아내 조유진씨는 이 일을 하면서 민간 외교관이 다 됐다. 스스로 생각해도 신기하기만 한 변화였다. 예약에서 체크아웃까지 게스트들을 세세하게 챙기는 일은 물론, 새벽 4시에 일어나 13인분의 투숙객을 위한 아침식사를 직접 만들고, 변기 물을 떠 마실 수 있어야 한다는 각오로 청소까지 도맡아 하고 있다. 웬만하면 사람을 사서 시킬 법도 한데, 깐깐한 성격에 구석구석 손이 닿아야 안심이 된다. 르 솔은 투숙객에게도 주문이 많다. 모르는 사람들이 모여 함께 쓰는 곳인 만큼 상대방에 대한 배려를 최우선으로 한다. 때문에 한밤중에 샤워를 하거나 헤어드라이어를 사용하면 잔소리를 듣게 된다. 호텔보다 가격이 싸다고 해서 오는 사람이 절대 싸구려는 아니라고 단호히 말하는 그녀. 오히려 르 솔을 찾는 전 세계의 여행자들에게서 위로 받고 매번 새로운 여행을 떠난다고 웃음 짓는다. 세세한 방 이야기는 하지 않았지만, 주인에 대한 소개만으로도 독자들은 르 솔의 가치를 충분히 느낄 수 있으리라 생각한다.

HOST INTERVIEW · 주인장 조유진 ————————————

"제가 한국을 알리는 사람이라서 좋아요. 처음엔 잘 몰랐는데, 나도 미처 몰랐던 성격이 숨어 있었더라고요. 이젠 수다 많은 아줌마가 되어 버렸어요. 호호. 외국 나가 살면 다 애국자가 된다고 하잖아요. 캐나다에서 그런 마음이 너무 커졌는지, 르 솔에 오는 외국 손님들이 참 좋아요. 다들 한국이 좋아서 오는 거잖아요. 그러니 제 집에서 먹는 한 끼도 대충은 못내겠더라고요. 저를 통해서 한국음식을 먹는 거니까, 비빔밥이나 소고기구이 같은 것들도 내요. 팬케이크 같은 걸 낼 때도 있고. 새벽에 일어나 13인분 소고기를 굽고, 달걀 요리를 하고 난리를 칠 때는 정신이 없지만, 그래도 행복해요. 손님들이 아침식사를 먹고 '오늘 하루의 하이라이트'라고 번쩍 엄지를 치켜 올리거든요."

연남동 골목 깊숙이 자리한 다른 게스트하우스들보다는 상대적으로 위치가 지하철과 가깝다. 홍대에 사는 사람들이 자주 가는 밥집은 어디일까? 강된장 스타일로 나오는 된장찌개집 '이런 된장'과 홍대 놀이터 쪽에 위치한 유명한 국수집 '국시집', 홍대에서 안 가볼 수 없는 명물 '죠스떡볶이', 신선한 생선구이가 맛있는 '재벌', 주차장 길에 있는 '마포나루냉면' 등이 추천 집이다. 색다른 맛이 당긴다면, 인도 카레집 시타라의 점심세트, 푸짐한 해물에 정통 짬뽕 국물이 일품인 '동방룡' 등도 가볼 것.

각 방의 이름도 나무의 종류에서 따왔다.
alder(오리나무), oak(떡갈나무),
birch(자작나무), cypress(상록수),
pine(소나무) 등 이름에서부터 흙냄새가
난다. 화사한 아이보리색으로 꾸며진 방은
아늑하면서도 이국적으로 다가온다.

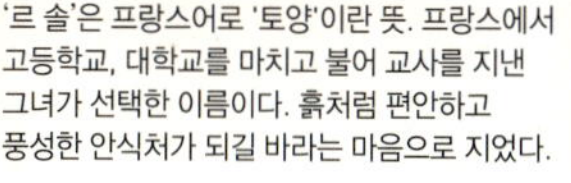

'르 솔'은 프랑스어로 '토양'이란 뜻. 프랑스에서 고등학교, 대학교를 마치고 불어 교사를 지낸 그녀가 선택한 이름이다. 흙처럼 편안하고 풍성한 안식처가 되길 바라는 마음으로 지었다.

Check List

할인쿠폰
3,000원

객실

객실 타입   4인실 [2개] 2인실 [2개] 1인실 [1개] /
온돌 [ ] 침대 [√]

객실 규모   객실 수 [5개] 최대 수용인원 [13명]

도미토리룸은 없고, 3인 혹은 4인을 가족을 위한 패밀리룸이 있다. 원래 6개였던 방을 하나 줄여 2층에 서재로 만들 계획이며, 객실에는 곧 방마다 컴퓨터를 설치할 예정이다. 객실은 밝은 아이보리색의 이국적인 느낌이 난다.

편의시설

화장실과 샤워실이 분리된 곳이 각 층에 한 개씩 있다. 부엌이 있으나 음식을 요리해 먹는 것은 불가능하다. 사람 키를 넘는 대문과 담벼락으로 둘러싸여 있어 정원도 고즈넉하다. 세탁 서비스는 무료로 해준다.

화장실 / 샤워실   공용 [2개]

욕실용품   수건 [√] 샴푸 [√] 치약 [√] 비누 [√]

인터넷   공용 컴퓨터 [√] wi-fi [√]

기타시설   실내휴게소 [√] 실외휴게소 [√] 취사장 [√] 매점 [ ]

규칙

체크인 / 아웃   체크인 [14:00] 체크아웃 [12:00]

소등   객실 소등 [없음] 휴게실 소등 [없음]

음주 / 취사   하우스 내 음주 [불가능] 취사 [불가능] 흡연 [불가능]

르 솔을 찾는 게스트들은 연령대가 좀 있는 편이다. 타인에게 방해가 되는 행동을 최대한 자제하는 것을 규칙으로 한다. 때문에 23시 이후 샤워나 헤어드라이기 쓰는 일을 자제해야 한다.

조식은 매일 아침 르솔 주인이 직접 만드는데, 비빔밥, 불고기 등에서 팬케이크까지 그날그날 메뉴가 바뀐다.

식사

조식 [√] 가격 [무료] 석식 [ ] 기타 [ ]

메이 게스트하우스

신혼부부의 침실처럼
로맨틱한 곳

오픈한 지 이제 6개월을 넘긴 메이 게스트하우스는 신혼부부가 운영하는 곳으로 주목을 받았다. 집 안에 있는 가구나 인테리어 소품, 깔끔한 화이트 톤의 2인실 객실들은 신혼집처럼 따뜻하고 정갈한 분위기가 넘친다. 자신들의 신혼집을 꾸미기 위해 샀던 갖가지 독특한 소품들이 게스트하우스로 건너온 지도 이미 오래. 그래서 게스트하우스 안에는 빈티지한 커피기기와 앙증맞은 식기 솔까지 하나하나 눈길을 끈다. 총 10개의 객실에 화장실은 8개나 두어 전혀 불편함이 없게 했다. 유난히 깔끔하고 화사한 분위기 덕분인지 투숙객의 90% 이상을 여성이 차지하고 있다. 잠자리 까다롭게 챙기는 여성들이 선택한 메이 게스트하우스에는 그래서 언제나 여자들의 꽃 향기가 난다.

INFO

주소 서울시 마포구 서교동 396-41　**전화번호** 010-5167-0555

홈페이지 www.mayguesthouse.com　**이메일** guesthouse.may@gmail.com

이용료 도미토리 2만5천원, 2인실 8만~10만원(4인까지 사용가능하며 추가 1인당 1만5천원), 싱글룸 5만원(1인 추가 시 1만5천원)

교통 2, 6호선 합정역 하차 후 5번 출구로 나와 10m직진, 자이언트(Giant) 자전거 점포를 끼고 우회전. 150m 직진 후 타임부동산 끼고 좌회전, 20m 전방 첫 골목에서 우회전.

테마 ●●○○○　편의시설 ●●●○○　교통편 ●●●●●　주변 환경 ●●●●○　가격 ●●●○○　친절도 ●●●●○

Check List

객실

- **객실 타입** 도미토리 (6인실 1개, 4인실 2개) 2인실 (5개) 1인실 (2개) / 온돌 ( ) 침대 ✓
- **객실 규모** 객실 수 (10개) 최대 수용인원 (26명)

> 총 3개의 도미토리가 있는데, 남녀 객실을 구분하고 있다. 6인용 도미토리는 주로 여성전용으로 운영되고 있으며, 안에는 작은 개인 사물함이 구비되어 있다.

편의시설

> 객실 수 대비 화장실 수가 많은 편이다. 방 안에 화장실이 딸려 있는 곳도 3곳 있다. 아늑한 거실과 야외 테라스까지 신혼부부의 아기자기함이 곳곳에서 묻어난다.

- **화장실 / 샤워실** 공용 (8개)
- **욕실용품** 수건 ✓ 샴푸 ✓ 치약 ✓ 비누 ✓
- **인터넷** 공용 컴퓨터 ✓ wi-fi ✓
- **기타시설** 실내휴게소 ✓ 실외휴게소 ✓ 취사장 ✓ 매점 ( )

규칙

- **체크인 / 아웃** 체크인 (15:00) 체크아웃 (11:00)
- **소등** 객실 소등 (없음) 휴게실 소등 (없음)
- **음주 / 취사** 하우스 내 음주 (가능) 취사 (가능) 흡연 (불가능)

> 객실 안에서 음주, 흡연은 불가능하다. 거실에서 가벼운 음주가 가능하며, 테라스에서만 흡연 가능.

식사

- 조식 ✓ 가격 (무료) 석식 ( ) 기타 ( )

> 조식은 토스트, 커피, 잼, 버터 등.

따스한 조명과 앙증맞은 소품들이 예쁜 게스트하우스.

담장 없이 탁 트인 테라스가 먼저 게스트를 반긴다.

방랑 호스텔

방랑벽 있는 주인이 만든
한국식 호스텔

INFO

주소 서울시 중구 중림동 397-14   **전화번호** 02-6414-2246

홈페이지 www.bangranghostel.com   **이메일** master@bangranghostel.com

이용료 도미토리 1만8천~2만5천원, 2인실 4만5천~5만5천원, 1인실 3만원(성수기요금 별도문의)

교통 지하철 2호선 충정로역 5번과 6번 출구 사이의 길로 들어가 50m 정도 걸으면 왼쪽 편에 위치.

테마 ●●●●○   편의시설 ●●●○○   교통편 ●●●●○   주변 환경 ●●○○○   가격 ●●●●●   친절도 ●●●●○

두꺼운 나무 대문을 열고 들어가면 대나무가 '스스스' 바람소리를 내며 여행자를 맞는다. 대문 위에 걸린 물고기와 한자로 쓴 '방랑' 글자도 범상치 않다. 제법 무성하게 자란 대나무들은 나무 데크로 된 테라스 한쪽에 심어져 있다. 넓은 공간은 아니지만 대나무 덕분에 그 어떤 정원보다 운치가 넘친다. 안으로 들어서면 세월의 티가 나는 것이, 적당히 어수선하면서도 아늑한 분위기를 풍긴다. 오픈한 지 3년이 지나는 동안 부지런히 이 대문을 드나들었을 여행자들의 자취가 느껴지는 듯하다.

방랑 호스텔은 스무 살, 첫 해외 여행을 인도로 '빡세게' 다녀온 주인이 연 게스트 하우스다. 인도를 시작으로 네팔, 아일랜드, 터키 등 한 나라를 긴 시간 동안 여행하기를 즐겨온 주인 김승범 씨는 여행 중에 지냈던 호스텔 경험을 잊지 못해 이곳을 만들었다. 게스트하우스를 한다면 꼭 한국적인 스타일로 하리라 마음먹었던 터라 방랑 호스텔에는 한옥적인 요소가 많다. 격자무늬 창과 문은 물론 이불, 침대보, 방석 등에 전통 문양과 색을 썼다.

리셉션이 있는 1층에는 TV를 보거나 여행자들끼리 담소를 나눌 수 있는 좌식 테이블의 '마루'가 있다. 의자에 앉는 것이 아니라 방석에 앉아야 하므로 외국 여행자들에게는 좀 힘들 수 있으나, 한국의 생활 방식을 몸소 체험할 수 있는 공간이라 바꾸지 않았다. 한 층에는 보통 서너 개의 방이 있고, 3층까지 이루어져 있으며, 화장실과 샤워실을 따로 두어 편리함을 더했다.

2층으로 올라가는 대문은 따로 있다. 원래는 1층에서 바로 올라가는 철제 계단이 있었지만, 오르내리는 소리가 의외로 커서 문을 따로 냈다. 대문을 나가서 길을 따라 올라가다가 왼쪽으로 난 첫 번째 골목 안으로 들어서면 다시 원래의 건물과 만난다.

방랑 호스텔을 알아보기 위해 홈페이지로 들어간 여행자들은 깔끔한 화면과 함께 방랑객을 모티브로 만든 로고를 보게 된다. 호스텔을 소개하는 부분에는 로고에 대한 설명이 있는데, 이 삿갓 쓴 방랑객을 '한국의 첫 백패커'라고 썼다. 나무 막대기에 건 보따리는 'first korean backpack(한국의 첫 번째 배낭)'이란다. 워드 님지는 실명에 꼽하고 웃음이 난다. 하지만, 이보다 더 적절한 비유가 또 어디 있겠는가. 방랑 호스텔은 세상을 떠도는 모든 방랑객의 마음을 품고 있다.

HOST INTERVIEW · 주인장 김승범 ―――――――

"저 역시 방랑벽이 심한 여행자였죠. 결혼 할 당시, 직장에 얽매이지 않으면서도 할 수 있는 일이 뭐가 있을까 고민하다 게스트하우스를 생각하게 되었어요. 카파도키아에서 동굴식으로 지어진 게스트하우스에 묵은 적이 있는데, 동굴집이 많은 그 지역의 특징을 그대로 잘 살린 점이 좋았어요. 그래서 저도 게스트하우스를 하게 된다면 꼭 한국의 특색을 살린 곳으로 만들겠다 결심했죠. 하지만 원래 계획했던 만큼 한국적인 요소들을 살리지는 못했어요. 한 20~30%정도 밖에는 못 살린 것 같아요. 넉넉하지 않은 비용도 문제였고. 그래도 이 일을 하기 위해 한옥 짓는 목수 일도 6개월 이상 해보고, 국내외 여행 가이드도 해봤어요. 심지어 게스트하우스에서 아르바이트도 했지요. 게스트하우스를 운영하기 위한 준비였다고나 할까요? 어쨌든 경험이 제일 중요하니까요."

여행의 기술

방랑 호스텔이 있는 충정로역은 번화한 동네는 아니다. 하지만 남산, 명동 등 주요 관광지를 지하철로 10여분 내로 갈 수 있고, 서울역도 걸어서 10분 안에 갈 수 있을 정도로 주변과의 연계성이 좋은 편이다. 또 호스텔이 있는 충정로 주변에도 서울 직장인들이 자주 가는 숨은 맛집들이 많은데, 그 중에서도 항정살과 갈매기살이 유명한 고깃집 '고릴라'는 꼭 가봐야 할 필수 맛집이다. 외국인 여행자들에게는 서울 직장인들의 회식 문화를 접할 수 있는 새로운 경험의 시간이 될 것이다.

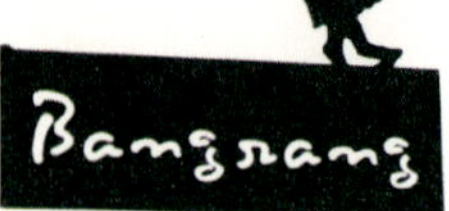

Check List

할인쿠폰 총 결제금액의 10%

객실

객실 타입 도미토리 (6인실 1개, 4인실 2개) 3인실 (2개) 2인실 (5개) 1인실 (2개)
온돌 (V) 침대 (V)

객실 규모 객실 수 (13개) 최대 수용인원 (34명)

> 더블베드가 있는 1인실과 싱글베드가 있는 3인실, 도미토리에는 개별 욕실이 딸려 있다.

> 체크인을 하는 프론트 데스크와 방으로 올라가는 입구가 따로 구분되어 있다. 체크인과 공용으로 이용하는 거실, 주방, 오디오룸은 방랑호스텔로 올라오는 길의 왼편에 입구가 있고, 방으로 들어가는 입구는 건물을 빙 돌아올라가면 나온다. 프론트 데스크가 있는 입구 안에는 대나무가 우거진 야외 테라스가 운치를 더한다.

편의시설

화장실 / 샤워실 남자 (1개) 여자 (1개) 공용 (3개)
욕실용품 수건 ( ) 샴푸 ( ) 치약 ( ) 비누 ( ) 필요하면 제공
인터넷 공용 컴퓨터 (V) wi-fi (V)
기타시설 실내휴게소 (V) 실외휴게소 (V) 취사장 (V) 매점 ( )

규칙

체크인 / 아웃 체크인 (14:00) 체크아웃 (11:00)
소등 객실 소등 (없음) 휴게실 소등 (없음)
음주 / 취사 하우스 내 음주 (거실에서만 가능) 취사 (가능) 흡연 (불가능)

> 투숙객의 자율에 맡기는 편으로 특별한 규칙은 없다. 방에서는 음주 불가, 흡연은 실외 흡연실에서 가능하다.

식사

조식 (V) 가격 (무료) 석식 ( ) 기타 ( )

> 조식은 빵, 우유, 버터, 잼, 커피, 차, 달걀프라이(직접 해먹기).

별 다를 것 없는 일반 연립주택 건물이지만, 격자무늬 창과 나무
간판으로 범상치 않은 분위기를 낸다.

방랑호스텔에 머무는 사람들이 함께
어울리는 1층의 마루. 좌식 테이블과
방석으로 꾸며 차를 마시거나
담화를 나누기 좋다. 바로 옆에 작은
테이블도 함께 두어 마루바닥에
앉기 힘든 외국인을 배려했다.

비 마이 게스트하우스

명동에 새 트렌드를
몰고 온 게스트하우스

INFO

주소 서울시 중구 회현동 2가 32-5   **전화번호** 02-757-8883

홈페이지 www.bmyguesthouse.com   **이메일** bmyguesthouse@gmail.com

이용료 평일요금 2인실 6만~7만3천원, 4인실 12만4천원, 6인실 19만1천원

주말요금 2인실 9만~9만6천원, 4인실 14만6천원, 6인실 22만4천원

교통 지하철 4호선 명동역 2번 출구에서 퍼시픽 호텔(Pacific Hotel) 골목으로 들어가 호텔을 마주보고 오른쪽 길로 진입. 사거리까지 200m 진입, 사거리에서 오른쪽 길로 약 60m 이동.

테마 ●●●○○   편의시설 ●●●●●   교통편 ●●●○○   주변 환경 ●●●●●   가격 ●●○○○   친절도 ●●●●●

지난 9월 1일에 문을 연 따끈따끈한 새 게스트하우스다. 네모 반듯한 건물이 아니라 살짝 비탈진 길 모서리에 맞춰 지어진 건물이라 객실의 생김새가 제각각인데, 오히려 그 점이 재미있다. 검정과 빨간색을 주 포인트 컬러로 활용해 전체적인 느낌이 매우 현대적이다. 로비로 들어서니, 카페에서 볼 법한 메뉴판이 리셉션 데스크 옆에 나란히 걸려 있다. 예상대로 이곳은 게스트하우스에서 운영하는 카페다. 이름은 카페 인 비트 윈(cafe inbetween). 게스트하우스의 주인은 젊은 신혼부부인데 선릉 쪽에 카페를 함께 운영하고 있는 아내가 그쪽 메뉴를 가져와 이곳에서도 선보이고 있다.

"게스트하우스에서 제공하는 조식을 사실 여행자들이 잘 먹지는 않아요. 일종의 생색내기죠. 빵도 부실하고 가짓수도 별로 없잖아요. 결국 다시 나가서 사먹는 투숙객들이 많은데 그럴 바에는 제대로 된 아침식사를 저렴한 가격에 제공하는 것이 낫다고 생각했어요. 햄치즈에그샌드위치와 음료를 3천5백원에 모닝세트로 선보이고 있는데 반응이 좋아요. 다른 게스트하우스의 룰을 무작정 따르기보다는 합리적인 비 마이 게스트하우스만의 룰을 만들고 싶었어요."

게스트하우스 안에는 30대 초반 젊은 부부의 감각과 패기가 잘 드러나 있다. 마침 아내는 인테리어 디자인을 전공한 사람이라 실제로 이곳의 인테리어를 도맡아 했다. 욕심을 부렸다면 더 많은 객실 수를 만들 수도 있었겠지만, 그보다는 여유롭고 편안한 공간을 실리는 데 주력했다. 객실 안에 모두 욕실이 딸려 있는 구조로 2인실과 4인실, 6인실이 있다. 객실수는 10개, 모두 방 단위로 예약을 받기 때문에 도미토리는 없다. 맨 꼭대기 층에 있는 패밀리룸은 옥탑방 구조로, 천장은 낮지만 최대 8인 가족이 한꺼번에 지낼 수 있는 아늑한 방이다. 대가족 단위로 여행을 많이 하는 중국 관광객을 겨냥한 방이다.

도미토리의 경우에는 각 침대 옆에 독서등과 개인 콘센트를 설치해 함께 지내면서도 서로에게 최대한 방해가 덜 되게끔 배려했다. 무엇보다 모든 시설이 새 것이라 깔끔하면서도 디자인적으로도 많은 신경을 쓴 점이 만족스럽다. 시설이 오래된 게스트하우스가 많은 명동 일대에서 비 마이 게스트하우스는 확실히 새로운 콘셉트와 트렌드를 만든 곳으로 인정받고 있다.

HOST INTERVIEW · 주인장 **설지환**

"호텔 경영학을 전공했고, 호주와 미국에서 호텔 근무를 했습니다. 결혼을 하면서 한국에 들어왔는데, 처음 1년은 서울에 있는 호텔에서도 일을 했었어요. 하지만 연봉차이가 외국과 거의 2배 이상 나다 보니, 좋아하는 일임에도 계속 하기가 힘들더라고요. 경력도 살리고, 인테리어 디자인을 전공한 아내도 함께 할 수 있는 일이 무엇일까 생각하다가 우리만의 특색이 담긴 게스트하우스를 열어보자 생각했어요. 처음엔 제주도에서 해볼까도 생각했는데, 현실적으로 너무 멀고 서울에서 한다면 무조건 명동에서 하자 생각했죠. 명동은 성수기, 비수기의 개념보다는 호텔처럼 주중, 주말 개념이 강해요. 그래서 저희 게스트하우스에도 성수기가 아닌 주말요금이 있어요. 이제 시작하는 단계이니, 우선 자리를 잘 잡고 앞으로 이벤트 등에도 신경 써야죠."

건물 꼭대기 층의 천장이 낮은 옥탑방.
6명에서 최대 8명까지 잘 수 있는 패밀리룸이다.

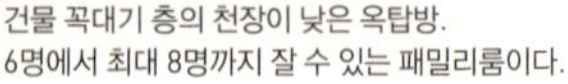

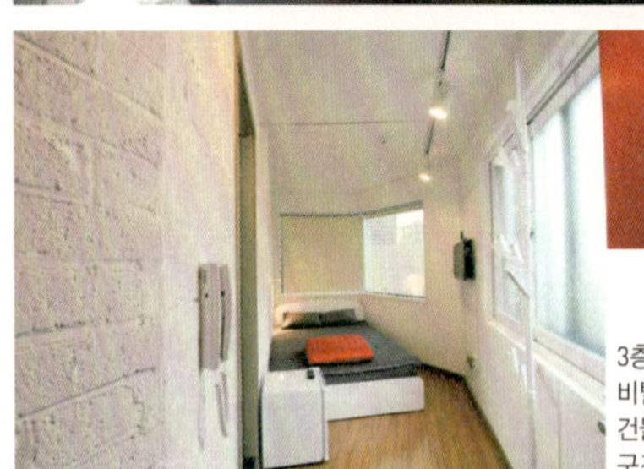

3층에 있는 2인실.
비탈진 길에 맞춰
건물이 지어져 방마다
구조가 조금씩 다르다.

여 행 의
기 술

퍼시픽 호텔을 기준으로 오른쪽 골목과 왼쪽 골목으로 나뉘는데, 최근 2~3년 사이에는 양쪽 골목 모두 게스트하우스들이 많이 들어섰다. 큰 대로변만 건너면 명동 번화가가 펼쳐지지만, 게스트하우스들이 있는 쪽은 상대적으로 매우 조용한 편. 이쪽 골목 안에도 작은 카페와 밥집들이 몇몇 숨어 있다. 수제햄버거와 파스타 등을 고급스럽게 먹을 수 있는 두부 레스토랑, 블리스&블레스(bliss&bless) 카페, 전광수 커피하우스 본점 등을 가볼 만하다. 혹은 퍼시픽 호텔 오른쪽 길로 10분 정도 올라가면 남산 케이블카 승강장이 보이는데, 승강장 앞의 북측 순환로로 들어가면 남산 산책로가 이어진다. 남산 산책 후 남산길 초입에 있는 유명한 돈까스집이나 비빔밥이 유명한 목멱산방에서 요기를 하는 것도 좋겠다.

Check List

할인 쿠폰
3,000원

객실

객실 타입 6인실 (1개) 4인실 (3개) 2인실 (6개) / 온돌 (✓) 침대 (✓)

객실 규모 객실 수 (10개) 최대 수용인원 (38명)

객실 안에 샤워실과 화장실이 모두 딸려 있으며 공용으로 쓰는 화장실은 없다. 4층에 위치한 옥탑방은 패밀리룸으로 천장이 낮긴 하나 8명이 함께 지낼 수 있는 공간이다. 옥탑방은 샤워실과 화장실이 분리되어 있다.

편의시설

주방은 없지만, 리셉션에서 전자레인지를 이용할 수 있다. 층마다 가방을 놓는 계단이 있어 전용 리프트로 짐을 올려준다. 엘리베이터는 없지만 짐을 직접 들고 올라가지 않아도 된다.

화장실 / 샤워실 객실마다 별도 1개씩

욕실용품 수건 (✓) 샴푸 (✓) 치약 (✓) 비누 (✓)

인터넷 공용 컴퓨터 (✓) wi-fi (✓)

기타시설 실내휴게소 (✓) 실외휴게소 ( ) 취사장 (✓) 매점 ( )

규칙

체크인 / 아웃 체크인 (14:00) 체크아웃 (11:30)

소등 객실 소등 (없음) 휴게실 소등 (없음)

음주 / 취사 하우스 내 음주 (1층에서만 가능) 취사 (불가능) 흡연 (실외흡연실에서 가능)

리셉션이 있는 층에서 세탁기, 공용 컴퓨터, 프린터 등을 쓸 수 있다. 흡연은 실외 흡연실에서 가능.

식사

투숙객은 게스트하우스에서 운영하는 카페인 비트윈의 메뉴를 30% 할인된 금액으로 사먹을 수 있다. 햄치즈에그샌드위치와 커피가 포함된 모닝세트가 3천5백원이다.

조식 (✓) 가격 (3천5백원) 석식 ( ) 기타 ( )

서울 게스트하우스

오래된 집의
품격

INFO

주소 서울 종로구 계동 135-1

전화번호 02-745-0057

홈페이지 www.seoul110.com

이메일 hanok100@yahoo.com

이용료 1인실 5만원, 2인실 7만원,
4인실 10만원, 6인실 12만원,
독채(사랑채) 6인 기준 18만원

교통 지하철 3호선 안국역 3번 출구로 나와
현대사옥 뒷길로 직진하다가 한스델리
사거리를 지나 계속 직진, 계동약국이
보이면 우회전해서 골목 끝까지 쭉
들어온다.

테마 ●●●●○　편의시설 ●●●○○　교통편 ●●●○○　주변 환경 ●●●●●　가격 ●●●●○　친절도 ●●●●●

북촌 한옥 게스트하우스의 원조 격으로 이 부근에서 가장 오래된 게스트하우스다. 한옥 자체도 130년 된 가옥으로 북촌에서 가장 오래된 한옥으로 꼽힌다. 오래된 것에서 느껴지는 편안함과 고풍스러움이 한옥 가득 드리워져 있다.

길 초입에서 대문으로 들어가는 오솔길에서부터 "와우" 하는 탄성이 터진다. 흐드러진 야생화와 꽃나무가 객을 반기고 오래된 한옥 문을 통과하면 아늑하고 꾸밈없는 정원이 숲에 온 듯 마음을 편안하게 한다. 주인도 일일이 나열하기 힘든 수많은 꽃과 나무들이 대문 밖과 안을 가득 메우고 있다. 깔끔하게 단장된 인공적인 정원의 모습이 아니라 세월이 만들어낸 자연의 멋이 마당을 넘어 집 전체를 가득 채운다.

분명 서울 한복판이지만 이 집에는 외할머니 댁의 그 냄새처럼 왠지 모를 시골냄새가 짙게 배어 있다. 한국의 옛 정서를 그대로 느낄 수 있는 서울 게스트하우스는 외국인 여행자들에게 먼저 입소문을 타고 유명해져 거꾸로 한국인에게까지 알려지게 된 게스트하우스다.

여주인의 느릿한 말투와 가식 없는 인심, 또 그 주인을 판에 박은 듯한 삽살개 '순둥이'가 이 집의 상징이다. 순둥이는 몸집은 크지만 더없이 순한 품성으로 게스트들의 사랑을 한 몸에 받는다.

안주인은 엄마 같은 푸근한 모습이지만 '대화가 통하는' 엄마다. 영어와 일어에 능통하고 프랑스, 이태리 등 유럽인들과도 친숙하게 어울린다. 때때로 게스트들과 함께 숨겨진 맛집을 찾아 밥을 먹으러 나가기도 하고 북촌 구경을 시켜주기도 한다. 미리 이야기만 해 두면 아침에는 삽살개 '순둥이'와 북촌 산책도 가능하다.

본채와 사랑채가 분리되어 있어 한국의 옛 대가 댁의 면모를 여실히 보여주는 집의 구조도 이색 풍경이다. 주인이 함께 거주하는 안채는 자질구레한 살림도구와 함께 편안한 느낌을 주고, 다른 대문을 통과해야 모습을 드러내는 사랑채는 별세상처럼 아늑하다.

사랑채의 '누'에서 사방으로 나 있는 창문을 열면 오래된 한옥의 기왓장 얹은 담장과 정원의 나무 늘이 방안으로 들어올 듯 눈에 가득 찬다. 방은 대체로 온돌이지만 한쪽에 두꺼운 매트리스를 깔아놓아 바닥 잠자리에 불편을 느끼는 게스트를 배려했다.

HOST INTERVIEW · 주인장 이미자 ─────────

"게스트하우스를 시작한 지 어느새 14년이나 됐네요. 아이들이 자라 하나 둘 독립을 하면서 방이 비었고 처음엔 그 방들을 이용해 게스트하우스를 꾸몄죠. 저희 부부는 여행을 참 좋아해요. 외국여행을 하며 현지 문화에 매료됐던 것처럼 외국인 여행자들에게도 한옥의 고즈넉한 맛과 멋을 보여주고 싶었어요. 집은 지어진 지 130년 된 한옥이라 이곳에 살아온 사람들의 손때가 깊이 묻어 있죠. 지난 10여 년간 하루도 집에 손이 안 간 날이 없을 거예요. 그런 노력으로 지금의 자연스러우면서도 편한 시골집 같은 분위기가 만들어졌어요. 서울 게스트하우스의 최대 장점은 단연 풍성한 정원 이죠. 마루에 앉아 갖가지 꽃들이 심어진 정원을 보고 있으면 자연스럽게 마음에 여유가 찾아온답니다. 일본에서 2년간 살았던 덕분에 일본어는 편안하게 할 수 있고, 잦은 여행으로 영어도 자연스럽게 익혔어요. 게스트들과 어울리는 것이 여행을 떠나온 것처럼 즐거워요."

북촌은 오랜 시간 잘 보전되어온 한옥과 그 한옥들을 이어주는 골목길로 이루어진 옛 한양의 중심터다. 북촌이라는 이름은 청계천과 종로의 윗동네라는 의미에서 북촌이라 불리게 됐다. 경복궁과 창덕궁 사이, 조선 시대의 양반가들이 터를 잡으면서 지금의 한옥 마을이 형성되기 시작했다. 북촌의 가회동과 계동 일대는 지금도 실제로 주민들이 거주하는 생활공간이다. 북촌 일대는 현재 예스러운 그 모습과 함께 현대적인 다양한 시설이 복합되어 아련하면서도 세련된 분위기를 풍긴다. 경복궁 근처의 사간동길과 삼청동길 주변으로 아기자기한 카페와 세련된 레스토랑, 다양한 갤러리와 독특한 아트숍 등이 즐비해 외국 여행객뿐 아니라 타 지역에 사는 서울사람들까지 불러모은다. 주말이면 거리는 사람들로 북적거린다. 활기차고, 싱싱한 기운과 함께 젊은 분위기가 흐른다.

안채와 사랑채가 분리되어 있어 한옥집의 다양한 분위기와 멋을 느낄 수 있다.

사시사철 색다른 매력을 풍기는 정원의 식물들이 한옥을 더욱 고풍스럽게 한다.

문 앞에는 '개조심'이라는 무시무시한 경고가 붙어있지만
사실 이 집의 삽살개는 순둥이다.

사랑채는 출입문부터 따로 분리되어 있고 개별 마당도 있어서 완전히
독립된 공간으로 활용할 수 있다.

Check List

객실

객실 타입 독채 (사랑채 1개) 6인실 (1개) 4인실 (1개) 2인실 (2개) 1인실 (5개) /
온돌 (✓) 침대 (✓)

객실 규모 객실 수 (10개) 최대 수용인원 (26명)

아예 출입 대문부터 달라 마치 옆집처럼
독립된 사랑채를 독채로 쓸 수 있고, 작은
1인용 방도 여러 개라 다양한 부류의
게스트가 머물기 좋다.
일주일 이상 장기체류하는 게스트에게는
10% 할인해 준다.

편의시설

화장실은 모두 방을
나와야 사용할 수 있고
공용 마루에서 컴퓨터를
쓸 수 있다.

화장실 / 샤워실 남녀공용 (3개)

욕실용품 수건 (✓) 샴푸 (✓) 치약 (✓) 비누 (✓)

인터넷 공용 컴퓨터 (✓) wi-fi (✓)

기타시설 실내휴게소 (✓) 실외휴게소 (✓) 취사장 ( ) 매점 ( )

규칙

체크인 / 아웃 체크인 (15:00) 체크아웃 (10:30)

소등 객실 소등 (없음) 휴게실 소등 (없음)

음주 / 취사 하우스 내 음주 (가능) 취사 (불가능)
흡연 (마당에서만 가능)

오래된 한옥집은 5분만에도
잿더미가 될 수 있다. 불씨 하나도
늘 조심하는 매너가 필요하다.
취사는 절대 금물이지만 배달
음식은 시켜먹을 수 있다.

소리울 게스트하우스

우리의 소리가 울려퍼지는
툇마루에 앉아

INFO

주소 서울시 종로구 사간동 15-1

전화번호 02-576-5556, 010-5211-5559

홈페이지 www.soriwool.com,
blog.naver.com/soriwoolblog

이메일 soriwool@soriwoolhouse

이용료 1인실 5만원, 2인실 10만원,
3인실 12만원

교통 지하철 3호선 안국역 1번 출구로 나와
풍문여고 골목으로 쭉 걸어 들어오다가
카페 에그에서 좌회전해 골목 끝으로
들어오면 된다.

테마 ●●●●●　편의시설 ●●●○○　교통편 ●●●○○　주변 환경 ●●●●○　가격 ●●●○○　친절도 ●●●○○

우리 소리가 한옥을 가득 채우는 소리울 게스트하우스는 귀가 먼저 그 아름다움을 느끼는 집이다. 한옥 구석구석에 놓인 장구와 가야금, 거문고 등을 만져보고 체험할 수 있다는 것이 소리울 게스트하우스의 장점이다.

한옥은 국악을 듣기에 가장 좋은 장소라고 안주인은 말한다. 센 소리는 창호지가 걸러내고 여린 소리는 석가래에 머물러 우리 소리의 깊은 울림을 느끼게 한다. 소리의 울림, 소리울타리라는 뜻을 품고 있는 소리울 게스트하우스는 가족 구성원이 모두 우리 소리를 하는 국악 가족이 운영한다.

큰 아들 다울은 거문고를, 둘째 아들 찬울은 대금을, 막내아들 산울은 피리를, 남편은 대금을, 아내는 가야금과 판소리를 한다. 게스트들은 이들의 가족 공연을 보기위해 소리울 게스트하우스를 찾기도 한다. 때로는 우리 소리를 통해 온가족이 합심해 문화 봉사를 자처하기도 하는, 마음 따뜻한 가족이다.

소리울 게스트하우스는 가회동에 〈국악사랑〉이라는 국악체험공방도 운영한다. 이곳에서 간단한 국악체험부터 깊이 있는 우리 음악을 배워볼 수 있다. 우리 소리와 국악을 배우기 위해 장기체류를 마다않는 여행객도 있다. 게스트하우스와 국악체험공방이 서로 연계해 우리 악기체험, 우리 민요와 장단 배우기, 우리 음악 감상, 한복 입기, 예절 배우기 능 다양한 체험 프로그램을 운영한다.

이 집에 소리만 있는 것은 아니다. 안주인의 꼼꼼함이 집안 구석구석을 채운다. 이부자리는 무명광목 이불로 천연 염색된 것을 쓰고 이불마다 직접 수를 놓기도 한다. 곳곳의 오래된 골동품과 아기자기한 소품이 놓여 있어 마음을 푸근하게 하고 조명 하나, 그릇 하나에도 세심하게 신경을 썼다. 한옥의 멋과 세월에 현대의 감각을 더했다.

자연스러운 정원 풍경도 이 집의 분위기를 한껏 살린다. 한쪽에 가지런히 놓인 장독대와 평상이 인정스럽다. 비가 오면 툇마루에 앉아 처마에서 낙수 소리를 들을 수 있고 눈이 오면 소복소복 눈 내리는 소리를 즐길 수 있다. 굳이 국악이 아니라도 무한한 자연의 소리까지 누릴 수 있는 것이 우리 한옥이다. 곱게 한복을 차려입고 손님을 맞는 안주인의 기품이 서려 있는 집이다.

HOST INTERVIEW · 주인장 **김현주**

"처음엔 거의 폐허와도 같았던 오래된 한옥을 리모델링하고 온갖 정성을 들여 꾸몄답니다. 이제야 한옥다운 한옥이 된 것 같아 뿌듯해요. 집안 구석구석 제 손길이 닿지 않은 곳이 하나도 없어요. 전부터 모아온 작은 골동품들도 이 집에 와서야 빛을 발하는 것 같네요. 우리 소리만큼이나 한옥에 대한 애정이 넘친답니다. 세계의 다양한 나라에서 오는 손님들이 우리 한옥을 보고 어떻게 느낄까를 생각하면서 늘 집안 관리를 해요. 하나라도 소홀히 하고 싶지 않죠. 한옥은 계속해서 가꿔주고 보살펴줘야 제 모습을 유지하고 또 그 아름다움을 보여주거든요. 그래서 사람들은 때때로 한옥에 사는 것이 불편하다고 말하지만 그 이상으로 행복을 주는 것이 한옥이에요. 하루하루 살아가면서 자연스럽게 자연과 교감하고 계절을 여과 없이 느끼죠."

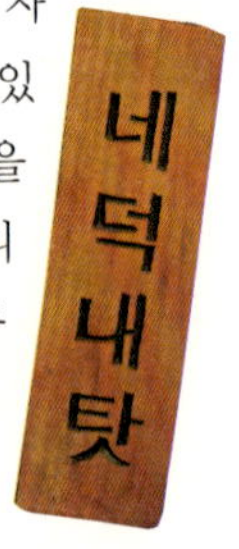

여행의 기술

북촌에는 저마다 나름의 개성을 가진 아기자기하고 다양한 골목길이 존재한다. 그 특색에 따라 크게 안국동 학교 골목, 삼청동 가로수 골목, 가회동 공방 골목, 사간동 갤러리 골목, 가회동 한옥 골목, 계동 토박이 골목 등 6가지 테마로 나뉜다. 안국동 학교 골목은 풍문여고와 덕성 여중고등학교, 정독도서관 등이 자리한 길로, 별궁길과 감고당길에는 학생들이 즐겨 찾는 분식집과 카페 등이 모여 있다. 한편 삼청동 가로수 골목은 금융연수원과 국무총리공관이 자리한 길로 큰 길을 따라 삼청동수제비, 눈나무집 등 삼청동의 유명한 음식점과 카페, 레스토랑, 갤러리 등이 키 큰 은행나무 길을 가득 채우며 밀집해 있어 언제나 활기를 띤다. 또 가회동 공방 골목인 가회동 11번지 일대는 한옥의 내부를 볼 수 있도록 한옥을 개방한 공방들이 많아 각종 공예품과 민속자료를 구경하고 체험도 할 수 있다.

Check List

객실

- **객실 타입** 3인실 [2개] 2인실 [2개] 1인실 [1개] / 온돌 [✓] 침대 [ ]
- **객실 규모** 객실 수 [5개] 최대 수용인원 [15명]

마루에 거문고, 북, 장고 등 각종 우리 악기가 놓여있어 만져볼 수 있고 피아노가 있는 방도 있다. 방에서 문을 열어 놓으면 장독대가 있는 아기자기한 마당이 내다 보인다. 우리 소리를 배우기 위해 장기체류하는 고객을 위해 할인도 해준다.

5개의 방 중 3개는 개별욕실로 되어 있다. 마당에 평상이 있어 쉬기에 좋고 방의 침구도 폭신하고 뽀송뽀송해서 안락한 느낌을 준다.

편의시설

- **화장실 / 샤워실** 각방 [3개] 공용 [1개]
- **욕실용품** 수건 [✓] 샴푸 [✓] 치약 [✓] 비누 [✓]
- **인터넷** 공용 컴퓨터 [✓] wi-fi [✓]
- **기타시설** 실내휴게소 [✓] 실외휴게소 [✓] 취사장 [ ] 매점 [ ]

규칙

- **체크인 / 아웃** 체크인 [15:00] 체크아웃 [11:00]
- **소등** 객실 소등 [없음] 휴게실 소등 [없음]
- **음주 / 취사** 하우스 내 음주 [가능] 취사 [가능] 흡연 [마당에서만 가능]

한옥은 방음이 잘 되지 않고 방들이 붙어 있는 경우가 많기 때문에 타인에게 방해되지 않도록 서로 조용히 머무는 매너가 꼭 필요하다.

식사

- 조식 [✓] 가격 [무료] 석식 [ ] 기타 [ ]

조식은 토스트, 커피, 우유, 씨리얼, 삶은 달걀 등.

프로그램

국악체험 공방인 국악 사랑에서 간단한 우리 음악 체험(3천원)을 할 수 있고 소리울 내에도 다양한 우리 소리와 장단 배우기, 우리 음악감상 등의 체험 프로그램이 비정기적으로 있다.

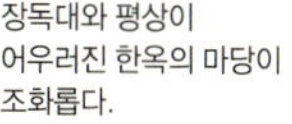

장독대와 평상이
어우러진 한옥의 마당이
조화롭다.

안주인이 마루에서 가야금을 켜면 한옥은 그 소리를 머금었다
뱉어냈다 하며 소리를 흘려보낸다.

온 가족이 우리 소리를 공부하고
또 연주하는 덕에 집안 곳곳에 다양한
국악기가 놓여 있으며 만져보거나
소리를 내볼 수 있다.

방안에서 마당을 내다보는
풍경도 밖에서 안을 들여다보는
것만큼 운치 있다.

스튜디오 41번가 호스텔

스튜디오 타입의
아파트먼트 호스텔

2층 주택을 개조해 만든 게스트하우스가 많은 홍대 주변에서 스튜디오 41번가 호스텔은 원룸 빌딩을 게스트하우스로 개조해 차별화를 두었다. 기존의 게스트하우스들이 배낭여행자 혹은 개인 여행자가 중심이었던 데에 반해 객실 단위로 방을 빌리는 이곳은 가족이나 일행 중심의 숙소가 된다. 1층에 있는 커먼 룸(Common Room)에서는 아침식사를 하며 게스트간에 인사를 주고받고 이야기를 나눌 수 있다. 직접 재배하는 화초와 화분들로 꾸민 커먼 룸과 입구는 카페에 온 것처럼 친근하고 아기자기한 느낌을 전해준다. 또 이곳에서 키우는 고양이 '까미'도 소중한 게스트. '까미' 덕에 결국 들냥이들의 무료 급식소가 된 이곳은 고양이들에게는 올 프리(all free)'.

INFO

주소 마포구연남동 561-41   전화번호 070-4401-0041

홈페이지 www.studio41st.com   이메일 studio41st@gmail.com

이용료 패밀리룸(4인 기준) 12만원, 4인실 13만원, 2인실 9만원(성수기요금 별도문의)

교통 지하철 2호선을 타고 홍대입구역에서 하차, 2번 출구 쪽으로 우회전한 다음 현대오일뱅크 사잇길로 들어와 GS25가 나올 때까지 직진. 앞에 보이는 횡단보도를 건넌 다음, Yes부동산이 나올 때까지 걷는다. Yes 부동산에서 우회전한 다음 네 번째 골목에서 좌회전.

테마 ●●●○○   편의시설 ●●●●●   교통편 ●●●○○   주변 환경 ●●●○○   가격 ●●○○○   친절도 ●●●●●

Check List

객실

- **객실 타입** 패밀리룸〔4인실 6개〕 4인실〔3개〕 2인실〔3개〕 / 온돌〔 〕 침대〔✓〕
- **객실 규모** 객실 수〔12개〕 최대 수용인원〔48명〕

> 스튜디오 아파트먼트 형식의 단독 객실이기 때문에 객실마다 전용 화장실과 샤워실이 갖추어져 있다. 또 방마다 컴퓨터와 드라이기도 구비되어 있다.

편의시설

> 옥상에는 채소를 키우는 작은 정원이 있다.

- **화장실 / 샤워실** 객실마다 별도 1개씩
- **욕실용품** 수건〔✓〕 샴푸〔 〕 치약〔 〕 비누〔 〕
- **인터넷** 공용 컴퓨터〔✓〕 wi-fi〔✓〕
- **기타시설** 실내휴게소〔 〕 실외휴게소〔 〕 취사장〔 〕 매점〔 〕

규칙

- **체크인 / 아웃** 체크인〔14:00〕 체크아웃〔11:00〕
- **소등** 객실 소등〔없음〕 휴게실 소등〔없음〕
- **음주 / 취사** 하우스 내 음주〔가능〕 취사〔가능〕 흡연〔불가능〕

> 일요일마다 1층의 커먼 룸에서 스페셜 브런치를 선보인다. 스태프들이 만드는 떡만두국, 프렌치토스트, 호떡 등을 투숙객들과 함께 즐긴다.

식사

> 조식은 유기농 빵 3종류, 커피, 과일주스 3종류, 시리얼, 우유, 잼, 달걀프라이(셀프쿠킹).

- **조식**〔✓〕 가격〔무료〕
- **석식**〔 〕 기타〔 〕

프로그램

DMZ투어나 난타, 점프 등의 공연을 예약 대행해준다.

개인적인 공간을 보장하면서도 소통이 가능한 공간을 만들겠다는 두 가지 욕심을 모두 실현하고자 노력한다.

지난해 오픈해 시설이 깨끗하고 객실 안에 욕실까지 모든 것이 갖추어져 있다.

스페이스 토라

이름은 게스트하우스,
내부는 부티크 호텔

INFO

주소 서울시 마포구 연남동 566-63

전화번호 070-4220-6788

홈페이지 spacetorra.com

이메일 spacetorra@gmail.com

이용료 도미토리 3만5천원,
패밀리룸(4인 기준) 14만원,
2인실 10만원, 1인실 6만원

교통 지하철 2호선 홍대입구역 2번
출구에서 우회전한 다음 현대오일뱅크
사잇길로 들어와 GS25가 나올 때까지
직진. 우회전해서 요거 프레소(yoger
presso)가 보일 때까지 다시 직진, 요거
프레소 지나 세 번째 골목에서 KTC코리아
바라보고 좌회전, 골목으로 들어오면
오른쪽에 위치.

테마 ●●●●● 편의시설 ●●●●○ 교통편 ●●●○○ 주변 환경 ●●●○○ 가격 ●●○○○ 친절도 ●●●○○

"게스트 하우스가 아니라 부티크 호텔 같네요."

스페이스 토라를 둘러보고 매니저에게 처음 한 말이었다. 방에 침대가 네 개 들어가 있는 도미토리 형식을 빼고 이곳은 디자인 호텔에 더 가깝게 느껴진다. 아니, 침대가 네 개 있는 방도 도미토리처럼 보이지는 않는다. 그냥 어느 집의 잘 꾸민 손님방 같다고나 할까. 그것은 3m가 넘는 높은 천장에도 불구하고 2층 침대를 전혀 놓지 않았고(솔직히 2층 침대가 네 개는 들어갈 공간이다), 독특한 컬러 톤 매치와 직접 만든 가구, 조명 등이 돋보이기 때문일 것이다. 회색 톤으로 차분함을 살린 벽과 천정 아래 알록달록한 컬러의 베개와 이불들이 묘하게 어울리고 스타일리시하다. 홈쇼핑에서 구할 수 있는 가장 저렴한 침구 브랜드를 선택했다는데도 풀어낸 감각이 예사롭지 않다. 예상대로 주인은 인테리어업에, 매니저는 미술 큐레이터로 활동하는, 작가 자질 넘치는 전문가들이다. 친구 사이였던 두 사람은 3개월 전 스페이스 토라와 디자인 티(t)라는 회사를 동시에 차렸다.

"디자인 티(t)는 브랜드 컨설팅이나 기획, 디자인 일을 프로젝트로 맡아 하다 보니, 고정 수입이 있으면 좋겠다는 생각에서 게스트하우스를 떠올리게 되었어요. 콘셉트는 원래 있던 주택을 그대로 살리면서도 특색 있게 변화를 주면 좋겠다는 생각에서 출발했고요. 재활용할 수 있는 자재들로 인테리어를 하는 것에 중점을 두었습니다."

그래서 스페이스 토라에는 공사판에서 주워온 긴 목재들을 잘 다듬고 가운데를 파서 천장 조명을 만들고, 침대도 직접 도안을 그려 주문 제작했다. 부엌 천장에는 사기 주전자가 조명으로 달려 있고, 거실에는 파이프에 전구가 달렸다. 여기저기 보는 재미가 넘친다.

방은 모두 6개가 있다. 도미토리의 가격이 3만 5천원이나 되다 보니, 일단 나이대가 어린 사람들보다는 30대 이상, 학생보다는 직장인, 전문직업인, 가족들이 주로 찾는다. 이런 게스트의 성향은 다분히 주인들이 원래 의도했던 것이기도 하다.

"편하게 있다 가는 것을 콘셉트로 하나 보니 기본적인 것 외에는 거의 간섭을 하지 않아요. 심지어 얼굴을 아예 못보고 돌아간 게스트도 더러 있어요."

'아니, 현지인한테 정보도 주고 받고, 함께 친분도 쌓는 게 게스트하우스의 묘미 아니야?' 하는 분들한테는 어쩌면 적응이 안 되는 곳일지도 모르겠다. 하지만 타지에서도 자기 집처럼 편하게 남의 간섭 안 받고 지낼 수 있다면 그보다 더 좋은 공간이 어디 있겠나. 호텔처럼 지내다 갈 수 있는 게스트하우스 스페이스 토라. 서울에 이런 곳이 생겼다는 게 든든할 따름이다.

HOST INTERVIEW · 주인장 이지현 ————

"웹 서핑을 하다가 이탈리아 시에나에 있는 '토라(Torra)'라는 호스텔을 알게 되었어요. 오래된 성을 개조해서 아파트먼트로 빌려주는 곳인데, 참 근사해 보이더라고요. 게스트하우스를 구상하고 있을 때 우리가 생각했던 콘셉트도 원래 있던 건물을 그대로 살리면서 재활용하는 것이 중요한 포인트였기 때문에 그 이름을 그대로 쓰기로 했어요. 그리고 구글에서 검색하면 시에나 토라와 함께 스페이스 토라도 딸려오지 않을까 하는 생각도 했는데, 그건 잘 안 되는 것 같네요 하하하."

침대들과 천장의
나무 조명 장식등을 모두 자체
제작했다.

1층에 객실 4개, 둥근 계단을
올라가면 4인실과 5인실 도미토리가
나온다. 지하에는 토라 이름의
개척교회도 있다.

여행 의
기술

나무 게스트하우스, 리앤노 등과 멀리 떨어져 있지 않다. 주변에 코인 빨래방과 어슬렁 걸어 나와 출출할 때 부담 없이 들어갈 수 있는 소박한 음식점들이 많다. 요즘은 출판사가 직영하는 북카페가 인기인데, 인문카페 창비, 북카페 자음과 모음, 카페 꼼마2호점 등에서 책을 읽으며 홍대의 젊은이들을 구경하고 시간 보내기 좋다. 홍대 지역과 사람들, 지도, 이벤트를 소개하는 무가지 '스트리트h(www.street-h.com)'가 무료 배포되므로 배포처에서 한 부 가져다가 참고하면 훨씬 홍대 여행이 풍요로워진다. 한글이긴 하지만, 사진과 일러스트, 홈페이지 주소가 다 있어 외국인 여행자도 참고할 만하다.

Check List

할인쿠폰
3,000원

객실

객실 타입 도미토리 [5인실 1개, 4인실 2개]
패밀리룸 [4인실 2개] 2인실 [1개] / 온돌 [ ], 침대 ✔

객실 규모 객실 수 [6개] 최대 수용인원 [23명]

> 도미토리는 남녀 4인실이 각각 한 개씩, 혼성전용 5인실 도미토리가 한 개 있다.

> 스페이스 토라 건물의 오른편으로 돌아가면 사무실 겸 아트숍이 나온다. 스페이스 토라는 디자인 사무소를 겸하고 있어 사무실 한쪽에 아기자기한 디자인 제품을 함께 전시하고 있으며, 곧 판매도 계획 중에 있다.

편의시설

화장실 / 샤워실 남자 [1개] 여자 [2개]

욕실용품 수건 ✔ 샴푸 ✔ 치약 ✔ 비누 ✔

인터넷 공용 컴퓨터 ✔ wi-fi ✔

기타시설 실내휴게소 ✔ 실외휴게소 ✔ 취사장 ✔ 매점 [ ]

규칙

체크인 / 아웃 체크인 [14:00] 체크아웃 [12:00]

소등 객실 소등 [없음] 휴게실 소등 [없음]

음주 / 취사 하우스 내 음주 [불가능] 취사 [가능] 흡연 [불가능]

> 특별한 요청이 없는 한 주인의 얼굴을 보기 힘들 정도로 철저히 투숙객 중심이다. 별다른 간섭이 전혀 없는 곳이다.

식사

> 조식은 빵, 우유, 버터, 잼, 커피, 차, 달걀프라이(셀프 쿠킹).

조식 ✔ 가격 [무료] 석식 [ ] 기타 [ ]

오렌지 게스트하우스

상큼한 오렌지처럼
파티가 톡톡!

대문도 없고 담벼락도 없는 오렌지 게스트하우스는 들어서면서부터 뭔가 자유분방한 기운이 느껴진다. 오렌지 컬러의 간판이 상큼한 이곳은 오래된 2층 주택을 개조하되 나무로 만든 계단이나 마루, 방문 등은 거의 손을 대지 않고 그대로 놔두었다. 기존에 있던 각각의 방은 더 나눠서 총 10개의 객실을 만들었는데, 덕분에 최대 47여 명까지 수용할 수 있다. 오렌지 게스트하우스에는 유난히 파티가 많다. 첫째, 셋째 토요일에는 맥주 파티, 둘째, 넷째 토요일에는 바비큐 파티가 정기적으로 열린다. 이것저것 규제를 하려 들면 그건 게스트하우스가 아니라 기숙사라고 말하는 매니저들. 게스트들과 적극적으로 어울리고 문화를 공유하는 덕에 이곳에선 새로운 친구를 사귀는 일이 하나의 일상처럼 펼쳐진다.

INFO

주소 서울시 마포구 서교동 463-21　　**전화번호** 02-332-1514

홈페이지 www.stayorange.co.kr　　**이메일** orangestay@gmail.com

이용료 도미토리 2만~2만5천원, 패밀리룸 6인실 13만8천원, 패밀리룸 4인실 10만원, 3인실 8만원, 2인실 5만원

교통 2호선 홍대입구역 1번 출구에서 나와 사거리 지나 직진 후 경남예식장에서 우회전해 30m 직진.

테마 ●●●○○　편의시설 ●●●●●　교통편 ●●●●●　주변 환경 ●●●●○　가격 ●●●●○　친절도 ●●●●○

Check List

객실

- **객실 타입** 도미토리 〔8인실 1개, 6인실 2개, 4인실 2개〕 패밀리룸 〔6인실 1개, 4인실 1개〕
  3인실 〔1개〕 2인실 〔2개〕 / 온돌 〔 〕 침대 〔✓〕
- **객실 규모** 객실 수 〔10개〕 최대 수용인원 〔47명〕

편의시설

- **화장실 / 샤워실** 남자 〔2개〕 여자 〔2개〕
- **욕실용품** 수건 〔✓〕 샴푸 〔 〕 치약 〔 〕 비누 〔✓〕
- **인터넷** 공용 컴퓨터 〔✓〕 wi-fi 〔✓〕
- **기타시설** 실내휴게소 〔✓〕 실외휴게소 〔✓〕 취사장 〔✓〕 매점 〔 〕

> 오렌지 게스트하우스의 야외 테라스는 매우 중요한 공간이다. 정기적인 파티가 열리는 곳으로, 고기를 굽고 맥주를 마시는 일이 자유롭다.

규칙

- **체크인 / 아웃** 체크인 〔14:00〕 체크아웃 〔11:00〕
- **소등** 객실 소등 〔없음〕 휴게실 소등 〔없음〕
- **음주 / 취사** 하우스 내 음주 〔가능〕 취사 〔가능〕 흡연 〔불가능〕

> 객실에서는 음주 불가능.

> 조식은 빵, 과일, 시리얼, 커피, 우유, 주스 등.

식사

- 조식 〔✓〕 가격 〔무료〕
- 석식 〔 〕 기타 〔바비큐 파티〕

프로그램

정기적으로 바비큐 파티, 맥주 파티, 게스트들과 함께 어울려 문화를 공유하고, 친목 도모하는 일을 게스트하우스의 중요한 목적 중 하나로 생각하는 곳이다. 파티 비용은 가격은 그때그때 다르며 대개 1~2만원 선.

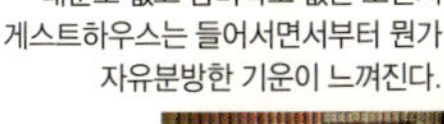

대문도 없고 담벼락도 없는 오렌지 게스트하우스는 들어서면서부터 뭔가 자유분방한 기운이 느껴진다.

정보 공유는 물론 함께 파티도 즐기고 홍대 클럽도 가는 등 게스트들과의 교류가 활발하다.

우프코리아 게스트하우스

한국의 농촌을
세계에 알린다

INFO

주소 서울 종로구 계동길 52-11   전화번호 02-723-4510, 010-8223-4510

홈페이지 www.wwoofkorea.org   이메일 wwoofkorea@gamil.com

이용료 1인실 5만~6만원, 2인실 7만원, 3인실 10만원

교통 지하철 3호선 안국역 3번 출구로 나와 현대빌딩 뒤로 직진하다가 한스델리 사거리를 지나 계속 직진, 세탁소 골목으로 들어오면 된다.

테마 ●●●●○   편의시설 ●●●○○   교통편 ●●●○○   주변 환경 ●●●●○   가격 ●●●○○   친절도 ●●●●○

우프코리아 게스트하우스는 숙박 시설인 게스트하우스와 함께 우프코리아 활동의 한국 본거지 및 사무실로 사용되고 있다. 우프(Wwoof)는 'World Wide Opportunities on Organic Farms'의 약자로 세계 유기농 농가에서 일하며 숙식을 제공받는 형태의 활동을 뜻한다.

처음엔 우퍼들의 필요에 의해 방 한 개로 시작한 게스트하우스가 현재는 우프와는 별개로 운영되고 있으며 방 3개를 게스트하우스로 사용하고 있다. 방은 여러 나라의 게스트가 많은 이유로 침대방과 온돌방을 모두 갖추고 있으며 한옥 중앙의 마당은 게스트 간 교류의 장소로 활용된다. 방은 깔끔하고 한옥의 아기자기함도 잘 살아 있다.

1971년 영국에서 시작된 우프는 하루 4~6시간 정도 유기농 농가에서 일손을 돕고 숙식을 제공받는 개념이다. 때문에 우프를 통해 배낭여행을 하는 여행자도 많다. 여행자도 좋고 농장 주인도 좋은 상부상조의 활동이다. 우프는 전 세계 100여 개국에서 시행되고 있으며 한국에도 우프코리아가 있지만 아직은 널리 알려져 있지 않은 상태다. 한 해 평균 약 1만5천 명의 우퍼가 있는 호주 등에 비해 한국에서는 아직 천여 명이 채 되지 않는 우퍼가 있을 뿐이지만 우프코리아를 통해 점차 확산되고 있다.

우프는 단순한 농촌 봉사 활동이나 농촌 체험과는 다른 개념으로, 여행의 한 형태로 볼 수도 있지만 그보다는 도시인과 농민이 서로의 필요를 채우고 돕는다는 데 의미가 크다. 금전적 관계는 배제되고 순수한 노동과 숙식이 교환되며 그 속에 현지 경험이 버무려져 있다. 일정한 경비를 내고 단순히 농촌을 체험하는 농촌 체험 활동과는 조금 다르다.

웃음이 많고 친절이 몸에 밴 우프코리아 게스트하우스의 매니저 후꾸야마 고타는 방안의 세세한 소품까지 일일이 신경 쓴다. 창호지 문에 단풍잎을 붙이기도 하고 밋밋한 벽에 자연재료를 활용해 장식을 하는 등 한옥 꾸미기에 열정을 보인다. 처음 우퍼로 한국에 왔다가 한국의 매력에 빠져 우프코리아 스태프로 일하고 있는 그는 특히 정원 손질을 즐긴다. 마당의 오이 넝쿨에서 열린 오이를 늘어 보이며 사랑하는 것도 잊지 않는다. 이곳에 머문다면 그에게 간단한 일본어를 배울 수도 있고 그와 친구가 되어 일본 문화를 경험해 볼 수도 있다.

HOST INTERVIEW · 매니저 **후꾸야마 고타** ——————————————————

"우퍼 활동을 경험해 보려고 한국에 처음 오게 됐어요. 일본에서 가까운 한국에서 먼저 우퍼 활동을 하면서 경험을 쌓고 세계 다양한 국가로 우퍼 여행을 가려고 했는데 한국이 너무 좋아서 이렇게 눌러앉아 버렸네요. 2010년에 한 달간 강원도 평창과 인제 등에서 우프 활동을 했고요. 그 때 한국인뿐 아니라 세계의 다양한 여행자들과 교류할 수 있었죠. 우퍼로서의 노동은 현지 농가에 도움이 되어야 하지만 몸이 고될 만큼 무리한 노동은 아니고 자연과 시골 생활을 교감할 수 있는 정도의 활동이에요. 우프 활동을 하면서 한국의 자연과 농촌, 한국인의 인심을 사랑하게 됐답니다. 그 인연으로 지금은 우프코리아 스태프 겸 게스트하우스 운영자로 일하고 있어요. 한국의 농촌은 너무 아름다워서 전 세계에 한국의 우프 농장을 알리고 싶어요. 우프를 하면 굳이 해외에 나가지 않아도 전 세계인을 친구로 만들 수 있죠. 그래서 한국에 잠시 정착한 지금도 저의 세계 여행은 현재 진행형이랍니다."

갈래갈래 복잡한 듯 하나로 연결된 북촌골목은 테마에 따라 다양한 산책을 경험할 수 있다. 사간동 갤러리 골목은 국군서울지구병원을 휘도는 길로, 국제갤러리가 있는 삼청동 초입부터 금호미술관을 거쳐 갤러리현대(본관)까지 20여 개에 달하는 다양한 갤러리가 포진해 있어 다양한 문화생활을 즐길 수 있다. 가회동 한옥 골목은 가회동 31번지 일대를 말하며 북촌에서 한옥이 가장 잘 보존된 지역이기도 하다. 한옥집 사이사이로 박물관과 공방 등이 있으며 한옥 지붕 사이로 서울 시내가 한 눈에 내려다보이는 것이 특징이다. 또 계동 토박이 골목은 현대사옥에서 중앙고등학교까지의 계동길로 옛 골목을 추억하게 하는 오래된 목욕탕과 문방구, 방앗간, 이발소 등이 오밀조밀하게 밀집되어 있다. 큰 길을 중심으로 좌우로 난 골목 골목마다 한옥집이 포진해 있다. 각각의 길은 걷는 데만 1시간~1시간 30분 정도 소요되며, 갤러리를 보거나 차 한 잔 나누고 체험을 곁들여도 좋다.

애써 단장하려고 하지 않은 자연스러운 정원이 한옥의 매력을 더한다.

우프에 관심있는 게스트라면 이곳에 머물며 생생한 정보들을 얻을 수 있다.

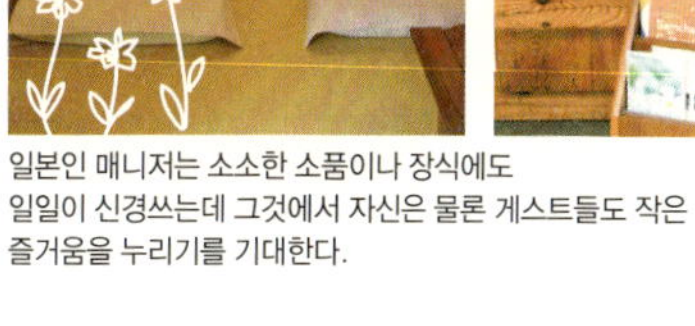

일본인 매니저는 소소한 소품이나 장식에도
일일이 신경쓰는데 그것에서 자신은 물론 게스트들도 작은
즐거움을 누리기를 기대한다.

Check List

객실

- **객실 타입** 1인실 [1개] 2인실 [1개] 3인실 [1개] / 온돌 [✓] 침대 [✓]
- **객실 규모** 객실 수 [3개] 최대 수용인원 [10명]

> 1주일 이상 체류 시 10%
> 할인해 주고 한옥 전체 렌탈도
> 가능하다(약 30만원선).

편의시설

> 무료 세탁 서비스를
> 제공하며 마당에서는
> 유기농 채소를 키운다
> 낮 시간, 한쪽 공간은
> 우프코리아 사무실로
> 사용된다.

- **화장실 / 샤워실** 공용 [2개]
- **욕실용품** 수건 [✓] 샴푸 [✓] 치약 [✓] 비누 [✓]
- **인터넷** 공용 컴퓨터 [✓] wi-fi [✓]
- **기타시설** 실내휴게소 [✓] 실외휴게소 [✓] 취사장 [ ] 매점 [ ]

규칙

- **체크인 / 아웃** 체크인 [15:00] 체크아웃 [10:30]
- **소등** 객실 소등 [없음] 휴게실 소등 [없음]
- **음주 / 취사** 하우스 내 음주 [가능] 취사 [가능] 흡연 [마당에서만 가능]

> 도어락이 설치되어 있어
> 출입이 자유롭고 낮에는 대개
> 대문을 열어 놓는다.

식사

> 조식은 토스트, 잼,
> 커피, 차 등.

- **조식** [✓] 가격 [무료] 석식 [ ] 기타 [ ]

프로그램

우프코리아에 대한 정보를 손쉽게 얻어
우프를 체험해 볼 수 있다.

잠 게스트하우스

서울에 내 아파트
하나 갖고 있는 느낌!

1층에 스윙(swing)이란 이름의 기타 숍을 끼고 건물 안쪽으로 들어와 6층 엘리베이터를 탄다. 오피스텔 건물의 한 채를 게스트하우스로 쓰고 있는 '잠'은 공간은 작지만 그 어느 곳보다 강렬한 인상을 남긴다. 그것은 아마도 방마다 다른 벽의 컬러와 패턴, 남다른 이불보의 화려함 때문인지도 모른다. 하지만 이 모든 것들(침대, 이불보, 커튼, 나무 테이블 등)을 스물 아홉 살의 주인 아람씨가 일일이 직접 천을 떼어다가 만들었다는 사실을 알고 나면 보통 정성에 보통 솜씨가 아니라는 것을 실감하게 된다. 새로 오픈하는 카페의 작업을 도맡아 하기도 했고, 요즘 스탠딩커피에서(상수점, 이태원점) 잘 나가는 레모네이드를 이미 2년 전에 홍대 거리에서 팔며 유행시키는 등 다재다능한 감각을 지녔다. 이 모든 재능은 일찌감치 공부에 뜻을 접고 세계 여행을 하며 직접 접한 경험으로 만들어진 것. 주인의 밝고 독특한 세계관을 접하며 내 집처럼 머물 수 있는 특별함이 있다.

INFO

주소 서울시 마포구 서교동 400-10 MJ 빌딩 601호   전화번호 010-9627-6898

홈페이지 jaamguesthouse.net   이메일 askme@jaamguesthouse.net

이용료 2인실 7만~10만원(1인 사용 시 5만~7만원)

교통 지하철 2, 6호선 합정역 하차 후 5번 출구로 나와 10m 직진, 자이언트(Giant) 자전거 점포를 끼고 우회전. 200m 이상 직진하면 나오는 세븐일레븐 앞에서 좌회전, 1층 스윙(swing)기타숍 건물 6층.

테마 ●●●●○   편의시설 ●●●○○   교통편 ●●●○○   주변 환경 ●●●●○   가격 ●●○○○   친절도 ●●●●○

원래 오피스텔 안의 객실은 2개다.
이중 방 한 개를 다시 나눠서
작은방을 하나 더 만들었다. 때문에
이방은 4명 일행이 같이 쓸 수도 있고
다른 두 그룹이 나눠 쓸 수도 있다.

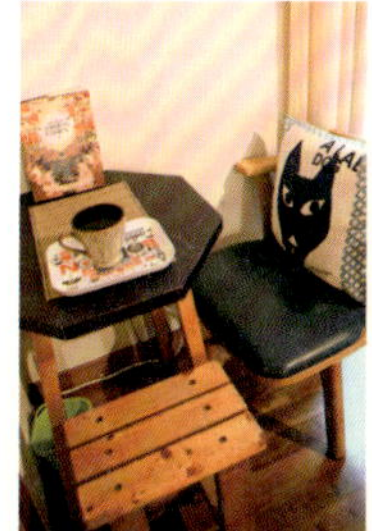

Check List

객실

- 객실 타입 2인실 (3개) / 온돌 ( ) 침대 (✓)
- 객실 규모 객실 수 (3개) 최대 수용인원 (8명)

> 게스트하우스라기보다는 렌탈 아파트먼트에 가깝다. 집을 빌려 사용하는 듯한 기분이 든다. 노란방 트윈룸과 더블 2인실의 경우 4명까지 수용할 수 있다.

> 2개의 방에 화장실이 딸려있고, 잔 게스트하우스의 특성상 두 방은 같은 화장실을 써야 한다. 각 방에서 곧장 테라스로 나갈 수 있고, 소파와 테이블이 있는 테라스에서 식사를 하거나 휴식하기 좋다.

편의시설

- 화장실 / 샤워실 공용 (1개) 개별욕실 (2개)
- 욕실용품 수건 (✓) 샴푸 (✓) 치약 (✓) 비누 (✓)
- 인터넷 공용 컴퓨터 (✓) wi-fi (✓)
- 기타시설 실내휴게소 (✓) 실외휴게소 ( ) 취사장 (✓) 매점 ( )

규칙

- 체크인 / 아웃 체크인 (15:00) 체크아웃 (11:00)
- 소등 객실 소등 (없음) 휴게실 소등 (없음)
- 음주 / 취사 하우스 내 음주 (가능) 취사 (가능) 흡연 (테라스에서 가능)

> 할인 쿠폰
> 3,000원

식사

> 조식은 과일, 빵, 음료 등.

- 조식 (✓) 가격 (무료) 석식 ( )
- 기타 (손님의 취향에 따라 머무는 날짜만큼 장을 봐놓거나 아니면 근처에서 직접 사다주기도 함. 그때그때 다르다.)

큰대문집 한옥체험관

1930년대 한옥에서 누리는
호텔급 서비스

개화기 한옥에 현대적인 인테리어의 세련미와 서비스가 더해진 마당 넓은 대가댁이다. 마을 사람들이 다 알 정도로 큰 솟을 대문을 가져 '큰대문집'이라 불린 것을 그대로 게스트하우스 이름으로 사용했다. 캐나다와 뉴욕에서 오랜 외국 생활을 한 30대 중반의 젊은 여주인들이 이 집을 운영하는 덕에 집은 고풍스러우면서도 서비스는 현대적이다. 머무는 곳은 1930년대의 한옥인데, 느껴지는 서비스는 부티크 호텔급이다. 한국 문화를 처음 접하는 외국인들에게 제대로 된 한옥의 정취와 문화를 보여주면서도 그 불편을 최소화하기 위해 시설과 서비스를 차별화했다는 것이 주인의 설명이다. 또 주인이 상주하고 있어 고객의 다양한 요구를 살핀다. 넓은 실내를 활용한 방은 서로 뚝뚝 떨어져 있어 한옥의 최대 단점인 방음 문제도 다소 해결했다. 화장실도 호텔급이다. 여느 한옥에 비해 실내 공간과 마당이 넓어 시원함을 주고 조용한 분위기를 누릴 수 있다. 잘 다듬어진 정원도 이 집의 매력이다.

INFO

주소 서울시 종로구 계동 124   전화번호 02-762-6981, 010-9150-0178

홈페이지 www.kundaemunjip.com   이메일 kundaemunjip@gamil.com

이용료 1인실 10만원, 2인실 20만원, 3인실 30만원(1인 추가 시 5만원 추가)

교통 지하철 3호선 안국역 3번 출구로 나와 현대사옥 뒷길로 직진하다가 한스델리 사거리를 지나 계속 직진, 계동약국이 보이면 우회전해서 골목으로 들어오면 보인다.

테마 ●●●●○   편의시설 ●●●○○   교통편 ●●●○○   주변 환경 ●●●●○   가격 ●●●○○   친절도 ●●●●○

각 방은 저마다의 콘셉트를 가지고
남다른 감각으로 단장되어 있다.

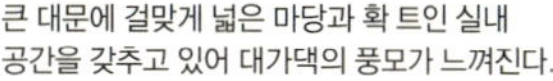

큰 대문에 걸맞게 넓은 마당과 확 트인 실내
공간을 갖추고 있어 대가댁의 풍모가 느껴진다.

Check List

객실

객실 타입   3인실 (2개) 2인실 (2개) 1인실 (1개) / 온돌 (✓) 침대 (✓)
객실 규모   객실 수 (5개) 최대 수용인원 (15명)

차고를 갖추고 있으며 한옥과
양옥의 퓨전스타일의 통유리형
별채를 갖추고 있다.

공용 공간인 거실에는
다양한 여행 안내책자
등이 놓여 있다. 게스트가
체크인할 때 웰컴티를
대접하며 방마다 차를
마실 수 있는 다기 세트가
준비되어 있다.

편의시설

휴게실 / 샤워실   개별마다 별도 1개씩
욕실용품   수건 (✓) 샴푸 (✓) 치약 (✓) 비누 (✓)
인터넷   공용 컴퓨터 (✓), wi-fi (✓)
기타시설   실내휴게소 (✓) 실외휴게소 (✓) 취사장 ( ) 매점 ( )

규칙

체크인 / 아웃   체크인 (15:00) 체크아웃 (10:30)
소등   객실 소등 (없음) 휴게실 소등 (없음)
음주 / 취사   하우스 내 음주 (가능) 취사 (불가능) 흡연 (마당에서만 가능)

식사

조식 (✓) 가격 (무료) 석식 ( ) 기타 ( )

조식은 토스트, 달걀프라이, 잼, 커피, 차
등 아메리칸 스타일로 나오며 아침 8~9시에
먹을 수 있다.

프로그램

다양한 전통놀이 체험을 무료로 할 수 있으며 유료
한복 입어보기 체험이 있다. 제대로 된 한복에 전통
악세서리를 고루 갖춰 완벽하게 전통한복으로 입어보는
체험이다. 체험비는 1벌당 5만원이다.

티 게스트하우스

한 잔의 차가
불러오는 여유

티 게스트하우스는 천연목재와 대나무, 황토 등 순수 자연재료로 만들어진 한옥. 자고 일어나면 한옥 특유의 개운함을 느낄 수 있다. 이름에서 짐작할 수 있듯 곳곳에 차를 즐길 수 있는 좌식탁자와 차실이 마련되어 있고 다양한 우리 전통차를 시음해 볼 수 있다. 이곳을 찾아오는 게스트들에게 웰컴티를 대접하는 것은 기본이다. 객실마다 다기와 차가 갖추어져 있어 오롯하게 차를 즐기기에도 좋다. 2006년에 새로 지어 오픈했다. 방마다 화장실을 놓아 현대적인 편리함까지 두루 갖췄다. 규모가 큰 공용 부엌에서는 김치 담그기, 궁중다식 만들기 등 다양한 체험을 할 수 있다. 전문가를 초빙해 프로그램을 진행하기 때문에 주먹구구식이 아닌 정식으로 배워 볼 수 있는 기회를 마련한다. 각각의 체험은 별도의 체험비를 내야 하지만 3일 이상 숙박한 투숙객은 한복입기 체험을 무료로 해볼 수 있다. 마당에서 막걸리 만들기 체험을 진행하기도 한다.

INFO

주소 서울시 종로구 계동 131-1　**전화번호** 02-3675-9877

홈페이지 www.teaguesthouse.com　**이메일** tea@teaguesthouse.com

이용료 1인실 8만원, 2인실 8만~14만원, 3인실(스페셜룸) 16만원(1인 추가 시 3만원)

교통 지하철 3호선 안국역 3번 출구로 나와 현대사옥 뒷길로 직진하다가 한스델리 사거리를 지나서 계동길을 따라 100m정도 직진하다보면 길가에 있다.

테마 ●●●●○　　편의시설 ●●●●○　　교통편 ●●●○○　　주변 환경 ●●●●○　　가격 ●●●○○　　친절도 ●●●○○

Check List

객실

- **객실 타입** 3인실〔1개〕 1~2인실〔7개〕 / 온돌〔✔〕 침대〔 〕
- **객실 규모** 객실 수〔8개〕 최대 수용인원〔20명〕

티 게스트하우스에서는 뱀부하우스를 함께 운영하는데 별채개념으로 대나무 정원과 작은 부엌을 갖추고 있으며 소박하고 아늑한 분위기. 방마다 작은 부엌이 달려있어 취사가 가능한 방이 3개 있다.

편의시설

컴퓨터와 TV가 각 방마다 구비되어 있으며 세탁실 이용은 1회 5천원이다.

- **화장실 / 샤워실** 개별마다 별도 1개씩
- **욕실용품** 수건〔✔〕 샴푸〔✔〕 치약〔✔〕 비누〔✔〕
- **인터넷** 공용 컴퓨터〔✔〕 wi-fi〔✔〕
- **기타시설** 실내휴게소〔✔〕 실외휴게소〔✔〕 취사장〔✔〕 매점〔 〕

규칙

- **체크인 / 아웃** 체크인〔15:00〕 체크아웃〔11:00〕
- **소등** 객실 소등〔없음〕 휴게실 소등〔없음〕
- **음주 / 취사** 하우스 내 음주〔가능〕 취사〔가능〕 흡연〔마당에서만 가능〕

방안에서는 절대금연이며 음주는 과하지 않은 정도로 야간만 허용된다.

식사

조식은 한식과 양식 중 선택 가능하다. 한식은 가정식 백반이나, 주먹밥세트, 떡국. 양식은 빵과 과일, 요구르트, 샐러드, 옥수수 등.

- **조식**〔✔〕 가격〔무료〕
- **석식**〔 〕 기타〔 〕

프로그램

막걸리 만들기, 김치 담그기, 궁중다식 만들기, 한복입기 체험 (각 프로그램 체험비 별도).

북촌, 그 중에서도 한가운데 자리한 티 게스트하우스.

티 시음과 한복입기 체험 등을 하며 전통문화의 가치를 배울 수 있다.

2011년 12월 6일 초판 1쇄 펴냄
2012년 1월 15일 초판 2쇄 인쇄

지은이 이동미, 이송이, 신영철, 홍유진
발행인 김산환
편집인 조동호
편집 정보영, 윤소영
디자인 · 일러스트 렐리시

펴낸곳 꿈의지도
주소 경기도 파주시 교하읍 문발리 출판문화단지 516-2 성지문화빌딩 401호
전화 070-7535-9416 **팩스** 0505-991-9416 **홈페이지** www.dreammap.co.kr
출판등록 2009년 10월 12일 제 82호

ISBN 978-89-97089-17-8-13980